普通高等教育"十一五"国家级规划教材

丛书主编　谭浩强

高等院校计算机应用技术规划教材

基础教材系列

U0259097

计算机应用基础
实用教程

（第3版）

孙新德　主编
白首华　刘国梅　刘华　副主编

清华大学出版社
北京

内 容 简 介

本书以计算思维教育为核心,以数据为主线,串联数据概念、数据采集与表示、数据计算平台、数据计算理论与方法、数据呈现、数据安全等内容。本书除最后一章外都有习题,还专门设计了实验与实训项目作为最后一章,希望通过问题求解实践,培养读者在理解计算学科基础概念的基础上,主动利用计算思维对专业问题进行求解的习惯和能力。

本书适合普通高等学校作为大学计算机通识教育教材使用,也适合对计算思维感兴趣的读者阅读。

图书在版编目(CIP)数据

计算机应用基础实用教程/孙新德主编.—3版.—北京:清华大学出版社,2019.11(2023.8重印)
高等院校计算机应用技术规划教材.基础教材系列
ISBN 978-7-302-54166-0

Ⅰ. ①计… Ⅱ. ①孙… Ⅲ. ①电子计算机-高等学校-教材 Ⅳ. ①TP3

中国版本图书馆 CIP 数据核字(2019)第 242615 号

责任编辑: 汪汉友
封面设计: 常雪影
责任校对: 时翠兰
责任印制: 曹婉颖

出版发行: 清华大学出版社
  网 址: http://www.tup.com.cn,http://www.wqbook.com
  地 址: 北京清华大学学研大厦 A 座   **邮 编:** 100084
  社 总 机: 010-83470000   **邮 购:** 010-62786544
  投稿与读者服务: 010-62776969,c-service@tup.tsinghua.edu.cn
  质量反馈: 010-62772015,zhiliang@tup.tsinghua.edu.cn
  课件下载: http://www.tup.com.cn,010-83470236
印 装 者: 三河市天利华印刷装订有限公司
经 销: 全国新华书店
开 本: 185mm×260mm **印 张:** 21.25 **字 数:** 513 千字
版 次: 2011 年 6 月第 1 版 2019 年 11 月第 3 版 **印 次:** 2023 年 8 月第 4 次印刷
定 价: 64.50 元

产品编号:079903-02

编辑委员会

高等院校计算机应用技术规划教材

序

高等院校计算机应用技术规划教材

进入 21 世纪,计算机成为人类常用的现代工具,每一个有文化的人都应当了解计算机,学会使用计算机来处理各种事务。

学习计算机知识有两种不同的方法:一种是侧重理论知识的学习,从原理入手,注重理论和概念;另一种是侧重于应用的学习,从实际入手,注重掌握其应用的方法和技能。不同的人应根据其具体情况选择不同的学习方法。对多数人来说,计算机是作为一种工具来使用的,应当以应用为目的、以应用为出发点。对于应用型人才来说,显然应当采用后一种学习方法,根据当前和今后的需要,选择学习的内容,围绕应用进行学习。

学习计算机应用知识,并不排斥学习必要的基础理论知识,要处理好这两者的关系。在学习过程中,有两种不同的学习模式:一种是金字塔模型,亦称为建筑模型,强调基础宽厚,先系统学习理论知识,打好基础以后再联系实际应用;另一种是生物模型,植物并不是先长好树根再长树干,长好树干才长树冠,而是树根、树干和树冠同步生长的。对计算机应用型人才教育来说,应该采用生物模型,随着应用的发展,不断学习和扩展有关的理论知识,而不是孤立地、无目的地学习理论知识。

传统的理论课程采用以下的三部曲:提出概念—解释概念—举例说明,这适合前面第一种侧重知识的学习方法。对于侧重应用的学习者,我们提倡新的三部曲:提出问题—解决问题—归纳分析。传统的方法是:先理论后实际,先抽象后具体,先一般后个别。我们采用的方法是:从实际到理论,从具体到抽象,从个别到一般,从零散到系统。实践证明这种方法是行之有效的,减少了初学者在学习上的困难。这种教学方法更适合于应用型人才。

检查学习好坏的标准,不是"知道不知道",而是"会用不会用",学习的目的主要在于应用。因此希望读者一定要重视实践环节,多上机练习,千万不要满足于"上课能听懂、教材能看懂"。有些问题,别人讲半天也不明白,自己一上机就清楚了。教材中有些实践性比较强的内容,不一定在课堂上由老师讲授,而可以指定学生通过上机掌握这些内容。这样做可以培养学生的自学能力,启发学生的求知欲望。

全国高等院校计算机基础教育研究会历来倡导计算机基础教育必须坚持面

向应用的正确方向,要求构建以应用为中心的课程体系,大力推广新的教学三部曲,这是十分重要的指导思想,这些思想在"中国高等院校计算机基础课程"中做了充分的说明。本丛书完全符合并积极贯彻全国高等院校计算机基础教育研究会的指导思想,按照"中国高等院校计算机基础教育课程体系"组织编写。

这套"高等院校计算机应用技术规划教材"是根据广大应用型本科和高职高专院校的迫切需要而精心组织的,其中包括 4 个系列:

(1)基础教材系列。该系列主要涵盖了计算机公共基础课程的教材。

(2)应用型教材系列。适合作为培养应用型人才的本科院校和基础较好、要求较高的高职高专学校的主干教材。

(3)实用技术教材系列。针对应用型院校和高职高专院校所需要掌握的技能技术编写的教材。

(4)实训教材系列。应用型本科院校和高职高专院校都可以选用这类实训教材。其特点是侧重实践环节,通过实践(而不是通过理论讲授)去获取知识,掌握应用。这是教学改革的一个重要方面。

本套教材是从 1999 年开始出版的,根据教学的需要和读者的意见,几年来多次修改完善,选题不断扩展,内容日益丰富,先后出版了 60 多种教材和参考书,范围包括计算机专业和非计算机专业的教材和参考书;必修课教材、选修课教材和自学参考的教材。不同专业可以从中选择所需要的部分。

为了保证教材的质量,我们遴选了有丰富教学经验的高校优秀教师分别作为本丛书各教材的作者,这些老师长期从事计算机的教学工作,对应用型的教学特点有较多的研究和实践经验。由于指导思想明确,作者水平较高,教材针对性强,质量较高,本丛书问世 7 年来,愈来愈得到各校师生的欢迎和好评,至今已发行了 240 多万册,是国内应用型高校的主流教材之一。2006 年被教育部评为普通高等教育"十一五"国家级规划教材,向全国推荐。

由于我国的计算机应用技术教育正在蓬勃发展,许多问题有待深入讨论,新的经验也会层出不穷,我们会根据需要不断丰富本丛书的内容,扩充丛书的选题,以满足各校教学的需要。

本丛书肯定会有不足之处,请专家和读者不吝指正。

全国高等院校计算机基础教育研究会会长 **谭浩强**
"高等院校计算机应用技术规划教材"主编

2008 年 5 月 1 日于北京清华园

前言

今天，云计算、大数据、移动互联网、人工智能等技术的发展与应用强烈冲击人类社会。联合国教科文组织在《反思教育：向"全球共同利益"的理念转变》中提出了这样的问题：21世纪需要怎样的教育？在当前社会变革的背景下，教育的宗旨是什么？同时，联合国教科文组织对此做出回答：应提倡人文主义的教育观，实现可持续发展的未来。并在此基础上提出，批判性思维、独立判断、解决问题以及信息和媒体素养是培养变革态度的关键。2018年4月中华人民共和国教育部印发的《高等学校人工智能创新行动计划》中明确指出："随着互联网、大数据、云计算和物联网等技术不断发展，人工智能正引发可产生链式反应的科学突破，催生一批颠覆性技术，加速培育经济发展新动能，塑造新型产业体系，引领新一轮科技革命和产业变革。"并明确要求将人工智能纳入大学计算机基础教学中。

教育部对中国高等教育未来的战略思考是"创新决胜未来，改革关乎国运"，为主动迎接新科技革命和产业变革的机遇与挑战，提出发展"四新"：新工科、新医科、新农科、新文科。新工科与新医科、新农科交织交融、相互支撑，新文科为新工科、新医科、新农科注入新元素。新工科的内容一定是"计算机＋各学科"，精髓是各学科与计算机深度融合，新工科思维的核心是计算思维，新工科能力的关键是系统能力、计算思维能力，而不仅是计算机的使用。

为满足时代的要求，大学计算机基础课程必须改革。我们认为，大学计算机教育的目标应该是培养学生的数据素养、计算思维能力以及人工智能应用意识，可以阅读、使用数据并通过数据分析进行交流与解释，使学生成为具备数据素养并适应人工智能时代的人才。

本书以数据为主线，包括认识、系统平台、理论与方法3个模块，而计算思维贯穿其中。本书框架如下图所示。

本书由孙新德、白首华、刘国梅、刘华共同编写，具体分工是白首华执笔第1~5章，刘华执笔第6~9章和第18章，刘国梅执笔第10章、第11章、第15章和第16章，孙新德执笔第12~14章和第17章，并统稿全书。

本书在编写和出版过程中得到作者所在学校的大力支持和帮助，在此表示

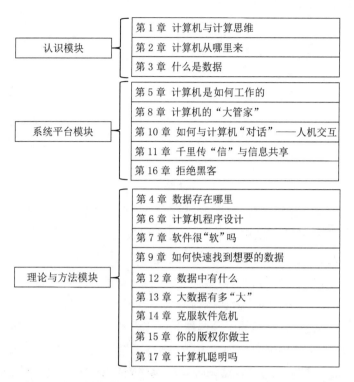

认识模块
- 第1章 计算机与计算思维
- 第2章 计算机从哪里来
- 第3章 什么是数据

系统平台模块
- 第5章 计算机是如何工作的
- 第8章 计算机的"大管家"
- 第10章 如何与计算机"对话"——人机交互
- 第11章 千里传"信"与信息共享
- 第16章 拒绝黑客

理论与方法模块
- 第4章 数据存在哪里
- 第6章 计算机程序设计
- 第7章 软件很"软"吗
- 第9章 如何快速找到想要的数据
- 第12章 数据中有什么
- 第13章 大数据有多"大"
- 第14章 克服软件危机
- 第15章 你的版权你做主
- 第17章 计算机聪明吗

衷心感谢,同时对在本书编写过程中参考的大量文献资料的作者表示衷心感谢!由于时间仓促且水平有限,书中定有不妥之处,敬请广大读者批评指正。

编　者

2019 年 11 月于郑州

目录

计算机与计算思维

现在,计算机是人们最熟悉的事物之一,每天都会与之打交道。计算机学科虽然只有短短几十年的历史,却是最具活力的学科。计算机是信息社会的核心,是智能社会的基础。什么是计算机? 如果要学习计算机,应该从哪里入手,又该学习哪些内容呢? 本章将主要介绍计算机、计算机科学、计算思维的相关概念,以及基于计算思维求解问题的方法。

1.1　计算机概述

计算是从计数开始的。当自身能力难以胜任复杂的计算时,人类便发明了计算工具。为了满足应用需求,人们不断改进计算工具,电子计算机(简称计算机)就应运而生了。计算机是人类文明的产物,是现代科技的结晶。

1. 计算机的概念

从本质上看,计算机就是一种计算工具。从应用的角度来看,计算机是一种数据处理机,可以对输入的数据自动进行加工处理并输出结果,如图 1-1 所示。

图 1-1　计算机是一种数据处理机

作为数据处理机,其中的系统或平台既包括单机又包括多机系统,既包括网络系统又包括云中心。

计算机是一个复杂的系统,通常划分为硬件和软件两个子系统。计算机硬件系统是组成计算机的各种部件和设备的总称,是组成计算机的物理实体,是计算机完成各项工作的物质基础。没有配备任何软件的计算机称为裸机。计算机软件系统是在计算机硬件设备上运行的各种程序、相关文档和数据的总称。计算机硬件系统和软件系统共同构成一个完整的系统,相辅相成,缺一不可。自计算机诞生之日起,人们探索的重点不仅在于制造运算速度更高、处理能力更强的计算机,而且在于开发能让人们更有效地使用这种计算设备的各种软件。人们习惯用分层结构来表述计算机系统,如图1-2所示。随着计算机应用需求的复杂化和计算机技术的不断进步,基于硬件的软件变得越来越复杂,计算机系统的层次不断增加,使用计算机变得越来越容易,普通用户越来越不需要了解计算机硬件的相关知识。

图 1-2　计算机系统分层结构示意图

物理层是计算机系统的最底层,需要解决信息的表示以及如何通过电路实现数据的存储、传输、运算等问题。计算机内部是二进制数字的世界,要理解计算机技术,首先必须理解二进制及数理逻辑。

机器层反映构成计算机硬件的主要部件、部件的主要性能和部件之间的联系。虽然作为数据处理机的计算机,其形态多种多样,但从原理来看,计算机系统的硬件始终包含5个部分:运算器、控制器、存储器、输入设备和输出设备。这种计算机结构是由冯·诺依曼最早提出的。1946年,冯·诺依曼针对电子数字积分计算机(Electronic Numerical Integrator And Computer,ENIAC)的缺点,提出了一个新的存储程序通用电子计算机方案——离散变量自动电子计算机(Electronic Discrete Variable Automatic Computer,EDVAC)。冯·诺依曼的基本思想主要包括3个方面:

(1) 计算机系统包括运算器、存储器、控制器、输入设备和输出设备五大基本部件;

(2) 数据和程序以二进制代码的形式存放在存储器中;

(3) 在控制器控制下,计算机自动运行。

基于这种思想设计制造的计算机统称冯·诺依曼计算机,如图1-3所示。

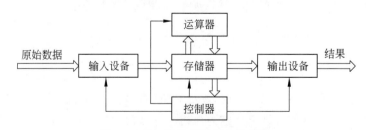

图 1-3　冯·诺依曼计算机的结构

软件是发挥计算机功能的关键,是计算机的灵魂。没有配备任何软件的计算机只能识别机器指令,操作系统实现了对计算机硬件的首次扩充。计算机只有加载了相应的操作系统之后,才能构成一个可以协调运行的计算机系统,因此,操作系统是最重要的系统软件。系统软件用于扩展计算机的硬件功能,维护整个计算机系统,为应用开发人员提供平台支持,主要包括操作系统、语言翻译系统、数据管理系统、通信协议、数据安全、系统维护等各种工具软件。应用软件是相对系统软件而言的,通常要在系统软件的支持下才能工作,用于解决具体问题。正是有了大量的应用软件,计算机才能得到广泛应用。

当人们使用计算机求解实际问题时,首先对实际问题进行抽象并构建计算模型,设计问题求解算法,再把数据和算法用符号表示并存入计算机,然后计算机自动运行程序求解问题,最后计算机把求解结果以易于理解的形式输出。

程序存储和自动计算是现代计算机的核心特征。

2. 计算的本质

今天,人们使用计算机进行各种计算、处理各种事情,一切都是那么自然。不过,在计算机刚刚诞生的年代,这一切都是不可想象的。机器也能计算吗?哪些问题可使用机器计算?最先给出这些问题答案的人便是著名的艾伦·图灵(Alan Turing)。图灵是英国数学家、逻辑学家,被称为"计算机科学之父""人工智能之父",如图1-4所示。

从字源来看,"计"从言从十,有数数或计数的含义;"算"从竹从具,指算筹,即计算工具,说明计算就是借助工具进行计数。《现代汉语词典》对计算的定义是根据已知数通过数学方法求得未知数,所以计算表现为数的加、减、乘、除,函数的微分和积分,微分方程的求解,定理的证明、推导等。透过现象看本质,可以把计算抽象为从一个符号串(输入)得出另一个符号串(输出)的过程,这就是计算的本质。

图1-4 艾伦·图灵
(1912—1954 年)

1936 年,图灵在他的论文《论可计算数及其在判定问题上的应用》中用形式化的方法成功描述了计算的本质:所谓计算,就是计算者(人或机器)对一条可以无限延长的工作带上的符号串执行指令,一步一步地改变工作带上的符号串,经过有限的步骤,最后得到一个满足预先规定的符号串的变换过程。图灵还设计了一个计算模型——图灵机(Turing Machine),来对计算过程进行说明。

图灵的基本思想是用机器来模拟人们用纸笔进行数学运算的过程。他把人进行运算的过程分解为两个简单的动作:

(1)在纸上写上或擦除某个符号;

(2)把注意力从纸的一个位置移动到另一个位置。

完成每个动作时,人要决定下一步的动作,而下一个动作依赖于此人当前所关注的纸上某个位置的符号和此人当前思维的状态。

为了模拟人的这种运算过程,图灵构造出一台假想的机器,该机器由以下几个部分组成。

(1)一条无限长的纸带。纸带被划分为一个接一个的小格子,每个格子里包含一个来自有限字母表的符号,字母表中有一个特殊的符号表示空白。纸带上的格子从左到右依次被编号为 0、1、2、…,纸带的右端可以无限伸展。

（2）一个读写头。该读写头可以在纸带上左右移动，它能读出当前格子里的符号，并能改变当前格子里的符号。

（3）一套控制规则（控制器）。控制器在每个时刻处于一定的状态，当读写头从纸带上读出一个符号后，控制器就根据这个符号和当时的机器状态，指挥读写头进行读写或者移动，并决定是否改变机器状态。

注意，这个机器的每个部分都是有限的，但它有一个无限长的纸带，因此这种机器只是一个理想的设备。图灵认为这样一台机器就能模拟人类所能进行的任何计算过程。图灵机模型如图 1-5 所示。

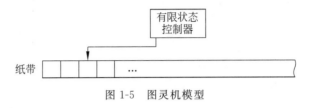

图 1-5　图灵机模型

图灵的卓越贡献在于第一次把纯数学的符号逻辑与实体世界建立了联系，为计算机诞生奠定了理论基础。

1.2　计算机科学

随着计算机的不断发展，人们对计算机的研究越来越广泛、越来越深入，产生了很多的理论和方法，最终形成了计算机科学。

1.2.1　计算机科学的概念

计算机科学（Computer Science，CS）是系统性研究信息处理与计算的理论基础以及它们在计算机系统中的实现与应用方法的学科。它是对创造、描述以及转换信息的算法的系统研究。人们要应用计算机，不能仅仅学习操作计算机，更重要的是要学习计算机科学。

计算机在诞生之初主要用于科学研究领域的数值计算，科学家利用计算机完成的工作仅仅是将设计好的程序交给计算机执行计算并记录结果而已，因此那时并不是所有人都认为计算机科学能够独立成为一门学科，而是认为操纵计算机更像一种职业。然而随着计算机以惊人的速度不断发展，它在各个领域的应用越来越深入，其重要性逐渐被学术界认可，从 20 世纪 60 年代开始，计算机成为一门学科逐渐被承认。世界上第一个计算机科学学位是美国的普渡大学于 1962 年设立的，随后斯坦福大学也开设了计算机科学的专业课程。直到 1990 年，电气和电子工程师协会计算机分会（Institute of Electrical and Electronics Engineers Computer Society，IEEE-CS）、国际计算机学会（Association for Computing Machinery，ACM）联合完成"计算机应成为一门学科"的证明，计算机学科才真正地被世界广泛接受。

1.2.2　计算机科学的主要内容

1. 计算机科学内容的三个形态

计算机科学主要研究如何让计算机来模拟人的行为处理各种事务，以及如何用程序来描述各种形式的事务处理。这些事务可以是数学领域的函数计算、方程求根、断言判定、逻辑推导、代数化简等，也可以是非数学领域的文字处理、表格处理、图形与图像处理、语言理解、数据分析、目标跟踪、行为识别、创作设计等。因此，计算机科学作为一门学科，其内容不仅包括对算法和信息处理过程的研究，还包括满足给定规格要求的软硬件系统设计，即包括抽象、理论、设计3个形态。

（1）抽象即模型化，是指对同类事物去除现象的、次要的方面，抽取共同的、主要的方面，从而做到从个别中把握一般，从现象中把握本质的认知过程和思维方法。抽象源于现实世界，它的研究内容包括两个方面：第一，建立对客观事物进行抽象描述的方法；第二，采用现有的描述方法建立具体问题的概念模型，从而获得对客观世界的感性认识。

计算机系统中存在多种抽象，如图1-6所示，文件是对输入输出（I/O）设备的抽象；虚拟内存是对存储器和I/O设备的抽象；进程是对一个正在运行的程序的抽象；虚拟机是对整个计算机的抽象，包括操作系统、处理器、存储器和I/O设备。

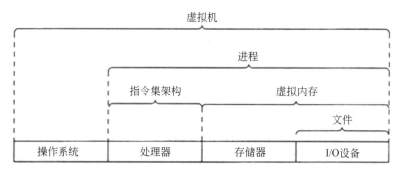

图 1-6 计算机系统中的抽象

（2）理论是指为理解一个领域中对象之间的关系而构建的基本概念和符号。科学理论是经过实践检验的系统化的科学知识体系，由科学概念、科学原理，以及对这些概念、原理的理论论证所组成的体系，表现为定义、定理、性质及其证明。理论源于数学，它的研究内容包括两个方面：第一，建立完整的理论体系；第二，在现有理论的指导下，建立具体问题的数学模型，从而实现对客观世界的理性认识。

（3）设计即工程设计，是指构造支持不同应用领域的计算机系统。设计具有较强的实践性、社会性和综合性，其实现要受社会因素和客观条件的影响。设计源于工程，它的研究内容包括两个方面：第一，在对客观世界的感性认识和理性认识的基础上完成一个具体的工程任务；第二，对工程设计中遇到的问题进行总结，提出问题由理论界去解决，同时要对工程设计中积累的经验和教训进行总结，形成方法去指导以后的设计。

计算机科学内容的3个形态是相互关联的。设计以抽象和理论为基础，没有科学的理论依据的设计是不合理的，也是不会成功的。设计又是抽象和理论的表现形式，如果没有设计，理论就失去了实践意义。抽象、理论和设计反映了人类认识是从感性认识（抽象）到理性认识（理论），再由理性认识（理论）回到实践（设计）中的科学思维方法。

2. 计算机科学内容的4个主要领域

IEEE-CS 和 ACM 把计算机科学的内容划分为4个主要领域：计算理论、算法与数据结构、编程方法与编程语言、计算机元素与架构。

（1）计算理论。计算机科学研究首先要解决一个根本问题：什么能够被有效地自动计算。计算理论的研究就是专注于回答这个根本问题：什么能够被计算，去实施这些计算又需要用到哪些资源？

早在 20 世纪，图灵就对可计算问题进行了研究。图灵通过图灵机对可计算问题做了具体的描述（称为图灵论题）：一个问题是可计算的，当且仅当它在图灵机上经过有限步骤最后得到正确的结果。这个论题把人类面临的所有问题划分成两类：可计算的和不可计算的，而根据这个论题界定出的可计算问题几乎包括了人类遇到的所有问题。当然，直到今天仍然存在不可计算问题。

不可计算问题的一个典型例子是停机问题：给定一个程序和一个特定的输入，判断该程序可否停机。由于停机问题的不可计算性，人们永远不可能判断出一个程序中是否含有死循环。

不可计算问题的另一个典型例子是判断一个程序中是否含有病毒。也就是说，不存在一个病毒检测程序，能够检测出所有未来的新病毒。

理论上可以计算的问题，实际上并不一定能行，这是易解与难解问题。例如，著名的汉诺塔问题就是一个难解问题。

传说在古印度有一座大寺庙，寺庙里地上立着 3 根圆柱，在其中一根上放置 64 个大小不同的金盘，按照下大上小的顺序排列，如图 1-7 所示。要将 64 个金盘移到另一根圆柱上，移动规则是每一次只能移动一个金盘，而且较大的金盘不能放在较小的金盘上。问需要移动多少次？需要多少时间？

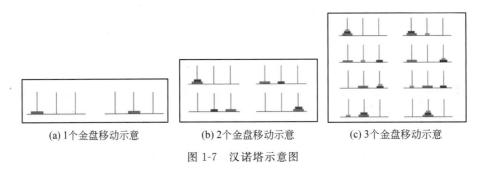

(a) 1个金盘移动示意　　　　(b) 2个金盘移动示意　　　　(c) 3个金盘移动示意

图 1-7　汉诺塔示意图

可以采用递推的方式对这个问题进行探讨。

假如金盘数是 1 个，需要移动多少次？答：$2^1-1=1$ 次。

假如金盘数是 2 个，需要移动多少次？答：$2^2-1=3$ 次。

假如金盘数是 3 个，需要移动多少次？答：$2^3-1=7$ 次。

……

假如金盘数是 64 个，需要移动多少次？答：$2^{64}-1=18\ 446\ 744\ 073\ 709\ 551\ 615$ 次。

假如每移动一次需要一秒，共约需 5840 亿年才能移完。假定计算机以每秒 1000 万个金盘的速度进行移动，则需要花费 58 490 年。

难解问题往往是算法复杂度过高引起。一个问题求解算法的时间复杂度大于多项式函数时，此问题就称为难解问题。汉诺塔问题算法的时间复杂度是一个指数函数 $O(2^n)$，因此是一个难解问题。

（2）算法与数据结构。算法指定义良好的计算过程，它取一个或一组值作为输入，经过一系列定义好的计算过程，得到一个或一组输出。算法是计算机科学研究的一个重要领域，也是许多其他计算机科学技术的基础。算法主要涉及数据结构、计算几何、图论等，除此之外，算法还涉及许多杂项，如模式匹配、部分数论等。

（3）编程方法与编程语言。程序设计语言理论是计算机科学的一个分支，主要研究程序设计语言的设计、实现、分析、描述和分类，以及它们的个体特性。它属于计算机科学，与数学、软件工程和语言学等互相影响。

（4）计算机元素与架构。计算机体系结构是指适当地组织在一起的一系列系统元素的集合，这些系统元素互相配合、相互协作，通过对信息的处理而完成预先定义的目标。一般情况下，系统元素包括计算机软件、计算机硬件、人员、数据库、文档和过程。其中，软件是程序、数据和相关文档的集合，用于实现所需要的逻辑方法、过程或控制；硬件是提供计算能力的电子设备和提供外部环境所需功能的电子机械设备（如传感器、电动机、水泵等）；人员是硬件和软件的用户和操作者；数据库是通过软件访问的大型的、有组织的信息集合；文档是描述系统使用方法的手册、表格、图形及其他描述性信息；过程是一系列步骤，它们定义了每个系统元素的特定使用方法或系统驻留的过程性语境。

计算机科学的内容组成了一个完整的知识体系，包括离散结构、计算机体系结构与组织、算法与程序设计、操作系统、计算机网络、软件工程、人机交互、信息管理与信息系统、智能系统、图形学与可视化 10 个方面。

1.3　计算思维

1. 计算思维的概念

计算机广泛而深入的应用影响着人类社会的方方面面。计算机科学作为一门独立的学科，其发展取得了巨大的成就。计算机学科拥有丰富的思想内涵，有独特的思想方法，人们唯有对此进行深入学习和理解才能融入即将到来的智能社会。计算机科学家据此提出了计算思维的概念。计算思维是科学思维的重要组成部分。计算思维能力将是每一个人应具有的基本能力。什么是计算思维呢？下面，先通过两个经典问题的求解来初步认识一下计算思维。

问题 1：今有鸡兔同笼，上有 35 个头，下有 94 只脚，问鸡兔各几只？

解：这是数学中的著名典型趣题——鸡兔同笼，数学上有很多种解法，比较有代表性的是利用方程组求解。

设鸡有 x 只，兔有 y 只，可得二元一次方程组：

$$\begin{cases} x+y=35 \\ 2x+4y=94 \end{cases}$$

采用消元法去掉 y 得到一元方程：

$$2x+4(35-x)=94$$

解得 $x=23$，所以 $y=35-x=12$。

这样就得到问题的答案：鸡有 23 只，兔有 12 只。

对于熟悉计算机编程的人来说，更容易想到的方法可能是编程求解，即计算思维求解。以 C 语言编程为例，解答该问题的程序如下：

```
#include <stdio.h>
void main()
{    int x,y;                                      /*设鸡有 x 只,兔有 y 只*/
     for(x=1;x<35;x++)                             /*鸡最少 1 只,最多不超过 35 只*/
          for(y=1;y<35;y++)                        /*兔最少 1 只,最多不超过 35 只*/
             if((x*2+y*4==94)&&(x+y==35))          /*把每一组 x、y 值代入*/
          printf("鸡有%d 只,兔有%d 只。\n",x,y);

}
```

计算机通过运行该程序自动求解，得到鸡有 23 只、兔有 12 只。

两种求解方法的思路是完全不同的。方程组求解需要列出解析式，需要人思考数量关系，需要经过数理分析、推理，最后逐一解出变量的值。计算思维求解则是首先用一定的符号把已知的量及其相互关系进行客观表示（描述），然后让计算机进行"思考"自动求解，求解过程也不是像人那样进行**推理**而是进行**"试探"**。

问题 2：现有 1000 瓶水，已知其中 1 瓶水有毒，小白鼠只要尝一点儿带毒的水就会在 24h 内死亡，试问至少要多少只小白鼠才能在 24h 内鉴别出哪瓶水有毒？

解：可以采用二进制数编码的方法求解。

（1）对每瓶水和每只小白鼠进行抽象和符号表示。采用 10 位二进制数编码 $B_9B_8B_7B_6B_5B_4B_3B_2B_1B_0$（0000000000～1111100111）表示 1000 瓶水。采用 M_i（$i=0\sim9$）表示 10 只小白鼠，每只小白鼠的编号 M_i 有 0、1 两个值（二进制），$M_i=1$ 表示该小白鼠状态为死亡，$M_i=0$ 表示该小白鼠状态为非死亡。10 只小白鼠组成二进制数 $M_9M_8M_7M_6M_5M_4M_3M_2M_1M_0$ 与表示 1000 瓶水的二进制数 $B_9B_8B_7B_6B_5B_4B_3B_2B_1B_0$ 的位数相等。

（2）试毒。把 1000 瓶水快速地分给 10 只老鼠喝，分配原则是，如果某瓶水的 B_i 位为 1，则给 M_i 老鼠喝一点儿该瓶的水。当把 1000 瓶水分给 10 只小白鼠喝后，等待 24h，观察有哪些小白鼠死亡（$M_i=1$）。

（3）结果。假如只有最后一只小白鼠死亡，即 $M_9M_8M_7M_6M_5M_4M_3M_2M_1M_0=$ 0000000001，说明编号为 0000000001 的水有毒。

由于 1000 瓶水使用二进制数编码表示时需要的最少位数是 10，则试毒需要的小白鼠不能少于 10 只。

这个问题的求解过程包含了丰富的计算思维思想，这种计算思维思想至少可以归纳为以下两点。

（1）世间对立的两种状态都可表达为 0 和 1。

• 小白鼠的死（1）与活（0）。

• 小白鼠对某瓶水喝（1）与不喝（0）。

• 水有毒（1）与无毒（0）。

（2）0 与 1 的组合（二进制符号串）能表示万物。例如，我们采用 10 位二进制数码的一种组合代表了一瓶水,还表示了某瓶水含毒。

可见,问题符号化、求解试探化、过程自动化是计算思维的特点。那么,到底什么是计算思维呢?

2006 年 3 月,时任美国卡内基梅隆大学(Carnegie Mellon University,CMU)计算机科学系主任的周以真(Jeannette M. Wing)教授,在美国计算机权威刊物 *Communications of the ACM* 上首次提出了计算思维(Computational Thinking)的概念:计算思维是运用计算机科学的基础概念进行问题求解、系统设计以及人类行为理解等涵盖计算机科学之广度的一系列思维活动。

计算思维与人们的生活密切相关。早晨上学时,把当天所需要的东西放进背包,这就是"预置和缓存";有人丢失自己的物品,沿着走过的路线去寻找,这就叫"逆推";在对租房还是买房进行决策时,这就是"在线算法";在超市付费时,决定排哪个队省时间,这就是"多服务器系统"的性能模型;停电时电话还可以使用,这就"设备无关性"和"设计冗余性"。由此可见,计算思维与人们的工作和生活密切相关,计算思维是现代人不可或缺的一种基本思维。

计算思维是人的思维不是计算机的思维,它是人类科学思维的重要组成部分。一般认为,科学思维包括理论思维、实验思维和计算思维。理论思维以推理和演绎为特征,以数学学科为代表;实验思维以观察和总结自然规律为特征,以物理学科为代表;计算思维以设计与构造为特征,以计算机学科为代表。

计算思维不同于数学思维,不仅仅是将公式变为程序。计算思维也不仅仅是计算机语言和编写程序,还包括"计算＋""互联网＋""智能＋""大数据＋"等。

应该说,计算思维不是一个简单的概念,而是需要在学习和实践过程中不断体会、不断理解的一种设计并运用计算系统的思维。技术与知识是创新的支撑,而思维是创新的源头。理解计算系统的一些核心概念,培养一些计算思维模式,对于所有学科的人员建立复合型的知识结构,进行各种新型计算手段研究,以及基于新型计算手段的学科创新都有重要的意义。

2. 基于计算思维的问题求解

从方法论的角度来看,利用计算思维对问题求解的一般过程仍然可分为抽象、理论和设计 3 个阶段。

抽象的目的在于抓住问题本质、简化问题解决过程,包括建模和符号化描述两方面。例如,我们假设鸡有 x 只、兔有 y 只,那么 x 和 y 就是鸡和兔的抽象;用 10 位二进制数编码 $B_9 B_8 B_7 B_6 B_5 B_4 B_3 B_2 B_1 B_0$ 表示一瓶水,则 $B_9 B_8 B_7 B_6 B_5 B_4 B_3 B_2 B_1 B_0$ 就是一瓶水的抽象,而 M_i 是小白鼠的抽象。计算机科学中存在多种抽象,例如,虚拟存储器的产生是一种抽象;主存是硬盘高速缓存的一种抽象;汇编语言是机器语言的一种抽象;C 语言是汇编语言的一种抽象;Java 中的对象是基本数据类型的一种抽象;Java 虚拟机是操作系统的一种抽象;面向接口的编程是直接类耦合调用的抽象,等等。

理论包括科学概念、科学原理及定理证明等,其形态包含表述研究对象的特征、假设对象之间的性质和关系、确定这些关系的真伪、形成最终的结论和解释。理论比抽象更高一层,具有简洁、准确、可证明等特性,是对事物本质的进一步提炼。理论研究的基础是数学和逻辑,研究的前提是抽象,研究的过程是用形式化、数学化的概念对事物进行严密的定义及论证。例如,鸡兔同笼问题中,关于 x 和 y 的方程 $x+y=35$ 以及 $2x+4y=94$ 就是理论;$M_i=1$ 表示小白鼠死亡状态,$M_i=0$ 表示小白鼠非死亡状态,给小白鼠喂水的规则等都是理论。抽象和理论是设计的基础。

设计即构建系统,包括需求分析、规格说明、设计与实现、测试与分析。

若从求解问题的流程来看,基于计算思维的求解过程如图 1-8 所示。其中,分析过程就是抽象过程,数学模型就是关于问题求解的理论,数据结构与算法则是抽象的延续和理论的再造,计算机语言选择与编译、运行则是设计的实现,"程序代码＋计算机＋结果呈现"则属于系统构建。

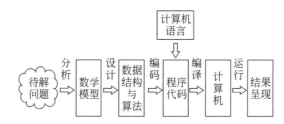

图 1-8　基于计算思维的问题求解过程

计算思维就像一个宝库,很多问题的求解都可从中得到启发和帮助。

计算思维就是递归与迭代。所谓递归,就是一个过程或函数在其定义或说明中直接或间接调用自身的一种方法。它通常把一个复杂的大型问题层层转化为一个与原问题相似的规模较小的问题来求解,递归策略只需要少量的程序就可描述出解题过程所需要的多次重复计算,大大地减少了程序的代码量。递归可以用有限的语句来定义对象的无限集合,然而递归的计算量是很大的(具有很高的时间复杂度),把递归程序求解尽量转化为非递归程序求解是一个常用的降低时间复杂度的方法。迭代就是这样的一种方法。所谓迭代,就是反复替换,在算法与程序设计中常用迭代解决重复性计算问题,迭代又称循环。循环是计算机科学的核心,不仅存在于程序设计中,也存在于计算机结构中,正是由于计算机不断地重复进行取指令和执行指令操作才有了计算机系统的自动运行,才使计算机自动求解问题有了可能。在迭代过程中,每次替换都会注入新的内容,绝不是简单重复。迭代与递归有密切的联系。迭代程序都可以转化为与之等价的递归程序,反之,则不然。不过,在利用计算思维解决实际问题的过程中,我们总是尽可能地使用迭代替换递归以提高效率。

计算思维就是组合。计算机科学中,人们用二进制数组合表示万物,这是计算的基础;人们用基本逻辑电路组合成各种功能器件,进一步组合(构造)成计算机系统,再组合成覆盖全球的信息网,这都说明了组合的重要性。

计算思维是并行思维。计算思维的设计阶段处处体现着并行,例如指令流水线并行、多线程并行、多处理机并行、分布式计算等。现实社会中,任何一个大项目的完成都需要众多人力、物力的参与,科学、合理地使用并行思维是提高效率的可靠途径,例如道桥建造过程中的横梁预制、大型船只的分段建造等都是并行思维的运用。

计算思维是采用抽象和分解来控制庞大复杂任务或者进行巨大复杂系统设计的方法,是一种关注点分离的方法。

计算思维是通过预防、保护、冗余、容错和纠错来防止发生不好的状况,一旦发生也可以从中恢复的一种思维方法。

计算思维就是用启发式的推理去发现一个解决问题的方法,在不确定出现时能够有条不紊地调度。计算思维是数据驱动下的强化学习,是在时间和空间、处理效率和存储容量之间进行折中的思维。

3. 计算思维的基础

计算思维的重要表现就是社会或自然现象面向计算的表达与推演,其解决问题的基本思路是语义符号化→符号计算化→计算 0/1 化→0/1 自动化→分层构造化→构造集成化。计算就是寻找机器可执行的程序。程序的基本特征是复合、抽象和构造。复合是对简单元素的各种组合;抽象是对组合进行命名并将其用于更加复杂的组合中;构造的基本手段是迭代与递归,即用有限的语句表达几乎无限的对象与动作。所以,数理逻辑是计算思维的重要基础。

(1) 离散化。真实世界的信息形式大多数是连续的、无限的,如天气的变化、移动的距离、色彩变化、声音变化、磁场变化等,用连续形式表示的信息称为模拟信息。这些模拟信息可以抽象为模拟量,是可以采用经典的数学、物理方法进行计算的,比如采用微积分方法。但是计算机不能直接处理这些模拟信息,因为计算机系统是有限系统,响应速度有限、存储容量有限,必须把连续的模拟信息离散化。所谓离散化,就是把无限空间中有限的个体映射到有限的空间中去。

计算机数据是经过离散化得来的数字数据。人类的文字经过信息编码变成一串串的二进制数(离散为 0、1 两个状态,呈现为 0 和 1 的组合),然后才由计算机进行处理。人们听到的声音、发出的语音和看到的图像,都需要经过采样、量化、编码变成二进制数后才能被计算机处理。

例如,把声音离散化为计算机数据时,首先由麦克风把声音信号变成模拟的电信号(模拟信息),然后经过采样、量化、编码变成数字信号(二进制数字串),如图 1-9 所示。为了保证模拟信息不丢失,采样间隔应尽量小,编码位数应尽量多。

图像的离散化是把一幅亮度连续变化的图像在二维空间上分割成 $M \times N$ 个网格,每个网格称为一个像素,每个像素用一个亮度值来表示,如图 1-10 所示。采集图像时,每一个网格放置一个光电传感器构成传感器阵列,每一个传感器把接收的光能量变成模拟电信号,每一路模拟电信号经过量化、编码表示成一个二进制数,这样就把一幅亮度连续变化的图像变成了离散的数字数据。显然,数字数据只是亮度连续变化图像的一个近似(映射),为了保证模拟图像信息不丢失,像素点应尽可能密集,像素编码的位数应尽可能多。

现代计算机系统是一个离散的系统,是一个数字系统。因为计算机系统内核(主机)是由离散器件(门电路)构成的,计算机系统的输入和输出都是数字数据,计算机指令都是一串串的二进制编码,计算机工作是通过执行一条条指令实现的。

离散化是计算机程序设计的基本方法,它可以有效地降低算法复杂度,提高算法的时空效率,有时甚至可以使不可解的问题变得可解。数据的离散化处理实际上就是根据某种相似性或者相异性来对数据进行分类,关键是相似性或者相异性如何定义,这是问题的难点。

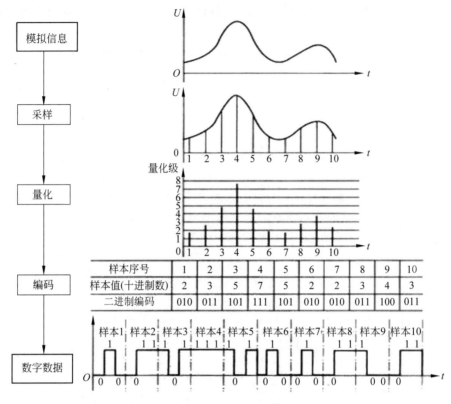

图 1-9　把声音离散化为计算机数据

模拟信息 → 采样 → 量化 → 编码 → 数字数据

样本序号	1	2	3	4	5	6	7	8	9	10
样本值(十进制数)	2	3	5	7	5	2	2	3	4	3
二进制编码	010	011	101	111	101	010	010	011	100	011

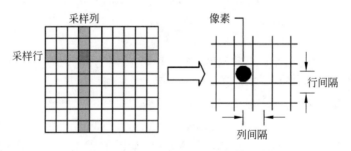

图 1-10　图像离散化示意图

例如,离散化可在不改变数据相对大小的情况下,对数据进行相应的缩小。

原始数据:1、999、100000、15。

处理后的数据:1、3、4、2。

因为原始数据的大小关系是 1<15<999<100000,而与之类似的另一组数据是 1<2<3<4,为了缩小数据的存储空间而又保持数据之间大小关系不变,于是可以用 1→1、2→15、3→999、4→100000,原来的一组数据就可离散化为 1、3、4、2。基于同样的思维,还可进行下面的数据处理。

原始数据:{100,200}、{20,50000}、{1,400}。

处理后的数据:{3,4}、{2,6}、{1,5}。

基于数据库的数据分析也常常需要进行数据离散化。图 1-11 所示是原始数据表,图 1-12

所示是离散化处理后的数据表。离散化的方法是把原始数据表的每一列数据都进行分类和符号表示，例如，1→sunny，2→rainy，3→overcast；1→温度≤70，2→70＜温度≤80，3→温度＞80。显然离散化后的数据更容易处理。

ID	天气	温度	湿度	刮风	玩
3	overcast	83	86	☐	☑
4	rainy	70	96	☐	☑
5	rainy	68	80	☐	☑
6	rainy	65	70	☑	☐
7	overcast	64	65	☑	☑
8	sunny	72	95	☐	☐

图 1-11　原始数据表

ID	天气	温度	湿度	刮风	玩
3	3	3	2	1	2
4	2	1	2	1	2
5	2	1	1	1	2
6	2	1	1	2	1
7	3	1	1	2	2
8	1	2	2	1	1

图 1-12　离散化处理后的数据表

所以，离散化不仅是计算机科学研究的起点，而且贯穿始终。

（2）符号化（二进制数编码）。现实世界的任何事物，若要由计算机计算，首先需要将其语义符号化。所谓语义符号化，就是将现实世界的各种现象及其语义用符号表示，进而进行基于符号的计算。将语义表达为不同的符号，就可采用不同的工具（数学方法）进行计算；将符号赋予不同的语义，则能呈现或计算现实世界中的不同问题。

现代计算机使用的符号是二进制的 0、1。无论是现实世界中的数字、字符，还是听到的声音、看到的景象，都可以用二进制数表示，进而可以用计算机进行计算。比如 5 可表示为 0101（BCD 编码），字母 a 可以表示为 01100001（ASCII 码），"人"可表示为 1100 1000 1100 1011（汉字内码）等，这些将在第 3 章详细介绍。互联网中，每台计算机都用一个二进制数表示（IP 地址），这将在第 11 章介绍。物联网中，每个物体的物理信息（位置、速度、温度等）都可以由传感器转变成对应的二进制数。智能人机交互过程中，人们的口令、动作、表情、心理活动等都可分解为计算机指令组合，而计算机指令都是用二进制数表示的，这些将在第 5 章和第 10 章介绍。

人类的思维，即逻辑，也可以符号化。逻辑的基本表现形式是命题与推理。命题语义可用真（1）、假（0）表示。推理可以用与（AND）、或（OR）等逻辑运算符表示。

当数量、操作及逻辑都表示为二进制符号（0、1）后便可统一计算。当基于二进制的运算用逻辑电路实现以后，计算就自动化了。

（3）逻辑代数与逻辑电路。逻辑有思维和表达思考的言辞之意。逻辑代数是一种用于描述客观事物逻辑关系的数学方法，由英国数学家乔治·布尔（George Boole，如图 1-13 所示）于 19

图 1-13　乔治·布尔

世纪中叶提出,因而又称为布尔代数。逻辑代数有一套完整的运算规则,包括公理、定理和定律,被广泛地应用于开关电路和数字逻辑电路的变换、分析、化简和设计上,因此也被称为开关代数。随着数字技术的发展,逻辑代数已经成为分析和设计逻辑电路的基本工具与理论基础。

逻辑用文字书写表达非常简单。例如,最著名的逻辑推理三段论:

(1) 所有人都是要死的;

(2) 苏格拉底是人;

(3) 所以苏格拉底是要死的。

数学只用于计算,没有人意识到数学还能表达人的逻辑思维。不过有的人还是希望使用数学方法来研究思维,也就是用一种符号语言代替自然语言对思维过程进行描述,把人类的思维过程转换成数学计算。最早提出用数学方法来描述和处理思维的是德国数学家莱布尼茨(Leibniz),但直到 1847 年布尔出版了《逻辑的数学分析》(*The Mathematical Analysis of Logic*)后,用数学方法研究思维才有所发展。这本书是布尔对符号逻辑诸多贡献中的第一个,代表了逻辑代数的开始,也是数理逻辑的起源。

数理逻辑是用数学的方法来研究推理规律的科学。它采用符号来描述和处理思维形式、思维过程和思维规律,即把逻辑思维涉及的概念、判断、推理用符号来表示,用公理化体系来刻画,并基于符号串形式的演算来描述推理过程的一般规律,从而实现人类思维过程的演算化、机械化、自动化(计算机自动计算)。数理逻辑在早期(1930 年之前)主要针对纯数学问题,后来用于开关电路理论中,并在计算机科学领域得到应用,成为计算机科学的基础理论之一。

逻辑总是表现为一组命题,例如逻辑推理三段论。所谓命题,是指一个有具体意义且能够判断真假的陈述句。判断是对事物表示肯定或否定的一种思维形式,所以表达判断的命题总有"真"或"假"两种值。依据简单命题的判断推导得出复杂命题的判断结论的过程就是推理。命题和推理都可以符号化。

乔治·布尔发明的工具叫作集合论。他认为,逻辑思维的基础是一个个集合,每一个命题表达的都是集合之间的关系。通过布尔代数进行集合运算可以获取不同集合之间的交集、并集或补集,进行逻辑运算可以对不同集合进行与、或、非。

比如,所有人类组成一个集合 R,所有会死的东西组成一个集合 D,若用乘号($\times$)表示交集,加号($+$)表示并集,则按照布尔的理论,两个集合之间的关系可以表示为

$$R \times D = R$$

这个式子表示 R 与 D 的交集就是 R,意思是人是会死的东西之一。

同样,苏格拉底也是一个集合 S,这个集合里只有苏格拉底一个成员。苏格拉底集合 S 与所有人集合 R 的关系可表示为

$$S \times R = S$$

这个式子表示苏格拉底与人类的交集就是苏格拉底,意思是苏格拉底也是人。

将第一个式子代入第二个式子进行运算:

$$S \times (R \times D) = (S \times R) \times D = S \times D = S$$

这个式子表示苏格拉底与会死的东西的交集就是苏格拉底,意思是苏格拉底也属于会死的东西,是要死的。

这样,就用数学符号表示了逻辑推理三段论中的逻辑关系,并进行了有效计算。这就是逻辑代数,也就是数理逻辑。

1938年,香农(C. E. Shannon)将逻辑代数应用于开关电路,开创了逻辑电路设计与应用的先河。现代计算机是电子设备,其硬件包括很多功能电路,如触发器、寄存器、计数器、译码器、加法器等。这些功能电路都是由基本的逻辑电路经过逻辑组合而成,再把这些功能电路进行集成,就组成了完整的计算机硬件系统。

基本的逻辑电路称为逻辑门。一个门可以接收一个或多个输入信号,输入信号经过逻辑运算生成一个输出信号。门电路通常处理二进制数,输入和输出只能是0(对应低电平)或1(对应高电平),基本的逻辑门包括与门、或门、非门、异或门等,基本的逻辑符号如图1-14所示。

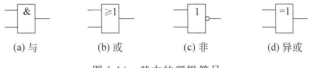

(a) 与 (b) 或 (c) 非 (d) 异或

图 1-14 基本的逻辑符号

与门是执行与运算(可用 AND 表示)的基本逻辑电路。与门可有多个输入端和一个输出端。当所有的输入同时为高电平(逻辑 1)时,输出才为高电平;否则,输出为低电平(逻辑 0)。即 0 AND 0＝0、0 AND 1＝0、1 AND 0＝0、1 AND 1＝1。

或门是执行或运算(常用 OR 表示)的基本逻辑电路。几个条件中,只要有一个条件得到满足,某事件就会发生,这种关系叫作或逻辑关系。或门可有多个输入端和一个输出端。只要输入中有一个为高电平(逻辑 1)时,输出就为高电平(逻辑 1);只有当所有的输入全为低电平(逻辑 0)时,输出才为低电平(逻辑 0),即 0 OR 0＝0、0 OR 1＝1、1 OR 0＝1、1 OR 1＝1。

非门又称为反相器,是执行非运算(可用 NOT 表示)的基本逻辑电路。非门有一个输入端和一个输出端。逻辑符号中,输出端的圆圈代表反相的意思。当其输入端为高电平(逻辑 1)时,输出端为低电平(逻辑 0);当其输入端为低电平时,输出端为高电平。也就是说,输入端和输出端的电平状态总是反相的。

异或门是执行异或运算(可用 XOR 表示)的基本逻辑电路。异或门有两个输入端和一个输出端。若两个输入的电平相异,则输出为高电平(逻辑 1);若两个输入的电平相同,则输出为低电平(逻辑 0)。即 0 XOR 0＝0、0 XOR 1＝1、1 XOR 0＝1、1 XOR 1＝0。

逻辑门电路可由 CMOS 管等分立元件组成,也可做成集成电路,目前实际应用较多的都是集成电路。由于单一品种的与非门可以构成各种复杂的数字逻辑电路,而器件品种单一会给备件、调试带来很大方便,所以集成电路工业产品中并没有与门、或门,只有与非门。

把几个基本的门电路组合就可以实现数据计算。计算机中最基本运算的就是加法运算,使用几个异或门、或门和与门就可以组成一位加法器,如图1-15所示,称为全加器,可以实现表1-1所示的各种运算。

而用基本的逻辑门电路也可以组成存储器。如图1-16所示,使用1个非门和3个与非门组成了一位存储器。

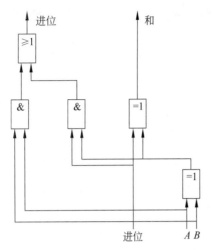

图 1-15　全加器的逻辑结构

表 1-1　全加器真值表

输　　入			输　　出	
A	B	进位	和	进位
0	0	0	0	0
0	0	1	1	0
0	1	0	1	0
0	1	1	0	1
1	0	0	1	0
1	0	1	0	1
1	1	0	0	1
1	1	1	1	1

图 1-16 所示的一位存储器中,需要存储数据时,通过将"选择线"置"1"来选择存储器。如果存储数据 1,即"数据入"等于 1,则经过与非门运算(先把 1 和 1 进行与运算,再对与运算的结果进行非运算)后结果为 0,0 信号经过图中右上角的与非门后产生数据 1 并输出,此时就可以从"数据出"读取到数据 1,"数据出"为 1 的状态保持稳定并且可以连续多次读取;如果存储数据 0,即"数据入"等于 0,则经过与非门运算后结果为 1,1 信号一路直接输入与非门(与非门运算结果待定),另一路经过非门运算结果为 0,0 再经过与非门变成 1 输入图中右上角的与非门,这样图中右上角的与非门的两个输入全是 1,运算结果为 0,

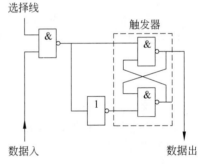

图 1-16　一位存储器的逻辑结构

输出为 0,这样可从"数据出"读取到数据 0,"数据出"的状态保持稳定并且可以连续多次读取。

习题 1

一、选择题

1. 计算指的是(　　)。
   A. 数的加、减、乘、开方等　　　　　B. 函数的微分、积分等
   C. 方程的求根、定理证明等　　　　D. 将一个符号串变换成另一个符号串
2. 图灵机模型的主要贡献是(　　)。
   A. 研究了计算的本质　　　　　　　B. 描述了计算的过程
   C. 给出了可计算问题的定义　　　　D. 以上都是
3. 最早提出用数学方法描述和处理逻辑问题的是(　　)。
   A. 布尔　　　　　B. 莱布尼茨　　　　C. 笛卡儿　　　　D. 罗素

4. 冯·诺依曼对计算机科学的主要贡献是(　　)。

　　A. 发明了微型计算机　　　　　　　B. 提出了存储程序的概念

　　C. 设计了第一台电子计算机　　　　D. 提出了高级程序设计语言概念

5. 计算机之所以能自动、连续地进行数据处理,主要是因为(　　)。

　　A. 采用了开关电路　　　　　　　　B. 采用了半导体器件

　　C. 采用了程序存储的结构　　　　　D. 采用了二进制

6. 利用计算机解决实际问题时,必须思考的问题包括(　　)。

　　A. 该问题是否能够被计算　　　　　B. 如何利用计算机系统实现计算

　　C. 如何高效地计算　　　　　　　　D. 以上三项

7. 利用计算思维解决问题(　　)。

　　A. 只能由人来完成　　　　　　　　B. 只能由计算机完成

　　C. 人和计算机都能完成　　　　　　D. 人和计算机都不能完成

8. 计算思维的主要思想包括(　　)。

　　A. 符号化思想　　　　　　　　　　B. 程序化思想

　　C. 递归思想　　　　　　　　　　　D. 以上三项都是

9. 抽象源于(　　)。

　　A. 实验　　　　　　B. 数学　　　　　C. 逻辑学　　　　D. 艺术学

10. 理论源于(　　)。

　　A. 实验　　　　　　B. 数学　　　　　C. 工程设计　　　D. 都不是

11. 求解问题的前提是(　　)。

　　A. 抽象　　　　　　B. 理论　　　　　C. 设计　　　　　D. 都不是

12. 计算思维代表算法不包括(　　)。

　　A. 遗传算法　　　　B. 免疫算法　　　C. 排序算法　　　D. 蚁群算法

二、简答题

1. 假设使用二进制编码的方式进行气象信息传送。如果需要发送的气象信息共有 4 种情况:晴天、雨天、多云、阴天,则可采用两位二进制数进行基本的信息编码,即晴天→00、雨天→01、阴天→10、多云→11。试对这种基本编码方案进行改进,使信息接收方能够检查出接收到的信息是否存在一位错误。

2. 在学完本章,对"计算"有新的理解吗? 计算机科学中的"计算"与小学、中学所学的"计算"有什么差异?

3. 逻辑代数为计算机的二进制编码、开关逻辑元件和逻辑电路的设计铺平了道路,并最终为计算机的发明奠定了数学基础。如何理解数学在计算机科学中的作用?

4. 牧羊人过河,他带了一棵白菜、一只羊和一只狼,每次过河只能带一件物品。若要求羊不能吃白菜,狼不能吃羊(狼不吃白菜),该如何解决问题?

5. 一个哲学家被关在监狱里,监狱有两个门,一个门通向自由(生门),另一个门通向死亡(死门)。监狱有两个看守,都知道哪个是生门哪个是死门,但是一个说真话一个说假话。哲学家既不知道哪个是生门,也不知道哪个看守说真话,现在哲学家可以向其中一个看守提问一个问题以决定从哪个门出去。哲学家需要向哪个看守提什么问题才能活着走出监狱?

第2章

计算机从哪里来

计算机是一种能自动、高速、精确地进行信息处理的电子设备。自 1946 年诞生以来,计算机的发展极其迅速,至今已在各个领域得到广泛应用,使人们的工作、学习、日常生活甚至思维方式都发生了深刻变化。那么,计算机是怎么产生的呢? 本章主要介绍计算机的发展历史、计算机的类型和计算机的发展趋势等。

2.1 计算机的发展历史

2.1.1 计算机的产生

很多人都知道,世界上第一台电子计算机诞生于 1946 年。实际上,计算机作为一种计算工具,是在满足人们"计数"和"计算"的需要的基础上,一步步地发展而来的。

人们最早使用的计算工具可能是手指,英文单词 digit 既有数字的意思,又有手指的意思。古人用石头打猎,所以还可能使用石头来辅助计算。但是,使用手指和石头进行计算太低效了。

后来,出现了结绳记事,如图 2-1 所示。结绳记事的缺点是慢,而且绳子有长度限制。

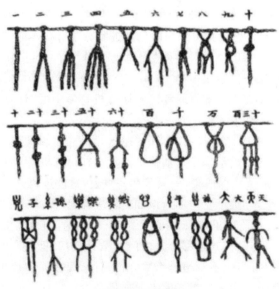

图 2-1 结绳记事

又不知过了多久,许多国家开始使用筹码来计数,最有名的就要数我国商周时期出现的算筹了,如图 2-2 所示。古代的算筹实际上是一根根长短和粗细相同的小棍子,大约 270 几枚为一束,多用竹子制成,也有用木头、兽骨、象牙、金属等材料制成的。我国数学家祖冲之计算圆周率时使用的工具就是算筹。使用算筹计算很不方便,例如计算时需要慢慢摆放。

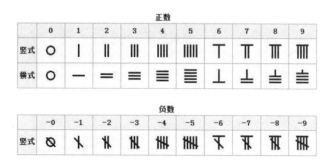

图 2-2　算筹

后来,人们发明了更好的计算工具——算盘,如图 2-3 所示。算盘萌芽于汉代,在南北朝时期定型。算盘的出现是人类文明的巨大进步,算盘不仅提高了计算效率,还引入了进位计数,使计算量和计算速度大大提高。使用算盘时需要配合一套口诀,如果把算盘比作计算机,这套口诀就好比计算机的软件。算盘本身还可以保存数据,使用时很方便。至今,算盘还在被使用。

15 世纪,随着天文和航海的发展,计算工作越来越繁重,计算工具急需改进。

1630 年,英国数学家奥特雷德在使用当时流行的对数刻度尺做乘法运算时突然想到,如果使用两根相互滑动的对数刻度尺,不就省去了用两脚规度量长度了吗?他的这个想法导致了机械化计算的诞生,但奥特雷德对这件事情并没有在意,此后 200 年里,他的发明也没有得到实际应用。

1642 年,帕斯卡发明了人类有史以来第一台机械计算机——帕斯卡加法器。它是一种由一系列齿轮组成的装置,外观像一个长方形盒子,用钥匙旋紧发条后才能转动,只能够做加法和减法运算,如图 2-4 所示。

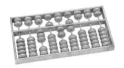

图 2-3　算盘

图 2-4　帕斯卡加法器

1725 年,法国纺织机械师布乔提出了"穿孔纸带"的构想。布乔首先设法用一排编织针控制所有的经线运动,然后取来一卷纸带,根据图案打出一排排小孔,并把它压在编织针上。启动机器后,正对着小孔的编织针能穿过去钩起经线,其他则被纸带挡住不动。于是,编织针自动按照预先设计的图案去挑选经线,就将布乔的"思想""传递"给了编织机,编织图案的"程序"也就"储存"在穿孔纸带的小孔中。

1822年，巴贝奇完成了第一台差分机，如图2-5所示。所谓差分，是把函数表的复杂算式转化为差分运算，用简单的加法代替平方运算。从差分机构思提出到差分机制作完成，耗费了巴贝奇整整10年。差分机可以处理3个不同的5位数，计算能够精确到小数点后6位，当即就演算出好几种函数表。

1834年，巴贝奇提出了一个更新、更大胆的设计——通用的数学计算机，巴贝奇称之为分析机，如图2-6所示。该机器由蒸汽机驱动，大约有30米长、10米宽，使用打孔纸带输入，采用最普通的十进制记数法，大约可以存储1000个50位的十进制数，有一个算术单元，可以进行四则运算、比较和求平方根操作。由于种种原因，巴贝奇并没有真正制造出分析机，但分析机的设计逻辑却非常先进，是大约100年后电子通用计算机的先驱。巴贝奇是当之无愧的计算机系统设计的"开山鼻祖"。

图2-5　巴贝奇的差分机

图2-6　巴贝奇的分析机（后人仿制）

1906年，美国的德福雷斯特发明了电子管，为电子计算机的发展奠定了基础。

1907年，德福雷斯特向美国专利局申报了真空三极管（电子管）的发明专利。真空三极管可分别处于饱和状态与截止状态。饱和，即从阴极到屏极的电流完全导通，相当于开关开启；截止，即从阴极到屏极没有电流流过，相当于开关关闭。真空三极管的控制速度要比艾肯的继电器快成千上万倍。

20世纪40年代，此时正是第二次世界大战时期，美国为了试验新式火炮，需要计算火炮的弹道表，计算量比较大。一张弹道表需要计算近4000条弹道，每条弹道需要计算750次乘法和更多的加减法，工作量巨大。可以想象这样一个场景：一发炮弹打出去，100多人用一种手摇计算机算个不停，还经常出错。1942年，任职于宾夕法尼亚大学莫尔电机工程学院的莫希利（John Mauchly）提出了高速电子管计算装置的设计方案，设想用电子管代替继电器以提高机器的计算速度。

美国军方得知这一设想后，立即拨款资助，成立了一个以莫希利、埃克特为首的研制小组。1946年2月14日，世界上第一台通用计算机ENIAC在美国宾夕法尼亚大学诞生，如图2-7和图2-8所示。

ENIAC长30.48m，宽6m，高2.4m，占地面积约170m²，有30个操作台，重达30吨，耗电量150kW，造价48万美元。ENIAC包含17 468根真空管（电子管）、7200根晶体二极管、1500个中转、70 000个电阻器、10 000个电容器、1500个继电器、6000多个开关，每秒能进行5000次加法运算、400次乘法运算，是使用继电器运转的机电式计算机的1000倍，是手工计算的20万倍。ENIAC还能进行平方和立方运算、正弦和余弦等三角函数计算，以及其他一些更复杂的运算。ENIAC 的耗电量高达 140kW/h,它存储容量很小,只能存储 20 个字长为 10 位的十进制数据。

图 2-7　世界上第一台通用计算机 ENIAC

图 2-8　ENIAC 的维护

以现在的眼光来看,这当然很微不足道,但在当时是很了不起的成就。原来需要 20 多分钟才能计算出来的一条弹道,现在只要短短的 30s! 因此,ENIAC 的成功研制开创了计算机发展的新纪元,标志着现代计算机时代的到来。

2.1.2　计算机的发展

计算机的进一步发展得益于冯·诺依曼的卓越贡献。冯·诺依曼(见图 2-9)是美籍匈牙利人,数学家,现代计算机创始人之一,被称为"计算机之父"。他出生于 1913 年,6 岁能心算 8 位数除法,8 岁学会微积分,12 岁读懂了函数论。通过刻苦学习,他在 17 岁发表了第一篇数学论文,22 岁获得瑞士苏黎世联邦工业大学化学工程师文凭,23 岁取得布达佩斯大学数学博士学位。之后,转而进行物理研究,为量子力学研究数学模型。风华正茂的冯·诺依曼,成为精通数、理、化 3 门学科的超级全才。

图 2-9　冯·诺依曼

在 ENIAC 尚未投入运行之前,冯·诺依曼就已经着手起草一份新的设计报告,要对这台电子计算机进行脱胎换骨的改进,他将新机器方案命名为 EDVAC。1945 年 6 月,冯·诺依曼与戈德斯坦、勃克斯等人为 EDVAC 方案联名发表了一篇长达 101 页的万言报告,即计算机史上著名的"101 页报告"。这份报告为现代计算机体系结构奠定了坚实的根基,直到今天,仍然被认为是现代计算机科学发展里程碑式的文献。报告明确规定了计算机的五大部件(输入系统、输出系统、存储器、运算器、控制器),并用二进制替代十进制运算,大大方便了机器的电路设计。EDVAC 方案的革命意义在于存储程序,即程序也被当作数据存进了机器内部,以便计算机能自动依次执行指令,再也不必接通线路。

1952 年,由冯·诺依曼设计的电子计算机 EDVAC 正式问世。这台计算机共使用 2300 个电子管,运算速度却比拥有 18 000 个电子管的 ENIAC 提高了 10 倍,冯·诺依曼的设计思想在这台计算机上得到了圆满的体现。

后来，人们把根据这一思想设计的机器统称为冯·诺依曼机。自冯·诺依曼设计的 EDVAC 开始，直到今天，大大小小、千千万万台计算机的设计思想都来源于此。从这个意义上来讲，冯·诺依曼是当之无愧的"计算机之父"。

在计算机的发展过程中，计算机的结构在不断地变化，所使用的电子器件也在不断更新，人们通常按所使用的电子器件的不同来划分计算机的发展阶段。目前，计算机的发展已经经历了四代。

(1) 第一代，电子管计算机(1946—1958 年)。硬件方面，逻辑元件采用真空电子管，主存储器采用汞延迟线、阴极射线示波管静电存储器、磁鼓、磁心，外存储器采用磁带。软件方面，采用机器语言、汇编语言。计算机的应用领域以军事研究和科学计算为主，其明显特征是使用真空电子管和磁鼓储存数据。

特点：因采用电子管而体积大，耗电多，运算速度慢，存储容量小，可靠性差。

(2) 第二代，晶体管计算机(1959—1963年)。硬件方面，晶体管代替了体积庞大的电子管，使用磁心存储器；软件方面，出现了操作系统、高级语言及其编译程序。计算机的应用领域以科学计算和事务处理为主，并开始进入工业控制领域。

特点：体积缩小，能耗降低，可靠性提高，运算速度提高(一般为数十万次每秒，可高达300 万次每秒)，性能比第一代计算机有很大的提高。

(3) 第三代，中小规模集成电路计算机(1964—1970 年)。硬件方面，逻辑元件采用中小规模集成电路，主存储器仍采用磁心；软件方面，出现了分时操作系统及结构化、规模化程序设计方法。这一时期出现了计算机网络，计算机的应用领域和普及程度进一步扩大，开始进入文字处理和图形图像处理领域。

特点：速度更快(一般为每秒数百万次至数千万次)，而且可靠性有了显著提高，价格进一步下降，产品走向了通用化、系列化和标准化等。

(4) 第四代，大规模集成电路计算机(1971 年至今)。硬件方面，逻辑元件采用大规模和超大规模集成电路，向着微型机和巨型机两极化方向发展；软件方面，出现了数据库管理系统、网络管理系统和面向对象语言等。计算机的应用领域从科学计算、事务管理、过程控制逐步扩展到社会生活的各个领域。

计算机的发展概况如表 2-1 所示。

表 2-1 计算机的发展概况

发展阶段	逻辑元件	主存储器	运算速度	软　件	应用
第一代 (1946—1958 年)	电子管	电子射线管	几千次到几万次每秒	机器语言、汇编语言	军事研究、科学计算
第二代 (1959—1963 年)	晶体管	磁心	几十万次每秒	操作系统、高级语言及其编译程序	数据处理、事务处理
第三代 (1964—1970 年)	中小规模集成电路	半导体	几十万次到几百万次每秒	分时操作系统及结构化、规模化程序设计方法	开始广泛应用
第四代 (1971 年至今)	大规模和超大规模集成电路	集成度更高的半导体	上千万次到上亿次每秒	数据库管理系统、网络管理系统和面向对象语言	扩展到社会各个领域

2.1.3 我国计算机的发展历程

我国政府对计算机研制的意义有清醒的认识,新中国成立之初即开始了计算机的研制工作,并且一直紧跟世界先进水平。

1956 年,周恩来总理亲自提议、主持、制定我国《十二年科学技术发展规划》,选定计算机、电子学、半导体、自动化作为发展规划的四项紧急措施,并制定了计算机科研、生产、教育发展计划。我国的计算机事业由此起步。

1956 年 8 月,中国科学院计算机技术研究所(下称中科院计算所)筹备委员会成立,著名数学家华罗庚任主任。这是我国计算机技术研究机构的摇篮。

1958 年 8 月,中科院计算所成功研制出我国第一台电子管通用电子计算机 103。

1965 年,中科院计算所成功研制出我国第一台大型晶体管计算机 109,该机在"两弹"试验中发挥了重要作用。

1974 年 8 月,清华大学等单位联合研制出采用集成电路的小型计算机 DJS-130,该机运算速度达 100 万次每秒。

1974 年 10 月,国家批准"关于研制汉字信息处理系统工程"(748 工程)的提议,为计算机中文化做出不可磨灭的贡献。

1980 年 6 月,计算机总局颁布《软件产品实行登记和计价收费的暂行办法》。我国软件产业的行业规范由此诞生。

1981 年 7 月,北京大学负责总体设计,成功研制出汉字激光照排系统。与国外照排机相比,该系统在汉字信息压缩技术方面领先,激光输出精度和软件的某些功能达到国际先进水平。

1983 年 8 月,五笔字型汉字输入法研制成功。该输入法后来成为专业录入人员使用最多的输入法。

1983 年,国防科技大学成功研制出银河一号巨型机,该机运算速度达 1 亿次每秒,是我国高速计算机研制史上的里程碑。

1983 年,电子部六所成功研制出汉字磁盘操作系统(CCDOS),这是我国第一套与 IBM PC-DOS 兼容的汉字磁盘操作系统。

1985 年,电子工业部计算机管理局成功研制出与 IBM PC 兼容的长城 0520CH 微型计算机,该机具有完备的汉字处理和显示能力。此后,我国微机产业进入迅速发展和空前繁荣阶段。

1989 年,金山公司的 WPS 问世,填补了我国计算机字处理软件的空白,并得到了极其广泛的应用;我国第一个大学校园计算机网在清华大学建成,该网采用清华大学自主研制的 x.25 分组交换机和分组拆装机 PAD 构建,并开通了 Internet 电子邮件服务。

1991 年,我国正式颁布并实施《计算机软件保护条例》。

1992 年,国防科技大学成功研制出银河二号通用并行巨型计算机,采用共享主存的四向量处理机结构,峰值速度达到 4 亿次浮点运算每秒,总体达到 20 世纪 80 年代国际先进水平。银河二号巨型计算机成功用于中期天气预报等方面。

1993 年,由电子工业部牵头,在全国组织实施"三金工程"(金桥,国家公用数据信息通信网;金卡,银行信用卡支付系统;金关,国家对外贸易经济信息网),极大地促进了我国计算机的应用和发展。

1994 年 4 月，中关村地区教育与科研示范网（NCFC）正式全功能接入 Internet，标志着中国成为国际互联网覆盖的国家。

1995 年，曙光公司推出了国内首台具有大规模并行处理机结构的曙光 1000 巨型机，其含有 36 个处理机，峰值速度达 10 亿次浮点运算每秒。曙光 1000 与国外同类机相比，水平差距在 5 年左右。

1997 年，国防科技大学成功研制出银河三号巨型机。该机采用可扩展分布共享存储并行处理体系结构，由 130 多个处理结点组成，峰值速度达 130 亿次浮点运算每秒，综合技术达到 20 世纪 90 年代中期国际先进水平。

1998 年，"金贸"工程启动，电子商务成为热点。

1999 年，国家并行计算机工程技术研究中心成功研制出神威Ⅰ巨型计算机，拥有 384 个处理单元，峰值速度达 3840 亿次每秒，部署于国家气象中心。

2000 年，曙光公司推出 3000 亿次浮点运算每秒的曙光 3000 超级服务器；中科院软件所成功开发 64 位中文 Linux 操作系统。

2002 年，中科院计算所成功研制出通用 CPU 芯片——龙芯 1 号，采用 MIPS 指令系统，最高主频 266MHz。

2003 年 4 月，国内数十家集成电路企业和高校联合成立"C＊Core 产业联盟"，合力打造中国集成电路完整产业链。

近几十年，我国计算机技术研究和相关产业的发展日新月异，成绩卓著，不少领域都达到了世界领先水平。"天河二号"计算机在全球超级计算机 500 强榜单上获得 6 连冠。2016 年，该榜单桂冠被使用中国自主芯片制造的"神威·太湖之光"摘取。

中国超级计算机发展史如表 2-2 所示。

表 2-2　中国超级计算机发展史

计算机名称	研制成功的年份/年	运行速度/亿次每秒	备　注
银河一号	1983	1	—
银河二号	1994	10	—
银河三号	1997	130	—
银河四号	2000	1 万	—
曙光一号	1992	6.4	—
曙光 1000	1995	25	—
曙光 1000A	1996	40	—
曙光 2000Ⅰ	1998	200	—
曙光 2000Ⅱ	1999	1117	—
曙光 3000	2000	4032	—
曙光 4000L	2003	4.2 万	—
曙光 4000A	2004	11 万	—
曙光 5000A	2008	230 万	—
曙光星云（见图 2-10）	2010	1271 万	—

计算机名称	研制成功的年份/年	运行速度/亿次每秒	备　注
神威Ⅰ	1999	3840	—
神威 3000A	2007	18 万	—
深腾 1800	2002	1 万	性能测试夺冠
深腾 6800	2003	5.3 万	性能测试夺冠
深腾 7000	2008	106.5 万	—
天河一号（见图 2-11）	2010	2570 万	当时速度世界第一
天河二号（见图 2-12）	2013	5.49 亿	当时速度世界第一
神威·太湖之光	2016	9.3 亿	当时速度世界第一

图 2-10　曙光星云

图 2-11　天河一号

图 2-12　天河二号

2.2　计算机的类型

计算机是应用、技术和成本综合的产物。计算机从诞生到今天,经过数十年的发展,其种类众多。从应用的角度划分,可把计算机分为以下几类。

1. 超级计算机

超级计算机是计算机中功能最强、运算速度最快、存储容量最大的一类计算机,多用于国家高科技领域和尖端技术研究,是国家科技发展水平和综合国力的重要标志。它对国家安全、经济和社会发展具有举足轻重的意义。世界各大国都在争先恐后地发展超级计算机,竞争十分激烈。美国的 Summit 和 Sierra、中国的神威·太湖之光和天河等都是世界领先的超级计算机。

超级计算机的应用范围十分广泛,主要用于计算密集型任务(如大规模工程计算和数值模拟)、数据密集型任务(如数据仓库和大数据处理)和通信密集型任务(如协同工作和远程遥控)。超级计算机的进步极大地推动了这些领域的发展;反过来,这些领域不断出现的新需求又直接刺激了超级计算机的研究与开发。

2. 网络计算机

计算机网络的核心设备就是计算机。计算机网络中各计算机的功能、任务各不相同,可分为服务器和工作站两类。

(1) 服务器。服务器在网络中负责管理和服务,通常由高性能计算机承担。相对于普通计算机来说,稳定性、安全性、性能等方面都要求更高。服务器是网络的结点,存储、处理网络上 80% 的数据,在网络中起举足轻重的作用。

(2) 工作站。工作站也叫客户机,主要供网络用户使用,进行数据传输、资源共享或者事务处理等。作为工作站的计算机,其性能一般要比服务器低,通常由微型计算机承担。

3. 工业计算机

工业计算机是一种采用总线结构,对生产过程及其机电设备、工艺装备进行检测与控制的计算机系统总称,简称工控机。它通常由计算机和过程输入输出(I/O)两大部分组成。工业计算机从硬件结构上看与普通计算机没什么两样,关键是要安装专用的控制软件。过程输入输出通道十分重要,一方面,用来完成工业生产过程的数据检测、收集,并将数据送入计算机;另一方面,把计算机控制生产过程的命令转换成工业控制对象的控制变量的信号,再送往工业控制对象的控制器中,由控制器行使对生产设备的运行控制。

工控机的主要类别有 IPC(PC 总线工业计算机)、PLC(可编程控制系统)、DCS(分散型控制系统)、FCS(现场总线系统)及 CNC(数控系统)这 5 种。

4. 微型计算机

微型计算机一般体积小、价格低,可供个人拥有和使用,也叫 PC(Personal Computer),是种类丰富、数量巨大的一类计算机。

（1）台式机（Desktop）。台式机（见图 2-13）是一种经典的微型计算机，出现早，使用广。主机、显示器等设备一般都是相对独立的，一般需要放置在办公桌或者专门的工作台上，因此称为台式机。台式机的性价比相对较高，无论是用于办公室还是用于家庭，都很受欢迎。

（2）笔记本计算机（Notebook 或 Laptop）。笔记本计算机（见图 2-14）又称手提电脑或膝上型计算机，是一种小型、可携带的个人计算机，通常质量为 1～3 千克。笔记本计算机通常是主机、显示器和键盘一体化构造。现在的笔记本计算机除了键盘外，一般还配置有触控板或触控点，提供了更好的定位和输入功能。

图 2-13　台式机

图 2-14　笔记本计算机

（3）掌上计算机（PDA）。掌上计算机（见图 2-15）是一种运行在嵌入式操作系统和内嵌式应用软件之上的，小巧、轻便、易带、实用、价廉的手持式计算设备。它在体积、功能和硬件配备方面都比笔记本计算机简单。掌上计算机除了用来管理个人信息（如通讯录、计划等）、浏览网页、收发 E-mail 之外，还具有录音机、英汉汉英词典、全球时钟对照、提醒、休闲娱乐、传真管理等功能，甚至还可以当作手机来用。掌上计算机的电源通常采用普通的碱性电池或可充电锂电池。掌上计算机的核心技术是嵌入式操作系统，各种产品之间的竞争也围绕此展开。

在掌上计算机的基础上加上手机功能，就成了智能手机（Smartphone）。智能手机除了具备手机的通话功能外，还具备掌上计算机的部分功能，特别是个人信息管理以及基于无线数据通信的浏览器和电子邮件功能。智能手机为用户提供了足够的屏幕尺寸和带宽，既方便随身携带，又为软件运行和内容服务提供了广阔的舞台，很多增值业务可以就此展开，如买卖股票、浏览新闻、查看天气预报、了解交通信息、购买商品、应用程序下载、音乐和图片下载等。

（4）平板计算机。平板计算机（见图 2-16）是一款无须翻盖、没有键盘、大小不等、形状各异，却功能完整的计算机。其构成组件与笔记本计算机基本相同，但它是利用触笔在屏幕上书写，而不是使用键盘和鼠标输入，并且打破了笔记本计算机键盘与屏幕垂直的设计模式。平板计算机除了拥有笔记本计算机的所有功能外，还支持手写输入或语音输入，移动性和便携性更胜一筹。

图 2-15　掌上计算机

图 2-16　平板计算机

5. 嵌入式计算机

嵌入式计算机是一种以应用为中心、以微处理器为基础,软硬件可裁减的,适应应用系统对功能、可靠性、成本、体积、功耗等综合性严格要求的专用计算机系统。嵌入式计算机一般都嵌入某个应用系统中,没有固定的外形,但具有计算机的内容,即一般仍由 CPU、存储器、外围设备、操作系统和用户的应用程序 4 个部分组成。嵌入式计算机是计算机市场中销量增长最快的计算机类型,种类繁多,形态多种多样。嵌入式计算机几乎出现在生活中的所有智能设备中,计算器、电视机顶盒、手机、数字电视、多媒体播放器、汽车、微波炉、数字相机、跑步机、智能门、电梯、空调、自动售货机,以及智能交通系统、工业自动化、导航系统、智能安防、物联网设备、机器人、智慧农业、医疗设备等都离不开嵌入式计算机。

2.3　计算机的发展趋势

2.3.1　目前计算机的发展趋势

计算机的自身特性决定了其发展必然呈多样化。计算机发展到今天,呈现出 4 种趋势:巨型化、微型化、网络化和智能化,今后一段时间内这些发展趋势还会继续。

1. 巨型化

巨型化是指计算机性能将不断提高,继续朝着速度更快、容量更大等方向发展。巨型机的发展一直深受大国重视,因此发展很迅速。2008 年,美国 IBM 公司研制的 Roadrunner(走鹃)使计算机运算速度首次达到了千万亿次每秒(P 级,$1P=10^{15}$);2009 年,美国 Cray 公司研制的 Jaguar(美洲虎)以 1.8 千万亿次每秒的运算速度超越"走鹃"而名列榜首;2010 年,我国的"天河一号"以 2.57 千万亿次每秒的速度摘取桂冠;2018 年 11 月,美国橡树岭国家实验室的 Summit(顶点)又以 143 千万亿次每秒的速度超过我国的"神威·太湖之光"而摘取桂冠。2008—2018 年,巨型机运算速度发展情况如图 2-17 所示。

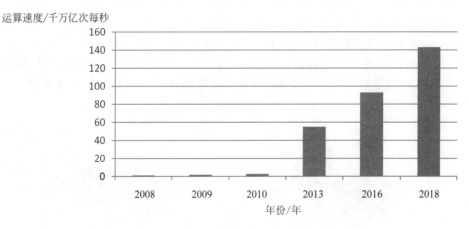

图 2-17　巨型机运算速度发展情况

人们相信,随着技术的发展,巨型机发展的脚步不仅不会停歇,还会进一步加快。

2. 微型化

微型化是指利用微电子技术和超大规模集成电路技术,使计算机的体积进一步缩小,价格进一步降低。应用领域的扩展不断为计算机微型化提供需求,而不断精细的超大规模集成电路制作工艺为计算机微型化提供了可能。台式机、笔记本计算机、平板计算机、掌上计算机、智能手机等,大家已经习以为常,将来一定会出现更小的计算机系统。

微型机器人就是计算机微型化的一个新领域。微型机器人是典型的微机电系统,体形很小,与蜻蜓或苍蝇一样大,有的甚至更小,小到人们看不见。微型机器人的应用很广泛,例如,外科医生能够遥控微型机器人做毫米级视网膜开刀手术,在眼球运动的情况下,切除弹性视网膜或个别病理细胞,接通切断的神经;可以控制微型机器人在患者体内或血管中穿行,一旦发现癌细胞就立即把它们杀死以及刮去主动脉上堆积的脂肪等;可以将微型机器人胃镜放进胃内,对胃进行全面检查;可以将成千上万个微型机器人撒在庄稼地内,让它们去咬死害虫,减少农业的损害使之有好收成;可以控制飞行微型机器人载着湿度仪和红外传感器在田野上飞翔,当发现农田有干旱现象时,便降落在灌溉系统的阀门上,将干旱信息传输给传感器,打开阀门,定量灌溉农田;可以控制微型机器人清洁、修理空间望远镜,检查宇宙飞船热屏蔽罩;可以控制微型机器人在房屋隐蔽处除尘,进入家用电器内部检查和维护。目前,世界各国已经在微型机器人的研究方面取得了不少成果。例如,《科学》杂志 2017 年第 4 期报道了沈阳自动化研究所开展藻类细胞微型机器人研究,实现了藻类机器人按照规划路线运动、群体控制、货物抓取、传输和释放等,并取得了阶段性成果;新华社记者周舟 2019 年 3 月 22 日报道,中国科研人员目前开发出一种磁性微游动机器人,可像蚁群一样成千上万地组队协同作业,有望为高效靶向给药和体内成像提供解决方案。

3. 网络化

网络化是指利用现代通信技术和计算机技术,把分布在不同地点的计算机互连起来,按照网络协议相互通信,使网络内众多的计算机系统共享相互的硬件、软件和数据等资源。计算机网络是计算机技术发展中崛起的又一重要分支,是现代通信技术与计算机技术结合的产物。从单机走向联网,是计算机应用发展的必然结果。计算机网络在交通、金融、企业管理、教育商业等领域得到广泛的应用。未来,传统的互联网技术将进一步完善,并与电视网、电话网进一步融合,终将形成包括物联网在内的万物互连信息网,网络资源极大丰富,可以为每一个用户提供随时随地的个性化服务。

4. 智能化

智能化是指让计算机具有模拟人的感觉和思维过程的能力,具有此能力的计算机称为智能计算机。智能化的计算机将更好地与人交流、更好地为人服务。计算机智能化的研究开发将对国防、经济、教育、文化等各方面产生深远影响。

智能计算机技术还不够成熟,尽管所取得的成果离人们期望的目标还有距离,但已经产生明显的经济效益与社会效益。专家系统已在管理调度、辅助决策、故障诊断、产品设计、教育咨询等领域广泛应用。文字、语音、图形图像的识别与理解,以及机器翻译等技术也取得了重大进展,很多产品已经问市。

计算机智能化是 21 世纪信息产业的重要发展方向。智能计算机的发展将促进以信息产业为标志的新的工业革命的发展。智能计算机的应用将放大人的智力,减少对自然资源的开发和利用。它只需要极少的能量和材料,其价值主要在于知识。另外,智能计算机的研究可以帮助人们更深入地了解人类自己的智能,最终揭示智能的本质与奥秘。

2.3.2　未来计算机的发展趋势

基于集成电路的计算机短时间内还不会退出历史舞台,但一些新型的计算机正在被加紧研究,有的已经取得突破,可能会成为未来计算机发展趋势。这些新型计算机有超导计算机、纳米计算机、光子计算机、DNA 计算机和量子计算机等。

1. 超导计算机

芯片集成度增高,计算机的体积就会变小,计算机的速度更容易提高,成本也可进一步降低,但是集成度增高往往会引起严重的发热问题。如今,最快的计算机——美国的 Summit 和中国的“神威·太湖之光”,都需要 30MW 的电力才能满负荷运转,比洛杉矶级攻击型核潜艇需要的电力还要多。而它们的后继者,百亿亿次超级计算机很可能需要一个独立的发电站。

解决发热问题的方法是研制超导计算机。因为电流在超导体中流过时,电阻为 0Ω,不会发热。几十年来,科学家们不懈努力,不断取得进步,但还未有实用的成果。

1962 年,英国物理学家约瑟夫逊提出了“超导隧道效应”,即由超导体—绝缘体—超导体组成一个器件(约瑟夫逊元件),当对其两端加电压时,电子就会像通过隧道一样无阻挡地从绝缘介质中穿过,形成微小电流,而该器件两端的压降几乎为 0V。与传统的半导体计算机相比,使用约瑟夫逊元件的超导计算机的耗电量仅为其几千分之一,而执行一条指令所需的时间却要快 100 倍。1999 年,日本超导技术研究所与企业合作,制作了由 1 万个约瑟夫逊元件组成的超导集成电路芯片。

长期以来,美国在此领域的研究处于领先地位,IBM 公司、Hypres 公司一直在探索并取得突破性成果。2013 年年初,美国情报高级研究计划局(IARPA)资助一项名为“低温计算复杂性”(Cryogenic Computing Complexity,C3)的研发项目。该项目的项目经理马克·曼海姆(Marc Manheimer)当时估计,再有 5～10 年,就可能创造出一台真正的超导超级计算机了。

2. 纳米计算机

纳米计算机是指其基本元件尺寸仅为几纳米的计算机。在纳米尺度下,由于有量子效应,硅微电子芯片便不能工作。目前所有芯片的工作都是基于固体材料的整体特性完成,即大量电子参与工作时所呈现的平均统计规律。如果能够在纳米尺度下利用有限电子运动所表现出来的量子效应,就可能实现当前芯片所不具有的特性。所以,研究纳米计算机可能是克服一些瓶颈问题、进一步提高计算机性能的有效途径。关于纳米计算机,目前已提出了四种工作机制:电子式纳米计算技术、基于生物化学物质与 DNA 的纳米计算机、机械式纳米计算机和量子波相干计算。

3. 光子计算机

与传统硅芯片计算机不同,光子计算机利用光束代替电子进行存储和计算,用不同波长的光代表不同的数据,利用大量的透镜、棱镜和反射镜将数据从一个芯片传送到另一个芯片。研制光子计算机的设想早在 20 世纪 50 年代后期就已经提出。1986 年,贝尔实验室的戴维·米勒成功研制出小型光开关,为同实验室的艾伦·黄研制光处理器提供了必要的关键技术。1990 年 1 月,黄的实验室开始使用光子计算机工作。光子计算机有全光型和光电混合型。贝尔实验室的光子计算机就采用了混合型结构。相比之下,全光学型计算机可以达到更高的运算速度。研制光子计算机,需要开发出可用一条光束控制另一条光束变化的光学晶体管。现有的光学晶体管庞大而笨拙,若用它们制成台式计算机将有一辆汽车那么大。因此,想在短期内使光子计算机实用化还很困难。但是,光子计算机毕竟有自己独特的地方,将来随着一些关键技术的突破,光子计算机一定会走入人们的生活,就像今天的电子计算机一样普及。

4. DNA 计算机

1994 年 11 月,美国南加州大学的阿德勒曼博士用 DNA 碱基序列作为信息编码的载体,在试管内控制酶的作用下,使 DNA 碱基对序列发生反应,以此实现数据运算。阿德勒曼在《科学》杂志上公布了 DNA 计算机的理论,引起了全国学者的广泛关注。与传统的计算机不同,DNA 计算机的计算不再只是简单的物理性质的加减操作,而是增添了化学性质的切割、复制、粘贴、插入和删除等操作。

DNA 计算机最大的优点在于其惊人的存储容量和运算速度:$1cm^3$ 的 DNA 存储的信息比 1 万亿张光盘存储的信息还多;DNA 计算机进行十几个小时的计算,就相当于所有计算机问世以来的总运算量。更重要的是,它的能耗非常低,只有电子计算机的百亿分之一。但是目前来说,DNA 计算机还仅是一个设想,离开发、实际应用还有相当的距离,尚还有许多实际的技术性问题需要去解决,例如生物操作比较困难,有时轻微的震荡就会使 DNA 断裂,有些 DNA 会粘在试管壁上。我们希望不远的将来,可以看到功能强大的、实用的 DNA 计算机。

5. 量子计算机

量子计算机是一类遵循量子力学规律进行高速数学和逻辑运算、存储及处理量子信息的物理装置。当某个装置处理和计算的是量子信息,运行的是量子算法时,它就是量子计算机。根据量子力学理论,原子具有在同一时间处于两个不同位置的奇妙特性,即处于量子位的原子既可以代表"0"或"1",也能同时代表"0"和"1"之间的中间值,故无论从数据存储还是从处理的角度来看,量子位的能力都是晶体管电子位的两倍。对此,有人曾经做过这样的比喻:假设一只老鼠准备绕过一只猫,根据经典物理学理论,它要么从左边过,要么从右边过,而根据量子理论,它却可以同时从猫的左边和右边绕过。量子计算机在外形上与普通计算机有较大差异,它没有盒式外壳,看起来像是一个被其他物质包围的巨大磁场,而且不能利用硬盘实现信息的长期存储。实现量子计算的方案并不少,问题是实现对微观量子态的操纵确实太困难了。量子计算机异常灵敏,哪怕是最小的干扰(比如一束从旁边经过的宇宙射线),也会改变机器内原子的方向,从而导致错误的结果。

量子计算机的研究不断取得进步。

2007年,加拿大计算机公司 D-Wave 展示了全球首台量子计算机 Orion("猎户座"),它利用了量子退火效应来实现量子计算。此后,该公司在 2011 年推出具有 128 量子位的 D-Wave One 型量子计算机,并在 2013 年宣称 NASA 与谷歌公司共同预订了一台具有 512 量子位的 D-Wave Two 量子计算机。

2009年11月15日,世界首台可编程的通用量子计算机正式在美国诞生。不过根据初步的测试程序显示,该计算机还存在部分难题需要进一步解决和改善。科学家们认为,可编程量子计算机距离实际应用已为期不远。

2013年6月,由中国科学技术大学潘建伟院士牵头的量子光学和量子信息团队的陆朝阳、刘乃乐研究小组,在国际上首次成功实现了用量子计算机求解线性方程组。该研究成果发表在6月7日出版的《物理评论快报》上。

习题 2

1. 早期的计算工具不包括(　　)。
   A. 算筹　　　　　　　B. 算盘　　　　　　　C. 计算尺　　　　　　D. 加法器
2. 计算机的产生与发展说明了(　　)。
   A. 应用是推动技术发展的基本动力
   B. 没有冯·诺依曼就没有今天的电子计算机
   C. 发明就是奇思妙想,没有规律可循
   D. 智能计算机发展到最后会导致"新人类"的诞生
3. ENIAC 诞生于(　　)年。
   A. 1943　　　　　　　B. 1944　　　　　　　C. 1945　　　　　　　D. 1946
4. (　　)不是计算机发展的趋势。
   A. 微型化　　　　　　B. 人性化　　　　　　C. 巨型化　　　　　　D. 网络化
5. 计算机存在的意义在于(　　)。
   A. 可以帮助人们学习　　　　　　　　B. 可以计算
   C. 可以娱乐　　　　　　　　　　　　D. 可以上网
6. (　　),中国正式接入 Internet,成为互联网国家。
   A. 1987 年　　　　　　B. 1958 年　　　　　　C. 1994 年　　　　　　D. 2000 年
7. 2018 年,中国自主研制出的速度最高的巨型计算机是(　　)。
   A. 天河二号　　　　　　　　　　　　B. 神威
   C. 神威·太胡之光　　　　　　　　　D. 曙光"星云"

第3章

什么是数据

由于计算机应用的普及,"数据"成为日常生活中的高频词。计算机就是数据处理机。现代智能系统学习的基础是数据。数据正在成为重要的生产资料。美国管理学家、统计学家爱德华兹·戴明(William Edwards Deming)曾经说:"除了上帝,任何人都必须用数据说话。"这些都说明数据很重要,那么数据到底是什么呢? 本章将对数据进行全面介绍。

3.1 数据的概念

自从人类有了文字和数字,数据就产生了。数据是事实或观察的结果,是对客观事物的逻辑归纳,是用于表示客观事物的未经加工的原始素材。数据本身没有意义,数据只有对实体行为产生影响时才能称为信息。数据是信息的表现形式和载体,可以是符号、文字、数字、语音、图像、视频等。数据可以是连续的值,如声音、图像,称为模拟数据。数据也可以是离散的,如符号、文字,称为数字数据。数据和信息是不可分离的,数据需要解释才能成为信息。也就是说,数据是信息的表达,信息是数据的内涵。

今天,人们常说的数据是指计算机数据。在计算机科学中,数据是指所有能输入计算机并被计算机程序处理的符号的介质的总称,是能被计算机处理的、具有一定意义的数字、字母、符号和模拟量等的通称。

在现代计算机系统中,数据都是以二进制数的形式表示,即由"0"和"1"组成的二进制符号串。计算机数据之所以采用二进制数表示,是因为采用二进制数表示数据有诸多优势,易于物理实现,运算规则简单,工作可靠性高,适合逻辑运算。

计算机数据有两个来源:一是通过计算机输入设备收集而来,二是计算机自己产生的。

计算机数据的度量单位可根据其包含的信息量进行定义,也可根据存储时其占用的空间大小进行定义,两种定义的结果是一样的(这在后面章节详细介绍)。最小的数据单位是比特(bit,b),也称位,一个二进制的"1"或者"0"对应 1b。比比特大的单位还有字节(Byte,B)、千字节(KB)、兆字节(MB)等,它们之间的换算关系如表 3-1 所示。

计算机的根本任务是对问题求解,也就是对输入计算机的数据进行处理。自然界及人类社会事物的形态各异,问题形式自然也是多种多样。怎么把形态各异的外界事物变换成形式单一的计算机数据呢? 最常用的方法就是信息编码。所谓信息编码,就是用"0"与"1"的组合表示世界万物。信息编码过程是抽象化和符号化的过程。信息编码是自然界及人类社会符号化的结果,这种符号化也可以叫作数字化。

表 3-1　数据单位换算表

单位(英文)	缩写	单位(中文)	换 算 关 系
bit	b	位	—
Byte	B	字节	8bit＝1Byte
KiloByte	KB	千字节	1024B＝1KB
MegaByte	MB	兆字节	1024KB＝1MB
GigaByte	GB	吉字节	1024MB＝1GB
TeraByte	TB	太字节	1024GB＝1TB
PetaByte	PB	拍字节	1024TB＝1PB
ExaByte	EB	艾字节	1024PB＝1EB
ZetaByte	ZB	泽字节	1024EB＝1ZB
YottaByte	YB	尧字节	1024ZB＝1YB

3.2　信息编码

计算机数据的基本形式是二进制数。把丰富的外界事物变成二进制数形式的数据的基本方法是信息编码。虽然具体的信息编码方法有很多,但可以分为两类:一类是针对数值型数据的编码,编码的结果与编码对象之间存在数量关系;另一类是针对非数值型数据的编码,编码的结果与编码对象之间不存在数量关系。

3.2.1　数值型数据的信息编码

数值型数据是指直接使用自然数或度量单位进行计量的具体的数值。数值型数据表示数量,可以进行数值运算。数值型数据来源于社会实践中的计数和计算。人们为了计数方便,提出了各种各样的进位计数规则,一种进位计数规则对应一种进位计数制。

1. 进位计数制

(1) 进位计数制。进位计数制简称进制,是指用一组固定的数字符号和统一的规则来表示数值的方法。基本数字符号的个数称为基数,可用 R 表示,是不同计数制区分的依据。同一个数符(数字符号)处于不同位置时表示数值的权重是不同的,权重可用 R^k 表示,而 k 是随位置而变的整数。R^k 是第 k 位的权重,称为位权。当某一位的数值达到某一定量时就要向高位产生进位,进位时需要达到的量称为进率,一种计数制的进率等于其基数。计算机中常用的进制有二进制、十进制、十六进制、八进制等。

【例 3-1】　十进制数 34168 的值与数符、位权之间的关系:
$$(34168)_{10}＝3\times10^4＋4\times10^3＋1\times10^2＋6\times10^1＋8\times10^0$$

【例 3-2】　二进制数 100101 的值与数符、位权之间的关系:

$$(100101)_2 = 1 \times 2^5 + 0 \times 2^4 + 0 \times 2^3 + 1 \times 2^2 + 0 \times 2^1 + 1 \times 2^0$$

（2）十进制（Decimal）。十进制是人们日常使用的进制,它将 0~9 这 10 个数字符号按照一定规律排列起来表示数值的大小。表示形式为$(527)_{10}$、$[527]_{10}$ 或 527D,有时也可以把下标 10 或 D 省略。

十进制的特点如下。

① 有 10 个数符:0、1、2、3、4、5、6、7、8、9。

② 基数:10。

③ 逢十进一（加法运算）,借一当十（减法运算）。

④ 可按位权展开。对于任意一个 n 位整数和 m 位小数的十进制数 D,均可按位权展开如下:

$$D = D_{n-1} \times 10^{n-1} + D_{n-2} \times 10^{n-2} + \cdots + D_1 \times 10^1 + D_0 \times 10^0 + D_{-1} \times 10^{-1} + \cdots + D_{-m} \times 10^{-m}$$

式中,D_i 为第 i 位的数符,$i = n-1 \sim -m$。

【例 3-3】 将十进制数 456.24 按位权展开:

$$456.24 = 4 \times 10^2 + 5 \times 10^1 + 6 \times 10^0 + 2 \times 10^{-1} + 4 \times 10^{-2}$$

（3）二进制（Binary）。与十进制类似,二进制的基数为 2。二进制的基本运算规则是"逢二进一",各位的权为 2 的幂。

二进制数 110 可表示为$(110)_2$、$[110]_2$ 或 110B。

二进制的特点如下。

① 有两个数符:0、1。

② 基数:2。

③ 逢二进一（加法运算）,借一当二（减法运算）,即

$$0+0=0, 0+1=1, 1+0=1, 1+1=10$$

④ 可按位权展开。对于任意一个 n 位整数和 m 位小数的二进制数 B,均可按位权展开如下:

$$B = B_{n-1} \times 2^{n-1} + B_{n-2} \times 2^{n-2} + \cdots + B_1 \times 2^1 + B_0 \times 2^0 + B_{-1} \times 2^{-1} + \cdots + B_{-m} \times 2^{-m}$$

【例 3-4】 将$(11001.101)_2$ 按位权展开:

$$(11001.101)_2 = 1 \times 2^4 + 1 \times 2^3 + 0 \times 2^2 + 0 \times 2^1 + 1 \times 2^0 + 1 \times 2^{-1} + 0 \times 2^{-2} + 1 \times 2^{-3}$$

（4）八进制（Octal）。八进制的特点如下。

① 有 8 个数符:0、1、2、3、4、5、6、7。

② 基数:8。

③ 逢八进一（加法运算）,借一当八（减法运算）。

④ 可按位权展开。对于任意一个 n 位整数和 m 位小数的八进制数 O,均可按位权展开如下:

$$O = O_{n-1} \times 8^{n-1} + \cdots + O_1 \times 8^1 + O_0 \times 8^0 + O_{-1} \times 8^{-1} + \cdots + O_{-m} \times 8^{-m}$$

【例 3-5】 将$(5346)_8$ 按位权展开:

$$(5346)_8 = 5 \times 8^3 + 3 \times 8^2 + 4 \times 8^1 + 6 \times 8^0$$

（5）十六进制（Hexadecimal）。十六进制的特点如下。

① 有 16 个数符:0、1、2、3、4、5、6、7、8、9、A、B、C、D、E、F。

② 基数:16。

③ 逢十六进一（加法运算），借一当十六（减法运算）。

④ 可按位权展开。对于任意一个 n 位整数和 m 位小数的十六进制数 H，均可按位权展开如下：

$$H = H_{n-1} \times 16^{n-1} + \cdots + H_1 \times 16^1 + H_0 \times 16^0 + H_{-1} \times 16^{-1} + \cdots + H_{-m} \times 16^{-m}$$

在 16 个数符中，A、B、C、D、E 和 F 这 6 个数符分别代表十进制的 10、11、12、13、14 和 15，这是国际上通用的表示法。

【例 3-6】 将十六进制数 $(4C4D)_{16}$ 按位权展开：

$$(4C4D)_{16} = 4 \times 16^3 + C \times 16^2 + 4 \times 16^1 + D \times 16^0$$

实际上，人们在社会实践中创造出的数制不止上面几种，其他的还有六十进制（每分钟为 60 秒，每小时 60 分钟，即逢 60 进 1）、十二进制（十二个月为一年，十二个为一打）、七进制（七天为一星期）等。

几种常用进位计数制相比，二进制最适合机器，但书写和阅读不方便；十进制比较符合人的自然习惯，但机器不能直接识别；十六进制与二进制接近，转换方便，书写和阅读也比较方便。计算机应用人员需要了解不同进制的特点及它们之间的转换方法。

2. 常用进制数之间的转换

不同数制数之间进行转换必须遵循一定的转换原则：两个有理数相等，则有理数的整数部分和分数部分一定分别相等。也就是说，若转换前两数相等，则转换后两数仍必须相等。

（1）二、八、十六进制与十进制数之间的转换。把二、八、十六进制数转换为十进制数很简单，只要将其按位权展开求和即可得到对应的十进制数。

【例 3-7】 把 $(1101100.111)_2$ 转换为十进制数：

$$\begin{aligned}
(1101100.111)_2 &= 1 \times 2^6 + 1 \times 2^5 + 1 \times 2^3 + 1 \times 2^2 + 1 \times 2^{-1} + 1 \times 2^{-2} + 1 \times 2^{-3} \\
&= 64 + 32 + 8 + 4 + 0.5 + 0.25 + 0.125 \\
&= (108.875)_{10}
\end{aligned}$$

【例 3-8】 把 $(652.34)_8$ 转换成十进制：

$$\begin{aligned}
(652.34)_8 &= 6 \times 8^2 + 5 \times 8^1 + 2 \times 8^0 + 3 \times 8^{-1} + 4 \times 8^{-2} \\
&= 384 + 40 + 2 + 0.375 + 0.0625 \\
&= (426.4375)_{10}
\end{aligned}$$

【例 3-9】 将 $(19BC.8)_{16}$ 转换成十进制数：

$$\begin{aligned}
(19BC.8)_{16} &= 1 \times 16^3 + 9 \times 16^2 + B \times 16^1 + C \times 16^0 + 8 \times 16^{-1} \\
&= 4096 + 2304 + 176 + 12 + 0.5 \\
&= (6588.5)_{10}
\end{aligned}$$

（2）十进制数与二、八、十六进制数之间的转换。下面以二进制数为例进行说明。

① 整数部分的转换。整数部分的转换采用"除以 2 取余数"的方法。多次用 2 除被转换的十进制数，直至商为 0，第一次除以 2 所得余数作为二进制数的最低位，其次是次低位，最后一次相除所得余数作为二进制数的最高位，将每次相除所得余数排列起来便是对应的二进制数。

【例 3-10】 将十进制数 $(13)_{10}$ 转换成二进制数。

解：

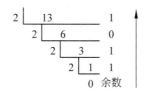

结果：$(13)_{10}=(1101)_2$。

② 小数部分的转换。小数部分的转换采用"乘以 2 取整"的方法。用 2 多次乘以被转换的十进制数的小数部分，每次相乘后，所得乘积的整数部分变为对应的二进制数。第一次乘积所得整数部分就是二进制数小数部分的最高位，其次为次高位，最后一次是最低位。

【例 3-11】 将十进制纯小数 0.562 转换成二进制小数（保留六位小数）。

解：运算过程如下：

$0.562\times2=1.124$，可得 $b_{-1}=1$。

$0.124\times2=0.248$，可得 $b_{-2}=0$。

$0.248\times2=0.496$，可得 $b_{-3}=0$。

$0.496\times2=0.992$，可得 $b_{-4}=0$。

$0.992\times2=1.984$，可得 $b_{-5}=1$。

由于最后所余小数 0.984＞0.5，则根据四舍五入的原则，可得 $b_{-6}=1$。

结果：$(0.562)_{10}\approx(0.100011)_2$。

任何一个十进制数都可以将其整数部分和纯小数部分分开，分别用除以 2 取余法和乘以 2 取整法转换为二进制数，然后将二进制形式的整数和纯小数合并即为十进制数所对应的二进制数。

【例 3-12】 将十进制数 $(13.562)_{10}$ 转换成保留六位小数的二进制数。

解：首先将整数部分转换成二进制数：$(13)_{10}=(1101)_2$；然后将纯小数部分转换成二进制数：$(0.562)_{10}=(0.100011)_2$；最后将所得结果合并成相应的二进制数：$(13.562)_{10}=(1101.100011)_2$。

十进制数转换成八进制数或十六进制数的方法同上。区别是十进制数转换成八进制数，分别用除以 8 取余法和乘以 8 取整法将整数部分和小数部分转换成八进制数；十进制数转换成十六进制数，分别用除以 16 取余法和乘以 16 取整法将整数部分和小数部分转换成十六进制数。

（3）八进制与二进制之间的转换。八进制数转换成二进制数的原则是"一位拆三位"，即把八进制数的每一位数符对应的 3 位二进制数按顺序写出即可。

【例 3-13】 将 $(64.54)_8$ 转换为二进制数。

解：小数点位置不动，把每一个八进制数位分别拆成 3 位二进制数：

6	4	.	5	4
↓	↓	↓	↓	↓
110	100	.	101	100

结果：$(64.54)_8=(110100.101100)_2$。

二进制数转换成八进制数的原则可概括为"三位并一位"，即从小数点开始向左右两边以每 3 位为一组，不足 3 位时补 0，然后将每组二进制数转换成对应的八进制数即可。

【例3-14】 将$(110111.11011)_2$转换成八进制数。

解：以小数点为中心把二进制数分组并将每组二进制数转换成十进制数：

110　111　.　110　110

↓　　↓　　↓　　↓　　↓

6　　7　　.　　6　　6

结果：$(110111.11011)_2 = (67.66)_8$。

（4）二进制与十六进制之间的转换。二进制数转换成十六进制数的原则是"四位并一位"，即以小数点为中心，整数部分从右向左每4位为一组，若最后一组不足4位，则在最高位前面添0补足4位，然后按顺序写出每组二进制数对应的十六进制数；小数部分从左向右每4位为一组，最后一组不足4位时，尾部用0补足4位，然后按顺序写出每组二进制数对应的十六进制数。

【例3-15】 将$(1111101100.0001101)_2$转换成十六进制数。

解：

0011　1110　1100　.　0001　1010

↓　　↓　　↓　　↓　　↓　　↓

3　　E　　C　　.　　1　　A

结果：$(1111101100.0001101)_2 = (3EC.1A)_{16}$。

把十六进制数转换成二进制数的原则是"一位拆四位"，即把1位十六进制数对应的4位二进制数按顺序写出即可。

【例3-16】 将$(C41.BA7)_{16}$转换为二进制数。

解：

C　　4　　1　　.　　B　　A　　7

↓　　↓　　↓　　↓　　↓　　↓　　↓

1100　0100　0001　.　1011　1010　0111

结果：$(C41.BA7)_{16} = (110001000001.101110100111)_2$。

几种常用进制之间的对照关系如表3-2所示。

表3-2　几种常用进制之间的对照关系

十　进　制	二　进　制	八　进　制	十　六　进　制
0	0000	0	0
1	0001	1	1
2	0010	2	2
3	0011	3	3
4	0100	4	4
5	0101	5	5
6	0110	6	6
7	0111	7	7
8	1000	10	8

十 进 制	二 进 制	八 进 制	十 六 进 制
9	1001	11	9
10	1010	12	A
11	1011	13	B
12	1100	14	C
13	1101	15	D
14	1110	16	E
15	1111	17	F

3. 机器数

为了便于数据的存储与计算,还需要进一步把二进制数变成机器数。机器数有 3 个特点:一是符号数字化;二是存储位数与实际位数无关;三是小数点省略。

(1) 机器数的正负。数有正负之分,那么在计算机中是怎么表示数的正负的呢?计算机中仍然采用信息编码来处理数的正负号,即正号"+"用 0 代表,负号"−"用 1 来代表。为了与表示数值的数符区分,人们又规定二进制数的最高位(最左位)是符号位。因为符号占据一位,数的形式值一般情况下就不再等于其真实值。例如,一个二进制真值数 −011011 的机器数为 1011011,而机器数 01101 和 11101 的真值分别为 +1101 和 −1101。

(2) 机器数的位数。在数学中,一个数的位数由其大小和精度要求决定。而在计算机中,一个数的位数通常与数据的实际位数无关,只与数据类型有关,同一类数据有相同的长度。例如,某计算机系统的整型数定义长度为 2B,则所有的整数,无论大小,存入计算机时其长度都是 16 位,也就是说对于十进制数 68,变成二进制数是 1000100,而在这个计算机中按照整型存储的形式是 00000000 01000100。

(3) 机器数的小数点。计算机中没有对小数点进行编码表示,而是采用了分类省略的方法进行处理。现代计算机中,按照小数点位置的不同,将数字分为 3 种类型:小数点在最低位之右,这种数称为定点整数;小数点在最高位之右,这种数称为定点小数;小数点位置不固定,这种数称为浮点数。不管是哪类数,小数点均省略,不予存储。3 种类型数字的存储结构如图 3-1 所示。

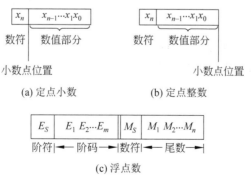

(a) 定点小数　　(b) 定点整数

(c) 浮点数

图 3-1　定点数与浮点数存储结构示意图

一个浮点数 X 可以表示为指数形式：$X = M \times R^E$，其中 R 表示基数，E 叫作 X 的阶码（反映 X 的大小，决定小数点位置），M 叫作 X 的尾数（即有效数位，反映 X 的精度）。计算机中，存储一个浮点数时只存储其阶码和尾数，小数点和基数均予以省略。

例如，十进制整数 -65 的 8 位机器数（定点整数）是 11000001；十进制小数 $+0.5$ 的 8 位机器数（定点小数）是 01000000；二进制实数 -1101.010 的机器数为 0000100111010100（设数据字长为 16 位，阶码 E 为 7 位，尾数 M 为 9 位）。

（4）机器数的 3 种表示形式。

① 原码。原码是将数的真值形式中的"＋"号用 0 表示，"－"号用 1 表示，这种方式称为数的原码形式，简称原码。若字长为 n 位，原码的小数形式和整数形式一般可表示为 $X_0X_1X_2 \cdots X_n$。

原码表示比较直观，它的数值等于该数的绝对值，而且与真值、十进制数的转换十分方便。不过，它的加减法运算很不方便。当两数相加时，机器要首先判断两数的符号是否相同，如果相同则两数相加，若符号不同，则两数相减；在做减法前，还要判断两数绝对值的大小，然后用大数减去小数，最后再确定差的符号。换言之，用这样的形式进行加减运算时，负数的符号位不能与其数值部分一起参加运算，必须单独确定和的符号位。要实现这些操作，电路就很复杂，这显然是不经济、不实用的。为了减少设备，解决机器内负数的符号位参加运算的问题，需要将减法运算变成加法运算，就引进了反码和补码这两种机器数。

② 反码。为了克服原码运算的不足，可以采用机器数的反码和补码表示法。反码表示方法如下：若字长为 n 位，对正数来说，其反码和原码的形式相同；对负数来说，反码由其原码的数值部分各位取反得到。

③ 补码。补码是根据同余的概念引入的，我们来看一个通过加法来实现减法的例子。

假定当前时间为北京时间 6 点整，有一只手表却显示 8 点整，比北京时间快了 2 小时，校准的方法有两种：倒拨 2 小时和正拨 10 小时。若规定倒拨是做减法，正拨是做加法，那么对手表来讲减 2 与加 10 是等价的，也就是说减 2 可以用加 10 来实现。这是因为 8 加 10 等于 18，然而手表最大只能指示 12，当大于 12 时 12 自然丢失，18 减去 12 就只剩 6 了。

这说明减法在一定条件下，是可以用加法来代替的。这里，12 称为模，10 称为 -2 对模 12 的补数。推广到一般则有 $A - B = A + (-B + M) = A + (-B)_{补}$。

可见，在模为 M 的条件下，A 减去 B，可以用 A 加上 $-B$ 的补数来实现。这里模可视为计数器的容量，对于上述手表的例子，模为 12。在计算机中，其部件都有固定的位数，若位数为 n，则计数值为 $-2^{n-1} \sim 2^{n-1} - 1$，即计数器容量为 2^n，因此计算机中的补码是以 2^n 为模。

正数的补码与其原码相同，负数的补码是在其反码的末位加 1。要注意的是，对于负数的反码和补码（即符号位为 1 的数），其符号位后边的几位数表示的并不是此数的数值。如果要想知道此数的大小，一定要将其反码或补码转换成真实值才行。

（5）机器数的运算。

【例 3-17】 已知 $X = +0101$，$Y = -0010$，计算 $Z = X + Y$。

解：① 利用真值计算：

$$Z = X + Y = 101 - 10 = +11$$

② 利用机器数计算。设机器数为 5 位，则 $[X]_{原} = 00101$，$[Y]_{原} = 10010$，可得：

$$[Z]_原 = [X]_原 + [Y]_原 = 00101 + 10010 = 10111$$

所以 $Z = -111$。结果错误,说明原码不能带符号运算。

$[X]_反 = 00101$,$[Y]_反 = 11101$,可得:

$$[Z]_反 = [X]_反 + [Y]_反 = 00101 + 11101 = (1)00010$$

首位的 1 丢弃,所以 $Z = +10$。结果错误,说明反码也不能带符号运算。

$[X]_补 = 00101$,$[Y]_补 = 11110$,可得:

$$[Z]_补 = [X]_补 + [Y]_补 = 00101 + 11101 = (1)00011$$

首位的 1 丢弃,所以 $Z = +11$。结果正确,说明补码可以带符号运算。

【例 3-18】 已知 $X = +1101$,$Y = +0110$,用补码计算 $Z = X - Y$。

解:$[X]_补 = 01101$,$[-Y]_补 = 11010$,则:

$$[Z]_补 = [X]_补 + [-Y]_补 = 01101 + 11010 = 100111$$

其真值为 $Z = +0111$。

【例 3-19】 已知 $X = +0110$,$Y = +1101$,用补码计算 $Z = X - Y$。

解:$[X]_补 = 00110$,$[-Y]_补 = 10011$,则:

$$[Z]_补 = [X]_补 + [-Y]_补 = 00110 + 10011 = 11001$$

其真值为 $Z = -0111$。

无论采用何种机器数,如果运算的结果大于数值设备所能表示数的范围,就会产生溢出。溢出现象应当作一种故障来处理,因为它使结果发生了错误。

3.2.2 非数值型数据的信息编码

人们使用计算机不仅是要解决数值计算问题,更多的时候是要开展文字处理、图形制作、艺术设计等应用,解决非数值计算问题。在使用计算机解决这些非数值计算问题时,同样需要把问题抽象和数字化。下面简单介绍几种比较常用的非数值型数据的信息编码方法。

1. 数字编码

在计算机中,用户和计算机之间经常需要进行十进制数和二进制数的转换。人们设计了一种简单而实用的十进制数与二进制数转换方法,称为二-十进制编码(BCD 码,也叫8421 码)。

在 BCD 码中,采用 4 位二进制数表示 1 位十进制数,也就是用不同的 4 位二进制数分别表示 10 个十进制数符,如表 3-3 所示。8421 的含义是指所用 4 位二进制数从左到右每位对应的权重分别是 8、4、2、1。通过这种编码可以方便地把人们熟悉的十进制数变成二进制数,以供计算机识别处理。

表 3-3 十进制数、BCD 码和二进制数的对应关系

十进制数	BCD 码	二进制数	十进制数	BCD 码	二进制数
0	0000	0000	2	0010	0010
1	0001	0001	3	0011	0011

十进制数	BCD 码	二进制数	十进制数	BCD 码	二进制数
4	0100	0100	10	00010000	1010
5	0101	0101	11	00010001	1011
6	0110	0110	12	00010010	1100
7	0111	0111	13	00010011	1101
8	1000	1000	14	00010100	1110
9	1001	1001	15	00010101	1111

例如,十进制数 765 用 BCD 码表示为 0111 0110 0101。

注意:表 3-3 中的二进制数是十进制数经过数制转换得来的,BCD 码是编码得来的,两者是不一样的。

2. 字符编码

计算机中用得最多的符号数据是字符,它是用户和计算机之间的桥梁。用户使用计算机的输入设备(例如键盘)把字符输入计算机,计算机把处理后的结果以字符的形式输出到屏幕或打印机等输出设备上。

字符数据包括各种运算符号、关系符号、货币符号、控制符号、字母和数字等,要把这些字符数据输入计算机中,也必须对它们编码,即用二进制数表示。对字符进行编码的方案有很多种,但使用最广泛的是 ASCII 码(American Standard Code for Information Interchange)。ASCII 码是美国国家信息交换标准字符码,后来被各国采纳,成为一种国际通用的信息交换标准码。

ASCII 码由 10 个阿拉伯数符、52 个英文大写和小写字母、32 个符号及 34 个计算机通用控制符组成,共有 128 个元素,因此用二进制编码表示时需使用 7 位二进制数。任意一个元素由 7 位二进制数表示,从 0000000 到 1111111 可表示 128 个不同的字符。ASCII 字符表的查表方式是:先查列(高三位),后查行(低四位),然后按从左到右的书写顺序完成。例如,字母 A 的 ASCII 码是 01000001,字母 B 的 ASCII 码为 1000010,如表 3-4 所示。

表 3-4 基本 ASCII 字符表

$d_3 d_2 d_1 d_0$	$d_6 d_5 d_4$							
	000	**001**	**010**	**011**	**100**	**101**	**110**	**111**
0000	NUL	DLE	SP	0	@	P	`	p
0001	SOH	DC1	!	1	A	Q	a	q
0010	STX	DC2	"	2	B	R	b	r
0011	ETX	DC3	#	3	C	S	c	s
0100	EOT	DC4	$	4	D	T	d	t
0101	ENQ	NAK	%	5	E	U	e	u

$d_3d_2d_1d_0$	$d_6d_5d_4$							
	000	**001**	**010**	**011**	**100**	**101**	**110**	**111**
0110	ACK	SYN	&	6	F	V	f	v
0111	BEL	ETB	'	7	G	W	g	w
1000	BS	CAN	(	8	H	X	h	x
1001	HT	EM	)	9	I	Y	i	y
1010	LF	SUB	*	:	J	Z	j	z
1011	VT	ESC	+	;	K	[	k	{
1100	FF	FS	,	<	L	\	l	|
1101	CR	GS	−	=	M	]	m	}
1110	SO	RS	.	>	N	^	n	~
1111	SI	US	/	?	O	_	o	DEL

虽然 ASCII 码是 7 位，但是字节（8 位）是计算机中的常用单位，所以，计算机存储 ASCII 码时仍分配 1 字节的空间，低位对齐，最高位（第 8 位）置 0。

3. 汉字编码

英语文字是拼音文字，所有文字均由 26 个字母组合而成，因此，用 1B 表示一个字符足够了。汉字是象形文字，汉字的计算机处理技术要比英文字符复杂得多。由于新华字典收录的汉字有一万多个，常用的也有六千多个，所以计算机中的汉字编码采用 2B 长度表示一个汉字。

完整的汉字编码方案通常包括 4 部分：汉字输入码、汉字交换码、汉字内部码、汉字字形码。

（1）汉字输入码。汉字输入码也叫外码，是为了通过键盘把汉字输入计算机而设计的一种编码。输入英文时，想输入什么字符便按什么键，输入码和内码是一致的。而输入汉字时，可能要按几个键才能输入一个汉字。汉字和键盘字符组合的对应方式称为汉字输入编码方案。汉字输入码是针对不同汉字输入法而言的，是指通过键盘按某种输入法进行汉字输入时，人与计算机进行信息交换所用的编码。对于同一汉字而言，输入法不同，其输入码也是不同的。例如汉字"啊"，在区位码输入法中的输入码是 1601，在拼音输入法中的输入码是 a，而在五笔字型输入法中的输入码是 KBSK。汉字输入码主要有 4 种类型：音码、形码、数字码和音形码。

（2）汉字交换码。汉字交换码主要用于汉字信息交换。以国家标准局 1980 年颁布的《信息交换用汉字编码字符集基本集》（GB 2312—1980）中规定的汉字交换码作为国家标准汉字编码，简称国标码。

GB 2312—1980 规定，所有的国际汉字和符号组成一个 94×94 的矩阵。在该矩阵中，每一行称为一个区，每一列称为一个位，这样就形成了 94 个区号（01～94）和 94 个位号（01～94）的汉字字符集。国标码中有 6763 个汉字和 628 个其他基本图形字符，共计 7445

个字符。其中规定一级汉字 3755 个,二级汉字 3008 个,图形符号 682 个。一个汉字所在的区号与位号简单地组合在一起就构成了该汉字的区位码。在汉字区位码中,高两位为区号,低两位为位号。因此,区位码与汉字或图形符号之间是一一对应的。

(3) 汉字内部码。汉字内部码又称内码或汉字存储码。该编码的作用是统一了各种不同的汉字输入码在计算机内的表示。汉字内部码是计算机内部存储、处理的代码。计算机既要处理汉字,又要处理英文,所以必须能区别汉字字符和英文字符。英文字符的内部码是最高位为 0 的 8 位 ASCII 码。为了区分,把国标码每字节的最高位由 0 改为 1,其余位不变的编码作为汉字字符的内部码,即汉字国标码(H)＋8080(H)＝汉字内部码(H)。

汉字的输入码是多种多样的,同一个汉字如果采用的编码方案不同,则输入码就有可能不一样,但汉字的内部码是一样的。有专用的计算机内部存储汉字使用的汉字内部码,用于将输入时使用的多种汉字输入码统一转换成汉字内部码进行存储,以方便机内的汉字处理。在汉字输入时,输入法完成输入码到内码的转换。

计算机显示一个汉字的过程首先是根据其内码找到该汉字字库中的地址,然后读取该汉字的点阵字形码并输出到屏幕上显示字形。

(4) 汉字字形码。汉字在显示和打印输出时,是以汉字字形信息表示的,即以点阵的方式形成汉字图形。汉字字形码是指确定一个汉字字形点阵的代码,又称汉字输出码。一般采用点阵字形表示字符,就是将汉字像图像一样置于网状方格上,每格是存储器中的一个位,16×16 点阵是在纵向 16 点、横向 16 点的网状方格上写一个汉字,有笔画的格对应 1,无笔画的格对应 0。这种用点阵形式存储的汉字字形信息的集合称为汉字字模库,简称汉字字库。

通常汉字显示使用 16×16 点阵,而汉字打印可选用 24×24 点阵、32×32 点阵、64×64 点阵等。汉字字形点阵中的每个点对应一个二进制位,1B 又等于 8b,所以 16×16 点阵字形的字要使用 $32B(16 \times 16 \div 8B = 32B)$ 存储,64×64 点阵的字形要使用 512B。

在 16×16 点阵字库中,每一个汉字以 32B 空间存放,一、二级字及符号共 8836 个,需要 282.5KB 的存储空间。而包含 10 万个汉字的文档只需要 200KB 的存储空间,这是因为文档中存储的只是每个汉字(符号)在汉字库中的地址(内码)。

一个完整的汉字信息处理过程包括从输入码到内部码,再由机内部到字形码的转换。虽然汉字输入码、字形码目前并不统一,但是只要在信息交换时使用统一的国家标准,就可以达到信息交换的目的。

我国于 2000 年 3 月颁布了《信息技术和信息交换用汉字编码字符集·基本集的扩充》(GB 8030—2000),收录了 2.7 万多个汉字,彻底解决邮政、户政、金融、地理信息系统等迫切需要人名、地名所用汉字的问题,也为汉字研究、古籍整理等领域提供了统一的信息平台基础。

4. 逻辑型数据表示

逻辑总是表现为一组命题。所谓命题,是一个有具体意义且能够判断真假的陈述句。判断是对事物表示肯定或否定的一种思维形式,所以表达判断的命题只有"真"或"假"两种值。人们使用二进制数对逻辑命题的值进行编码表示,即用 1 表示真,用 0 表示假,这样就产生了逻辑代数。逻辑代数是逻辑电路和计算机的理论基础。这些内容已在第 1 章介绍。

3.3 多媒体数据

媒体是信息的表示形式或传播载体,通常指广播、电视、电影、出版物等。在计算机领域,用来表示信息的文字、图形、声音、图像等都可称为媒体。多媒体是多种媒体的复合,多媒体信息是指以文字、声音、图形图像为载体的信息。多媒体数据一般以文件的形式存于外存,当需要计算处理时才调入内存。计算机能够获取、识别、处理多媒体信息,是计算机智能化、人性化的重要标识。多媒体信息也是通过二进制编码变成计算机数据的,但是多媒体信息的编码方法有自己的特点。

1. 声音编码

声音是由物体振动产生的声波,是通过介质传播并能被人或动物听觉器官所感知的波动现象。最初发生振动的物体叫声源。人耳可识别的声音的频率范围是 20Hz~20kHz,语音信号的频率范围是 300Hz~3.4kHz。

声音包括语音、音乐,是人们沟通、交流的重要形式,也是计算机信息处理的主要内容之一。各种声音必须首先转变成计算机数据才能被计算机处理。

把声音变成计算机数据的过程通常包括采样、量化和编码 3 个阶段,如图 3-2 所示。首先,声音通过麦克风转换成模拟的电信号——一条声波曲线,如图 3-3 所示。声波曲线的幅度表示声音在该时刻的强度,频率表示音调。然后,模拟电信号进入采样装置进行采样(时间离散化),即读取声波曲线一些时刻的幅值(称为采样值),为了给读取留出足够的时间,一般会在采样之后进行样值保持,为了降低采样信号的失真,要求采样率足够大。采样信号的幅值仍是连续变化的,所以接下来要对采样值进行量化(幅值离散化)变成整数,为了降低量化误差,要求量化间隔足够小。最后,把量化得到的整数使用二进制数编码表示(见图 3-3 的纵坐标),就得到了声音数据,实现了模拟信号的数字化。

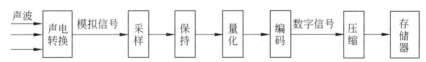

图 3-2 把声音变成计算机数据的过程

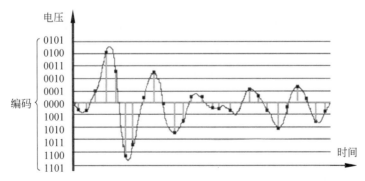

图 3-3 声音的数字化示意图

在计算机系统中,声音的编码过程是使用声卡自动完成的。目前,声卡是多媒体计算机的标配,一般不再单独出现,而是集成在其他设备当中,例如微型计算机系统的声卡大都集成在主板中。单位时间内对声音采样的次数称为采样频率。表示采样点声音强度的二进制数位数称为采样位数。采样频率和采样位数是声卡性能的重要指标。传声器(俗称麦克风、话筒)频带越宽,声卡的采样频率和采样位数越高,得到的声音就越逼真。传声器和声卡一起组成了计算机的"听觉系统",像人的听觉系统一样,可以通过"聆听"对环境进行判断、对目标进行识别。

声音编码数据以一定的格式存储于计算机中,这种存储格式称为声音文件格式。常见的声音文件格式有 WAV、MP3、WMA 等。文件格式不同,其存储方式和应用领域也各不相同。直接采集而来的声音文件一般都比较大,为了节省存储空间或者传输带宽,使用时常常要对其压缩,有时压缩比可以达到几十比一。WAV 文件是没经过压缩的,MP3 和 WMA 文件都属于压缩文件。

2. 图形和图像的编码

图像是人类视觉的基础,是自然景物的客观反映,是人类认识世界和人类自身的重要工具。据统计,一个人获取的信息大约有 75% 来自视觉。"图"是物体反射或透射光的分布,"像"是人的视觉系统所接受的图在人脑中所形成的印象或认识,照片、绘画、剪贴画、地图、书法作品、传真、卫星云图、影视画面、X 光片、脑电图、心电图等都是图像。人们通过二进制编码,把各种图像变成计算机数据,以供计算机进行图像处理。

在计算机中,图形和图像是两个不同的概念。图形一般是指通过绘图软件绘制的,由直线、圆、弧等组成的画面,即图形是由计算机产生的。图像是由照相机、扫描仪等图像采集设备捕捉的画面,即图像是外界输入计算机的。计算机图像与人类视觉图像一样,是客观景物在"大脑"中的反映。现代计算机像人一样拥有自己的"视觉系统"。

图形是由计算机产生,是计算机计算的结果,无须信息编码就已经是计算机数据了。图像是客观景物的反映,需要经过光电转换、采样、量化、编码等复杂过程才能产生,如图 3-4 所示。

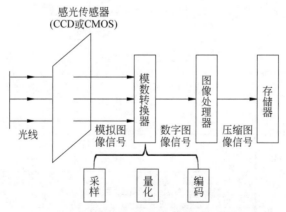

图 3-4　计算机图像采集过程示意图

图像数字化采用的是位图技术,就是把图像分解成一些点,这些点称为像素。图 3-5 中,把一幅图片放大以后,可以明显看出原来的图片是由一些点组成。

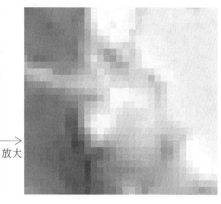

图 3-5　对图片的局部进行放大

每一个像素对应一种颜色值。颜色是对到达视网膜的各种频率的光的感觉。人类的视网膜有三种颜色感光锥细胞,分别对应红、绿、蓝三原色,人眼可以感觉的所有颜色都由这 3 种颜色混合而成。因此,计算机中通常用 RGB(Red-Green-Blue)的组合来表示。

表示颜色的二进制数位数称为图像的色深度。色深值越高,影像所能表现的色彩也越多。真彩色是指色深度为 24 位,RGB 的每个数值用 8 位二进制数表示,每个数值的范围是 0~255,能表示 1670 万种以上的颜色。

表示一幅图像所用像素的个数称为图像的分辨率。分辨率越高,单位面积内的像素数就越多,一幅图像包含的像素数越多,图像就会越细致、越清晰。计算机显示器显示图像的分辨率一般为 1280×768,照相机的图像分辨率一般在千万像素以上。

一幅图像包含的像素数乘以色深度就是该图像的二进制数表示,即图像信息编码。图像的信息编码即对应的数据量,通常是很大的,例如,一张普通图片的分辨率为 1836×3264,色深度为 24 位,按照位图格式直接计算其大小约为 1836×3264×24b＝143824896b≈17.15MB。为了便于存储、传输等,常常要对图像数据进行压缩,如果把这张图片压缩为 JPEG 格式,则其数据量仅为 2.61MB。

图像编码数据以一定的格式存储于计算机存储器中,这种存储格式叫图像文件格式。常见的图像文件格式有 BMP、JPEG、GIF、PNG 等。BMP 是一种未被压缩的图像文件格式,常称为位图格式。

视频是动态的图像,也就是说视频信息是由许多幅单一的画面所构成,每一幅画面称为一帧。当以超过 24 帧每秒的速度播放时,根据视觉暂留原理,人眼便无法辨别单幅的静态画面,看上去是平滑、连续的视觉效果,这样连续的画面叫作视频。谈到视频,很容易让人想起电视,实际上视频技术最早就是为了电视系统而开发的。不过最初的电视视频是模拟的,今天广泛出现在计算机及互联网中的视频都是数字的。

计算机视频来自摄像机等视频采集设备。视频质量也可以用采样频率和采样深度来描述。采样频率是指每秒钟内捕获的画面数,常用帧每秒来作为单位。采样深度是指每帧所包含的颜色数。例如,对某一视频信号进行采集时,采样率是 30 帧每秒,一幅图像由 16×16 个像素构成,采样深度为 8 位,则每秒这种视频的二进制编码数据量为 61 440b。

常见的视频文件格式有 AVI、WMA、RMVB、MP4 等。

动画也是人们经常遇见的一种信息媒体形式。动画实质上也是一种静态图像的连续播放。较规范地说,动画技术是采用逐帧拍摄对象的方式并连续播放而形成活动影像的技术。不论拍摄对象是什么,只要它的拍摄方式是逐帧方式,观看时连续播放形成了活动影像,它就是动画。从概念上说,动画主要基于图形,而视频主要基于图像,不过在应用中经常不做严格区分。

计算机设计动画的方法有两种:造型动画和帧动画。造型动画是对每一个运动物体(称为动元)分别进行设计,赋予每个动作一个特征,然后用这些动元构成完整的帧画面。造型动画的每帧由图形、声音、文字、调色板等造型元素组成,而控制帧中动元行为的是由制作表组成的脚本。帧动画则是由一幅幅图像组成连续的画面,就像电影胶片或视频画面一样,需要分别设计每屏幕显示的画面。

3.4 条码编码

条码技术是在计算机应用和实践中产生并发展起来的一种广泛应用于商业、邮政、图书管理、仓储、工业生产过程控制、交通等领域的自动识别技术。条码具有输入速度快、准确度高、成本低、可靠性强等优点,在当今的自动识别技术中占有重要的地位。

条码是将宽度不等的多个黑条(简称条)和白条(简称空),按照一定的编码规则排列,用于表达一组信息的图形标识符。条码是一种规则,通过这种规则把一种黑条与白条的组合与一组包含特定含义的二进制数建立对应关系,两者互相表示。条码是信息编码的一种应用。常见的条码是由反射率相差很大的黑条和白条排成的平行线图案,如图3-6所示。

图 3-6　完整的条码

条码的编码方式有两种:宽度调节编码和模块组配编码。宽度调节编码就是用条码符号中的条和空的宽度进行编码,比如可用窄单元(条或空)表示0、宽单元(条或空)表示1,如图3-7(a)所示。为了便于区分,宽单元的宽度可以是窄单元宽度的2~3倍,较有代表性的是39码和库德巴码。模块组配编码中,条和空都是由标准宽度的模块组成,一个标准宽度的条模块表示1,一个标准宽度的空模块表示0,如图3-7(b)所示。商品条码一般采用模块组配编码法,一个模块的标准宽度0.33mm,一个字符由两个条和两个空组成,每个条或者空由1~4个标准宽度的模块组成,每个字符对应7个模块。

(1)一维条码。一维条码只是在一个方向(一般是水平方向)表达信息,而在垂直方向

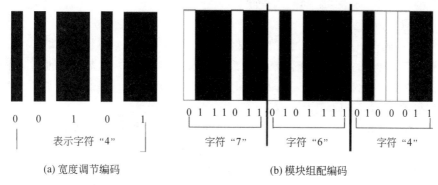

0 0 1 0 1

表示字符 "4"

(a) 宽度调节编码

0 1 1 1 0 1 1　0 1 0 1 1 1 1　0 1 0 0 0 1 1

字符 "7"　字符 "6"　字符 "4"

(b) 模块组配编码

图 3-7　条码的编码示意图

则不表达任何信息,其一定的高度通常是为了便于阅读器的对准。

通常来说,每一种物品的编码是唯一的,对于普通的一维条码来说,还要通过数据库建立条码与商品信息的对应关系,当条码的数据传到计算机上时,由计算机上的应用程序对数据进行操作和处理。因此,普通的一维条码在使用过程中仅作为识别信息,它的意义是通过在计算机系统的数据库中提取相应的信息而实现的。

不同颜色的物体,其反射的可见光的波长不同,白色物体能反射各种波长的可见光,黑色物体则吸收各种波长的可见光,所以当条码扫描器光源发出的光经光阑及第一个凸透镜后,照射到黑白相间的条形码上时,反射光经第二个凸透镜聚焦后,照射到光电转换器上,于是光电转换器接收到与白条和黑条相应的强弱不同的反射光信号,并转换成相应的电信号输出到放大整形电路。白条、黑条的宽度不同,相应的电信号持续时间长短也不同。它通过识别起始、终止字符来判别出条码符号的码制及扫描方向;通过测量脉冲数字电信号 0、1 的数目来判别条和空的数目;通过测量 0、1 信号持续的时间来判别条和空的宽度。这样便得到了被辨读的条码符号的条和空的数目,以及相应的宽度和所用码制,根据码制所对应的编码规则,便可将条形符号换成相应的数字、字符信息,通过接口电路传给计算机系统进行数据处理与管理,便完成了条码辨读的全过程。

世界上约有 225 种以上的一维条码,每种一维条码都有自己的一套编码规格,规定每个字母(可能是文字或数字或文数字)是由几个线条及几个空白组成,以及字母的排列规则。一般较流行的一维条码有 39 码、EAN 码、UPC 码、128 码,以及专门用于书刊管理的 ISBN、ISSN 等。

人们日常购买的商品包装上所印的条码一般就是 EAN 码。EAN 码是国际物品编码协会制定的一种商品用条码,通用于全世界。EAN 码有标准版(EAN-13)和缩短版(EAN-8)两种,我国的通用商品条码与其等效。

UPC 码是美国统一代码委员会制定的一种商品用条码,主要用于美国和加拿大地区。我们可以在从美国进口的商品上看到此码。

一维条码的应用可以提高信息录入的速度,减少差错率,但是一维条码也存在一些不足之处:

① 数据容量较小,只有 30 个字符左右;

② 只能包含字母和数字;

③ 条码尺寸相对较大,空间利用率较低;

④ 条码遭到损坏后便不能辨读。

(2) 二维条码。一维条码所携带的信息量有限,如商品上的条码仅能容纳13位(EAN-13码)阿拉伯数字,更多的信息只能依赖商品数据库的支持,离开了预先建立的数据库,这种条码就没有意义了,因此在一定程度上也限制了条码的应用范围。基于这个原因,20世纪90年代,人们发明了二维条码。

在水平和垂直方向的二维空间存储信息的条码称为二维条码,简称二维码。二维码是用某种特定的几何图形按一定规律在平面(二维方向上)分布的黑白相间的图形记录数据符号信息的。例如,郑州航空工业管理学院官方微信公众号的二维码如图3-8所示。在代码编制上,二维码巧妙地利用构成计算机内部逻辑基础的0、1比特流的概念,使用若干个与二进制相对应的几何形体来表示文字数值信息,通过图像输入设备或光电扫描设备自动识读以实现信息自动处理,具有条码技术的一些共性。每种码制有其特定的字符集,每个字符占有一定的宽度,具有一定的校验功能等,同时还能够对不同行的信息自动识别、处理图形旋转变化等。

图 3-8　郑州航空工业管理学院官方微信公众号的二维码

二维条码技术是在计算机技术与信息技术基础上发展起来的一种集编码、印刷、识别、数据采集和处理于一身的新兴技术。二维条码技术的核心内容是利用光电扫描设备识读条码符号,从而实现机器的自动识别,并快速、准确地将信息输入计算机进行数据处理,以达到自动化管理的目的。

与一维条码相比,二维条码有着明显的优势,归纳起来主要体现在以下几个方面:

① 数据容量更大;

② 超越了字母、数字的限制;

③ 条码尺寸相对较小;

④ 安全性高,具有抗损毁能力。

现在,二维码有比较广泛的应用,可归纳为以下几个方面:

① 传递信息,如个人名片、产品介绍、质量跟踪等;

② 电商平台入口,顾客线下扫描商品广告的二维码,然后在线购物;

③ 移动支付,顾客扫描二维码进入支付平台,使用手机进行支付;

④ 凭证,如团购的消费凭证、会议的入场凭证等。

但是,在使用二维码时,我们也应该注意防范风险,建议做到以下几点:

① 了解收付款二维码的功能,不要随意将自己的付款二维码给别人;

② 不要随便扫陌生的二维码,必须通过官方渠道下载手机App;

③ 在进行扫码支付或者进入链接、关注公众号时,务必确认二维码安全、有效,一旦发现二维码存在覆盖、损毁或其他明显异常的情况,务必及时核实,防止犯罪分子偷梁换柱更换二维码;

④ 在通过网络社交软件非面对面转账时,尽量不要使用识别图片二维码的方式进行转账汇款;

⑤ 手机里安装一些安全软件,以增加手机的安全系数。

3.5 传感数据

传感数据是由传感器感知而获取的数据。广义地说,声音采集设备和图像采集设备都属于传感设备,前面介绍的声音和图像的编码数据也可以算是传感数据。传感数据输入计算机的方法以及在计算机内部的特征与多媒体数据区别不大。但是,随着物联网的应用领域越来越广泛,人们接触到的传感数据越来越多,传感数据在计算机数据中的占比也越来越多,所以有必要专门介绍一下传感数据。

传感器是一种检测装置,能感受到被测量的信息,并能将感受到的信息,按一定规律变换成为电信号或其他所需形式的信息输出,以满足信息的传输、处理、存储、显示、记录和控制等要求。

传感器一般由敏感元件、转换元件、变换电路和辅助电源四部分组成,如图 3-9 所示。

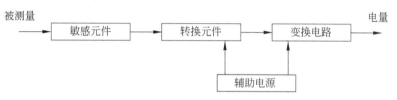

图 3-9　传感器结构示意图

根据传感器所感知事物的不同,可把传感器分为热敏传感器、光敏传感器、气敏传感器、力敏传感器、磁敏传感器、湿敏传感器、声敏传感器、放射线敏感传感器、色敏传感器和味敏传感器十大类。传感器的存在让物体有了触觉、味觉和嗅觉等。传感器是实现自动检测和自动控制的首要环节,是物联网发展的基础。物联网中的数据多数为传感数据。

习题 3

一、选择题

1. 十进制数 173 对应的二进制数是(　　)。
   A. 10101101　　　　B. 10110101　　　　C. 10011101　　　　D. 10110110

2. 二进制数 01010110 对应的十进制数是(　　)。
   A. 82　　　　　　　B. 86　　　　　　　C. 54　　　　　　　D. 102

3. 二进制数 0.11 对应的十进制数是(　　)。
   A. 0.75　　　　　　B. 0.5　　　　　　　C. 0.2　　　　　　　D. 0.25

4. 十进制数 137.625 对应的二进制数是(　　)。
   A. 10001001.11　　　　　　　　　　　B. 10001001.101
   C. 10001011.101　　　　　　　　　　　D. 1011111.101

5. 如果$[X]_{补}=11110011$,则$[-X]_{补}=$(　　)。
   A. 11110011　　　　B. 01110011　　　　C. 0001100　　　　D. 00001101

6. 计算机内部,一切信息均表示为(　　)。

　　A. 二进制数　　　　B. ASCII 码　　　　C. 十进制数　　　　D. 十六进制数

7. 下列关于计算机编码知识的叙述中,正确的是(　　)。

　　A. 计算机不能识别十进制数,但能直接识别二进制数和十六进制数

　　B. ASCII 码和国标码都是对符号的编码

　　C. 一个 ASCII 码由 7 位二进制数构成

　　D. ASCII 码是每 4 位一组表示 1 位十进制数

8. 汉字是一种特殊的字符,汉字编码分为内码、外码、交换码和字形码,一个汉字内码的长度为(　　)。

　　A. 2B　　　　　　B. 4B　　　　　　C. 1B　　　　　　D. 不确定

9. 在 16×16 点阵的汉字字库中,存储一个汉字的字模信息需要(　　)。

　　A. 16B　　　　　　B. 32B　　　　　　C. 64B　　　　　　D. 256B

10. (　　)用某种特定的几何图形按照一定规律在平面(二维)上分布的黑白相间的图形记录数据。

　　A. 条码　　　　　　B. 二维码　　　　　C. ASCII 码　　　　D. PCM 码

二、简答题

1. 在计算机中,一般使用定长的二进制数表示一个实际的数,而定长的二进制数可表示的数的范围是有限的。在实际应用中,如果要处理的数据非常大,应如何表示?

2. 举例说明补码可以带符号计算。

3. 在使用计算机进行汉字输入时有多种输入法供选择,而英文输入时却不能选择输入法,为什么?

4. 音乐、视频等形式的信息变成计算机数据后,数据量通常很庞大,对计算机处理和网络传输提出了很高的要求,有时甚至形成挑战。应如何理解这句话?简要说明科学家与工程师在这方面做了很多工作吗?

第4章

数据存在哪里

现代社会,人们干什么事都离不开数据,而同时又不停地产生数据。数据包含大量的信息,必须有效地存放,以备将来之用。那么,应该怎样存放数据呢?当想使用数据时,又如何快速地找到它们呢?本章将重点介绍计算机存储系统的构成和数据组织方法。

4.1 计算机存储系统

4.1.1 保存数据的目的

数据是计算机计算的对象,是重要的信息资源。为了便于计算机使用,必须对计算机数据进行科学、有效地保存和管理。

(1)保存数据是计算机工作的基本要求。今天使用的数字电子计算机,其基本原理都源于冯·诺依曼计算机,而冯·诺依曼计算机的基本思想就是将程序和数据以二进制数的形式保存,然后程序在控制器控制下自动运行。所以没有数据和程序的保存,计算机就不能工作,甚至就没有今天广泛应用的计算机。

(2)数据保存以后可以反复使用,可以充分发挥数据的价值。通过保存,人们可以收集大量的、各种各样的数据,可以根据应用需要随时拿出来使用。大量的计算机数据就像矿山,计算机对数据的处理就像挖矿,只要采用了正确的方法和手段,就可以挖出各种各样的宝藏。

(3)科学地保存数据可以延长数据的寿命。在计算机中,不管是采集来的数据,还是计算机生产的数据,往往具有暂时性,一次应用结束或者遇到停电,数据就会丢失。只有及时、科学地保存,数据才能留下来成为我们的财富。

(4)科学地保存数据可以提高数据的安全性。数据价值无限,必须防止数据丢失、损坏和破坏。保存数据必须采取一定的安全措施,以防止数据丢失、被盗和破坏。用户需要了解数据保存的原理、掌握数据保存和维护的方法,防止数据自然丢失和损坏。

(5)科学地保存数据可以提高使用数据的便捷性。数据的价值在于应用。面对越来越多的数据,人们只有进行科学的组织和有效的管理,才能在需要的时候快速、准确地找到它。

4.1.2 保存数据的方法

计算机数据都是用二进制数表示的,从理论上讲,只要具有两种明显且稳定的物理状态的物质都可以用来存储二进制数据,都可以用来制作存储器。例如,人们基于电路输出高低电平或有无电流流出的状态,设计制作了半导体存储器。对于图 4-1 所示的两个电路单元,当给电源线和行线施加一定正电压时,图 4-1(a)所示电路可以从列线检出电流,而图 4-1(b)所示电路检测不到电流,于是可以认为图 4-1(a)所示电路存储了 1 所以可以读到 1,图 4-1(b)所示电路存了 0 所以可以读到 0,这两个电路就是可以存放一位数据的存储元。把这些存储元进行电路集成就可制造出大容量的半导体存储器,这种半导体存储器常用作计算机内存。类似的道理,人们利用材料的磁特性制成了磁盘存储器,利用材料的光学特性制成了光盘存储器,目前正在研究利用微观粒子的量子特性制作量子存储器。不同类型的存储器有不同的特性,可以满足不同的应用需要。

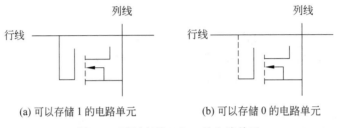

(a) 可以存储 1 的电路单元   (b) 可以存储 0 的电路单元

图 4-1　可以存储 1 和 0 的电路单元

现代计算机系统中常常用到多种类型的存储器,并且常把多种存储器组成一个存储系统来满足数据存储的大容量、高速度要求。

4.1.3　计算机存储系统的构成

1. 存储器

存储器是计算机系统中用于保存数据的记忆设备。有了存储器,计算机才有记忆功能,才能正常工作。存储器存的是计算机中的全部信息,包括输入的原始数据、计算机程序、数据运算的中间结果和最终结果。

2. 存储器的分类

计算机中使用的存储器有很多种类,可以按照不同的分类标准对存储器进行分类。

(1) 按照使用的存储介质进行分类。

① 磁介质存储器。使用磁性材料作为存储介质的存储器称为磁介质存储器。常见的磁介质存储器有磁带、软磁盘、硬磁盘等。

磁盘存储器利用材料的磁性进行数据存储,具有圆盘外形,简称磁盘。磁盘通常以合金、玻璃、陶瓷等刚性材料为基片,在其上镀磁性薄膜构成盘片,所以又称为硬盘。硬盘是计算机系统中最重要的外部存储设备,具有容量大、读写速度高、性价比高等优点。

在计算机中,用于制作存储设备的磁性材料是一种具有矩形磁滞回归线的磁性材料。当磁性材料被磁化后,会形成两个稳定的剩磁状态,就像触发器电路的两个稳定状态一样。利用这两个稳定的剩磁状态,可以表示二进制编码 0 和 1。

当向磁表面存储器写入数据时,利用磁头在磁性材料上形成磁化元即存储元,存储二进制数据。磁头是由软磁材料做铁心绕有读写线圈的电磁铁。磁头线圈可以通入正反两个方向的电流,假设写线圈通过正方向脉冲电流时向磁表面写入了1,那么通过反方向脉冲电流时就向磁表面写入了0。当载体带着磁表面薄膜相对于磁头运动时,磁头就可以连续地在磁表面上写入一串二进制代码。

当从磁表面存储器读取数据时,磁头接近磁表面并相对运动,磁化元的磁力线通过磁头形成闭合磁通回路并发生磁通量变化,在磁头读线圈中产生一定方向的脉冲电流,磁脉冲电流经过控制电路放大输出形成数据。不同极性的磁化元将在读线圈中产生不同方向的脉冲电流,不同方向的脉冲电流分别产生二进制编码的0和1。

与之前的存储器和同时代其他类型存储器相比,磁盘有很大优势,所以数十年来其主力地位无可撼动。不过磁盘也有不足,磁盘存储器的磁头十分精密,工作时距离盘面很近,杜绝震动,另外速度越来越不能满足应用需求。随着存储技术的发展,人们研制出了固态硬盘(Solid State Disk,SSD)。

② 半导体存储器。使用半导体器件(电路)作为存储介质的存储器称为半导体存储器。半导体存储器的存储元通常为电路,其可读、可写且速度很高,所以在计算中得到广泛应用,寄存器、内存、外存、缓存等都用到了半导体存储器。

根据半导体存储器的物理特性,又可分为随机访问存储器(Random Access Memory,RAM)、只读存储器(Read-Only Memory,ROM)和闪速存储器(Flash Memory)。RAM又包括静态读写存储器(Static Random-Access Memory,SRAM)和动态读写存储器(Dynamic Random Access Memory,DRAM)两种。

RAM可根据需要随时进行读或者写操作,但其存储数据具有易失性,因此常作为临时存储器,其中DRAM具有存储元简单、易于组织大容量存储器的特点,常用作计算机的主存,例如计算机中常见的内存储器,如图4-2所示。ROM具有非易失性和永久保存性,而且内容不易被修改,具有很高的安全性,但是ROM容量小、内容不易更改,也为使用带来了不便。

随着技术的发展,人们设计出了既可快速读写、长久保存,又可多次重写的闪速存储器。闪速存储器可以作为主存也可以作为辅存,可以做成硬盘也可以做成存储卡、存储棒等,应用非常广泛,如图4-3所示。

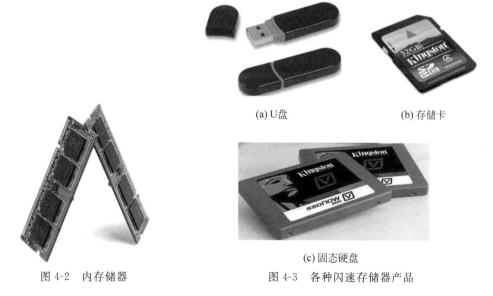

(a) U盘　　　　　(b) 存储卡

(c) 固态硬盘

图 4-2　内存储器　　　图 4-3　各种闪速存储器产品

③ 光存储器。使用光敏材料做成的存储器称为光存储器。通常使用激光照射的光敏材料表面区域的物理性态表示二进制代码 0 或 1。常见的有 CD（Compact Disc）、DVD（Digital Versatile Disc）、BD（Blue-ray Disc）等。

另外，人们正在研究把生物工程技术产生的蛋白质分子作为存储介质来存储数据，以及根据微观粒子的量子特性进行数据存储。

（2）按照存储器在计算机系统中的作用和地位进行分类。

① 主存储器。主存储器简称主存，是计算机系统的主要存储器，用来存放计算机运行期间正在执行的程序和处理的数据，通常由半导体存储器构成，可以被 CPU 直接访问。

② 辅助存储器。辅助存储器简称辅存，是主存的补充，具有容量大、速度较慢、位成本低的特点，常用来存放计算机运行期间暂时不用的系统程序、大型数据文件及数据库，通过 I/O 接口与 CPU 通信。常用的辅助存储器有磁盘存储器、光盘存储器、U 盘、固态硬盘等。

③ 高速缓冲存储器。为了解决 CPU 速度快、主存速度慢而造成的资源浪费问题，在 CPU 与主存之间插入一个容量不大但速度接近 CPU 的 SRAM 存储器，满足 CPU 对存储器的速度要求。这个高速的 SRAM 存储器称为高速缓冲存储器。为了进一步提高系统性能，有的计算机系统甚至使用了三级缓存，分别用 L1、L2、L3 表示一级、二级、三级缓存。通常 L1 速度最快，集成于 CPU 芯片内；L3 速度较慢，置于 CPU 芯片之外。

另外，CPU 内部服务于运算器和控制器的存储器称为寄存器，由半导体材料做成，容量小、速度快。

（3）按照存取数据的方式进行分类。

① 存取时间与物理地址无关（随机访问）。这类存储器的特点是可以根据地址直接访问相应的存储单元，速度快。以半导体器件作为存储介质的主存就属于这一类存储器。

② 存取时间与物理地址有关（顺序访问）。对这类存储器进行存取操作时，必须首先按照一定的顺序进行地址查询，查询到目标以后再进行存取。常用的磁盘、光盘等辅助存储器都属于这一类。

（4）按照存储器内容是否易失进行分类。

① 易失性存储器。断电后，信息消失的存储器称为易失性存储器，如随机访问存储器。

② 非易失性存储器。断电后，信息不丢失的存储器称为非易失性存储器，如硬盘、只读存储器。

有些存储器一旦存储数据，其内容是不能擦除重写的，只能读取，如半导体只读存储器（ROM）、光只读存储器（CD-ROM）。有些存储器则可以随意读写，并可擦除后再写，如 RAM、磁盘等。

3. 存储器的性能指标

存储器的功能就是存储数据，所以存储器最重要的性能指标就是存储容量。

存储容量是指一个存储器可以容纳的最大信息量。存储容量的单位与数据的单位是一致的，最小单位是位（bit，b），最常用的是字节（Byte，B），比字节大的还有千字节（KB）、兆字节（MB）等，详细内容参看第 3 章。

一般来说，计算机存储器的容量越大，计算机性能就越优异。一般的微型计算机内存为几吉字节（GB），常用的硬盘容量为几百吉字节（GB）。

在使用存储器存取数据时,人们还比较关注它的速度,因为较快的读写速度才能保证计算机快速地求解问题。包括求解复杂问题在内的一系列计算机应用,对计算机的运算速度不断提出新的要求。所以,计算速度是衡量计算机性能的首要指标。

存储器的速度常用每秒钟传递多少字节的数据来度量,也叫数据传输率,单位是字节每秒 Bps(B/s)。存储器的速度取决于存储器的内部结构和采用的接口标准。半导体材料做成的内存,其速度是比较快的,比如 DDR3 的速度可达 12.8GBps。而基于机械结构的磁盘,其速度就比较慢,例如 SATA 接口的硬盘,外部数据传输率只有几百兆字节每秒(MBps),内部数据传输率更低,仅几十兆字节每秒(MBps)。

一直以来,计算机系统中的 CPU 的速度提高得非常快,而直接与 CPU 交换数据的内存却发展缓慢,一度成为计算机系统性能提高的瓶颈。但是提高内存速度并不容易,因为存储器的速度与容量两者往往不能兼得。实际应用中,人们总是希望计算机存储系统的存储容量大、存储速度快、存储成本低。为了解决存储容量、存取速度和存储成本之间的矛盾,计算机设计师们基于不同性能、资源的优化组合思维,设计出了分层次的计算机存储系统。

4. 多层次的存储系统

在计算机系统中,把各种不同存储容量、不同存取速度和不同价格的存储器按照层次结构组成存储系统,并通过管理软件和辅助硬件有机控制,组合成为一个有机整体,以实现计算机存储的速度、容量、成本综合最优,如图 4-4 所示。多层次的存储系统中,由上到下分级,其容量逐渐增大,速度逐渐变慢,成本则逐次减少。

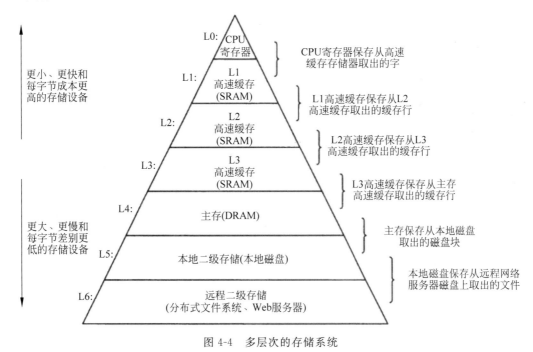

图 4-4 多层次的存储系统

一组数据可以存储在速度最快而容量最小的寄存器之中,也可以存储在速度较慢而容量巨大的本地磁盘或者远程的服务器存储系统中,还可以由于被调用而从一处迁移到另一处,有时还可以分散存储在不同性质的存储器上,这一切都由应用需要决定,由计算机系统的管理者(系统软件和辅助硬件)统一指挥实现。通过存储系统的各个部件分工、合作与协同,不同的存储资源得到优化组合。

存储系统可从逻辑上分成两个层次:主存—辅存层次和缓存—主存层次,如图4-5所示。主存很关键,是数据的中转站,是存储系统的核心。辅存主要解决大容量和长久保存的需求问题,常见的磁盘系统、光盘系统、U盘、云存储系统等都属于这一层次。存储系统中的每一种存储器都不再是孤立的存储器,而是一个有机的整体。例如,在辅助硬件和计算机操作系统的管理下,主存—辅存层次成为一个存储整体,用户使用时可以不用考虑数据是在主存还是在辅存,而随意使用,可以获得接近主存的速度和接近辅存的容量,实现了快速度与大容量的兼得。而对于缓存—主存层次,在辅助硬件管理下形成一个整体,对于CPU来讲,无须区分数据是在缓存还是在主存,可以随意使用,可以获得缓存级的访问速度和主存级的存储容量。

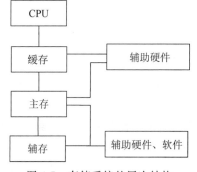

图4-5 存储系统的层次结构

所以,一个较大的存储系统是由各种不同类型的存储设备组成的,是一个具有多层次结构的存储系统。该系统既有与CPU相近的速度,又有极大的容量,而且成本较低。其中高速缓存解决了存储系统的速度问题,辅助存储器则解决了系统的容量问题。采用多级层次结构的存储器可以有效解决存储器的速度、容量、价格之间的矛盾。

4.2 内存数据组织

1. 数据结构

计算机中有很多数据,而且不断地从外部接收数据,使计算机数据量不断增加。虽然数据的基本形式是二进制数,但纯粹的0、1没有任何意义,数据的意义在于人们给0、1的不同组合赋予了各种含义,而且数据之间还可能存在各种关系。所以,怎么存放数据是一个科学问题。数据存放应该有序,保证需要时能够准确、快速地找到。数据存放应该安全,保证信息完整性。

计算机科学中,专门研究数据存储和组织方式的分支学科叫作数据结构。数据结构也指经过合理组织,能被程序有效操作的数据集合。通常情况下,精心选择的数据结构可以带来更高的运行或者存储效率。数据结构往往与高效的检索算法和索引技术有关。

数据结构的研究内容包括数据的逻辑结构和物理结构两个方面。逻辑结构只反映数据元素之间的逻辑关系,而与它们在计算机中的存储位置无关。逻辑结构包括集合、线性结构、树结构和图结构。物理结构指数据的逻辑结构在计算机中的存放形式。数据元素的表示形式是二进制数,数据元素的逻辑关系可表示为顺序、链接、索引、散列等多种形式。通常情况下,一种逻辑结构可表示成一种或多种存储结构。

2. 访问主存

（1）主存结构。主存通常由存储体、地址译码器、I/O 和读写控制电路组成，如图 4-6 所示。

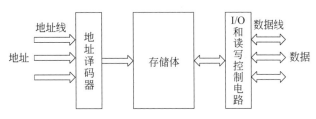

图 4-6　主存的基本结构

存储体是存储器的核心，通常由半导体电路组成。程序和数据都以二进制数的形式存放于存储体中。在存储体中，与 1 个二进制位所对应的存储空间或物理对象称为存储元。主存的存储元通常对应一个电路。为了在一个存储器中存储大量信息，一个存储体往往包含很多存储元。为了提高存储器的工作效率，实际对存储器进行读写操作时总是一次写入或读出若干个二进制位。主存储器能够作为一个整体存入或读出的二进制数位数称为存储器的存储字。存储字大小由主存结构决定，通常等于主存数据线的数量。

存储体中，每一个存储单元都有一个唯一的编号以供 CPU 识别，这个编号称为存储单元的地址。地址用二进制数表示，与存储单元一一对应。存储器的地址位数通常由存储器的地址线数量决定。译码器把地址线传来的地址唯一对应于一个存储单元。一个存储器具有的地址个数由存储器地址位数决定，如果地址是 n 位，则具有的最大地址个数（寻址范围）$N = 2^n$。一个存储器拥有的地址数越多，存储单元越大，其存储容量就越大。

计算机工作过程中，CPU 根据地址访问主存，进行数据的读写操作，所以说主存储器是按照地址进行随机访问的。不同种类的计算机的存储单元大小往往不同，可以是位，也可以是字节，还可以是字。主存中存储元、存储单元、地址及存储体之间的关系如图 4-7 所示。主存的这种存储管理模式与宾馆管理十分相似。一个宾馆有很多房间，对应存储器有很多

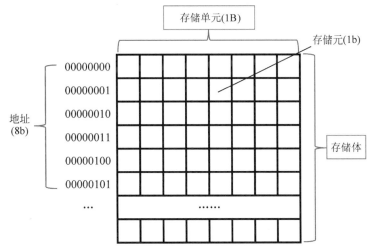

图 4-7　主存中存储元、存储单元、地址及存储体之间的关系

存储单元；每个房间有一个房间号，对应于每个存储单元有一个地址；一个房间有多个床位，相当于存储单元包含多个存储元；一个床位只能住一个人（男或女），一个存储元只能存放 1 位数据（0 或 1）。

随着计算机应用领域的扩展，计算机对主存的容量要求不断提高。目前一般的微型计算机主存容量都在几吉字节以上。在存储元不变的情况下，大的存储容量就必须有更多的存储元，于是寻址和存储单元的响应就会花费更多的时间，从而降低存储器的速度。所以，一般情况下，存储器的速度提升与容量增加是不能兼得的。

（2）CPU 访问主存。主存与 CPU 通常通过 3 组传输线实现连接，其中，进行地址传递的传输线称为地址总线（AB），进行数据传递的传输线称为数据总线（DB），进行控制命令传递的传输线称为控制总线（CB），如图 4-8 所示。

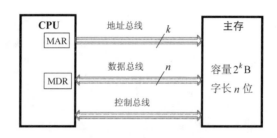

图 4-8　主存与 CPU 连接

CPU 对主存储器进行读写操作时，首先由地址总线给出地址信号，选择要进行读写操作的存储单元，然后通过控制总线发出相应的读写控制信号，最后才能在数据总线上进行数据交换。

计算机内存按地址访问是计算机科学的一个重大发明。首先，地址通过译码器可以直接找到存储单元，提高了 CPU 访存速度，实现了 CPU 对内存的随机访问。其次，地址相对存储体具有一定的独立性，在存储资源分配时可以先对地址资源进行分配调度，然后再对存储实体进行操作，这样就为操作系统对计算机系统资源统一调度、优化管理提供了基础，为高级语言编程、软件开发提供了便利。

3. 缓存工作机制

计算机 CPU 从内存中读取程序只能一条一条地读取，读取数据也是一个字一个字地读取。为了满足 CPU 访存的高速度要求，以及 CPU 为了解决复杂问题而运行大程序时对主存大容量的需要，人们设计出了缓存—主存系统。在单一主存不能同时满足高速度和大容量需求的情况，采用分工合作的思想，使用速度很快但容量很小的缓存专门提供 CPU 需要的高速度，使主存的容量进一步增大来满足 CPU 大容量需求。缓存和主存在辅助硬件的控制下密切配合，形成一个有机整体。CPU 工作时，只感受到一个大容量、高速度的"存储器"在为自己服务，而不知道（也不需要知道）数据是来自缓存还是来自主存。下面对缓存—主存系统的结构和工作原理做简单介绍。

计算机工作的基本原理是程序的存储与控制。所谓程序，就是解决问题的命令。人们存储程序时会自然地把逻辑相关的一些命令相邻存放。所以，CPU 访问存储器、读取程序时存在程序访问局部性原理。程序访问局部性原理包括时间局部性和空间局部性两方面的含义。时间局部性是指如果一个存储单元被访问,则该单元可能很快被再次访问;空间局部性是指一旦某存储单元被访问,则该单元相邻的单元也可能很快被访问。据此,人们构造了缓存—主存系统,如图 4-9 所示。

图 4-9　CPU 与缓存和主存的关系

计算机工作时,如果 CPU 需要访存,则首先访问高速的缓存,如果缓存有所需要的内容,就直接取入 CPU 进行运行;如果缓存中没有所需要的内容,就访问主存,在主存中找到所需内容后就取入 CPU 进行运行,同时把该存储单元的内容以及与该存储单元相邻的存储单元的内容一并读取送入缓存中。根据程序访问局部性原理,当 CPU 再次访存时,直接从缓存中获取所需数据而不访问主存将是大概率事件,这样就可以总体上提高 CPU 的访存速度,进而提高计算机运行速度。可见,要提高 CPU 访存速度,保证高的缓存命中概率是关键。

4.3　外存数据组织

内存中,数据通常以字为单位,按地址读取数据;外存中,数据以文件为单位,按文件名读取数据。文件是具有内部结构的相关数据的集合。与文件有关的内容,将在第 8 章进行详细介绍。

数据结构的概念对外存也适用,但是外存种类多而且与内存的属性不尽相同,因此数据组织方法有所不同。实际应用中,外存数据组织主要有文件和数据库两种。

1. 外存的数据结构

计算机外存(辅存)主要包括硬盘、光盘、U 盘、固态硬盘等,其中最典型的是硬盘。下面以硬盘为例说明外存的数据结构。

(1)硬盘的结构。硬盘的外观和内部结构如图 4-10(a)所示。硬盘内部包含主轴电动机、主轴、磁头组件、磁头驱动机构、盘片等。磁头是一个十分精密的部件,通常把磁头、盘片、电动机、读写电路等密封在一起,组成一个不允许拆卸的整体,这样既保证了可靠性又保证了硬盘寿命。

盘片是数据的载体。一个硬盘可以包含多个盘片,每一个盘片有上下两个磁层面。每一个磁层面对应一个读写数据的磁头。硬盘经格式化后才能存储数据。硬盘通过数据线与计算机主机相连。

格式化后的盘片表面分布若干同心圆,称为磁道。磁道进一步分割成一段一段的圆弧,称为扇区,如图 4-10(b)所示。一个盘片上的所有磁道和扇区统一编号,这样就可以对存放的数据进行定位了。一般的盘片地址由磁头号、磁道号和扇区号组成。盘片是顺序访问的

(a) 硬盘的外观和内部结构

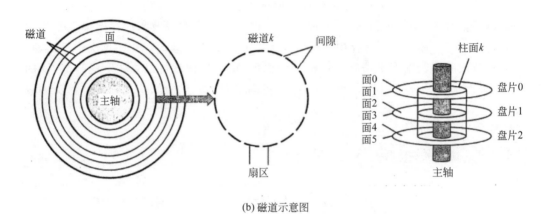

(b) 磁道示意图

图 4-10　硬盘的外观、内部结构及磁道示意图

存储器。虽然磁头读写操作数据时仍然是一位一位进行的,但是对盘片数据管理是以扇区为单位的,也就是说扇区是盘片读写操作的基本单位。通常情况下,一个扇区能够记录的数据量为 512B。

由于硬盘容量很大,动辄就达几百吉字节,所以使用前还要进行分区。一个分区单位叫一个分区,也叫一个逻辑盘。硬盘分区需要使用专门的分区软件。假如某硬盘分为 C:、D:、E:这 3 个分区,则硬盘中的数据结构如图 4-11 所示。3 个分区存储数据时具有独立性,各有自己的操作系统的分区引导记录(DBR)、文件分配表(FAT)、文件目录表(FDT)和数据(DATA)。

操作系统在管理硬盘空间时又把多个扇区归并为一个整体,称为簇。簇是操作系统管理硬盘空间的基本单位。

一般的计算机用户使用计算机时,感受到的是以“文件”为基础的树形目录结构。文件是若干信息的集合,是操作系统管理计算机信息的基本单位。用户不必关心文件在硬盘上是如何存取的,而只关心文件名和文件内容即可。文件可以很大,存入硬盘时可能要占用多个簇。为了有效利用硬盘空间,一个文件所占用的簇在物理上可以不连续,采用了“化整为零,零存整取”的策略。

(2) 硬盘文件的读写过程。当计算机用户需要把主存中的文件存盘(写入联机硬盘)

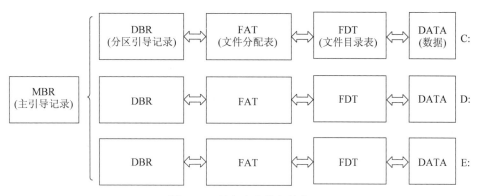

图 4-11　硬盘中的数据结构

时,操作系统将根据用户的指令首先搜索 FDT 中的空白表项,并将文件名等信息登记在其中。然后搜索 FAT 中的可用空簇,并将文件内容写入该簇对应的扇区,将该簇的编号作为文件的起始簇号写入 FDT 中。如果文件在一个簇的扇区内写入完毕,则在该簇对应的 FAT 表项内写入文件结束标志;如果文件在一个簇内没有写完,则再检索 FAT 寻找下一个可用空白簇,将该空白簇的编号作为表项值写入上一簇的表项内,继续把文件的余下部分写入该空白簇的相应扇区内,直到把文件写入完毕。

当计算机用户需要从联机硬盘读取文件时,用户首先要给定文件名、文件位置等信息,由操作系统根据用户指令到逻辑盘的 FDT 中查找并读取文件信息(文件名、大小、起始簇号等)。操作系统根据起始簇号计算出文件存放的起始扇区号,于是磁头被驱动到相应扇区读取文件内容,当把起始簇包含的扇区内容读取结束后,再查阅起始簇对应的 FAT 表项值。如果该表项值是文件结束标志,说明本次文件读取操作结束;如果该表项值是下一簇的簇号,说明文件读取没有结束,继续到下一簇的扇区读取剩余的文件内容,直到把文件完全读出为止。

2. 主存—辅存系统工作机制

主存是计算机系统中临时保存程序和数据的地方,那些暂时不运行和需要长久保存的程序和数据都以文件的形式保存于外存(辅存)中。而 CPU 不能直接运行外存中的程序,必须把外存中的程序调入内存才能被 CPU 运行。外存中的数据也是如此,必须装入内存才能被 CPU 运算处理。如何将程序和数据装入内存,放到内存的哪个位置,当内存中有多个程序时如何调度 CPU 来执行某一个程序,这些都需要一个"管理者"进行统筹调度,这个管理者被称作计算机操作系统。

计算机操作系统是通过"进程"来实现调度管理的。操作系统首先把硬盘上的程序文件改造成进程,然后再装入主存。进程就是主存中的可执行程序。硬盘上的不同程序文件可依次装入主存中,形成多个进程,每个进程占据内存中不同的位置,相互独立运行。硬盘上的一个程序文件也可以分解成多个进程,先后进入主存,独立运行。第 8 章将对此详细介绍。CPU 将根据解决问题的需要不断地从主存读入进程、执行进程,只要操作系统一直恪尽职守,计算机就能一直工作。CPU 无须关心所执行的程序是来自主存还是辅存。

4.4 云存储

信息服务的集约化、社会化和专业化发展使互联网上的应用、计算和存储资源不断向数据中心迁移。这种结合了云计算的数据中心具有设备利用率高、节能、可用性高、自动化管理等诸多优点。Facebook、Google、Amazon、阿里巴巴、腾讯、百度等互联网巨头公司都在多地建起了自己的大规模数据中心。云存储就是在这种背景下诞生的一种数据存储应用。

1. 云存储的概念

云存储(Cloud Storage)是一种新的数据存储模式,是一种基于互联网的在线存储模式,即把数据存放在通常由第三方托管的多台虚拟服务器,而非专属的服务器上。托管公司运营大型的数据中心,需要数据存储托管的人则以向其购买或租赁存储空间的方式,来满足数据存储的需求。数据中心营运商根据客户的需求,在后端准备存储虚拟化的资源,并将其以存储资源池(Storage Pool)的方式提供给客户。客户可通过 Web 服务应用程序接口(API),或是通过Web 化的用户界面来访问存储资源池,就像自己拥有的本地存储器一样使用。因为云存储是基于云计算的,所以一个存储资源池的资源也可能分布在众多的服务器主机上。用户只需要放心使用存储服务,不必关心数据具体存在哪里,记住是存在"云"上即可。"云"是一个比喻的说法,一般是指系统后端,难以看见,这让人产生虚无之感,因此被称为"云"。

2. 云存储的工作原理

云存储是在云计算(Cloud Computing)概念上延伸和衍生发展出来的一个新概念。云计算是分布式计算(Distributed Computing)、并行计算(Parallel Computing)和网格计算(Grid Computing)的进一步发展。在执行用户提交的计算任务时,首先通过网络将庞大的计算处理程序自动分拆成无数个较小的子程序并交给由多台服务器所组成的庞大系统,然后服务器系统以最优的方式进行计算分析,最后将处理结果回传给用户。通过云计算技术,网络服务提供者可以在数秒之内,处理数千万的信息,达到和超级计算机同样强大的计算能力。

云存储与云计算类似,是指通过集群应用、网格技术或分布式文件系统等功能,把网络中大量的、各种不同类型的存储设备通过应用软件集合起来协同工作,共同对外提供数据存储和业务访问功能的系统。云存储是将数据储存资源放到"云"上供人使用的一种新兴服务,用户可以在任何时间、任何地方,通过任何可联网的装置访问"云",便可享受到高质量的数据存取服务。

3. 云存储的分类

根据云存储可提供的服务特征,可把云存储分为 3 类。

(1) 公共云存储。云存储服务供应商提供资源,公众可以通过网络获取这些资源来使用。供应商可以保持每个客户的存储、应用都是独立的、私有的。Dropbox(多宝箱)个人云存储服务是公共云存储发展较为突出的代表,国内比较突出的还有搜狐企业网盘、百度网盘、华为网盘、360 云盘、新浪微盘、腾讯微云、cStor 云存储等。

公共云存储也可以划出一部分作为私有云存储。一个公司可以拥有或控制基础架构,以及进行应用的部署,私有云存储可以部署在企业数据中心或相同地点的设施上。私有云可以由公司自己的 IT 部门管理,也可以由服务供应商管理。

（2）内部云存储。这种云存储和私有云存储比较类似,唯一的不同点是它仍然位于企业防火墙内部。截至 2014 年,可以提供私有云的平台有 Eucalyptus、3A Cloud、minicloud安全办公私有云、联想网盘等。

（3）混合云存储。这种云存储把公共云和私有云或内部云结合在一起,主要用于按客户的要求访问,特别是需要临时配置容量的时候,从公共云上划出一部分容量配置一种私有云或内部云,帮助公司面对迅速增长的负载波动或高峰。尽管如此,混合云存储带来跨公共云和私有云分配应用的复杂性。

4. 云存储的优势与短板

云存储发展很迅速,据相关统计数据显示,国内一线的云存储服务商每天的用户数据新增量以皮字节（PB）为单位,也就是说每天都有数以亿计的用户正在向自己云存储空间中上传或下载各种文件。云存储之所以受到大家的欢迎,是因为它相对传统的存储方式有自己的优势。云存储的优势主要体现在 3 个方面。

（1）存储管理可以实现自动化和智能化,所有的存储资源被整合到一起,客户看到的是单一存储空间。

（2）提高了存储效率,通过虚拟化技术解决了存储空间的浪费,可以自动重新分配数据,提高了存储空间的利用率,同时具备负载均衡、故障冗余功能。

（3）云存储能够实现规模效应和弹性扩展,降低运营成本,避免资源浪费。

我们使用云存储时还必须了解其的不足和隐患,防患于未然。下面是云存储容易遭受的风险与隐患。

（1）版权风险。在云存储服务中,一些个人或团体可以将有版权的文件通过云存储的客户端上传至云中心,然后通过分享的方式为圈子内用户提供下载。大量有版权的视频、音乐就可能以这种特殊的盗版方式进行传播,而且这种传播方式难以监管。

（2）个人隐私。有很多用户喜欢随时将自己用手机拍摄的照片与视频通过云存储快速上传到网盘中,这样可以方便地通过 Web 或 PC 客户端在异地取回照片。但是上传的文件一般都是在服务端以明文保存的,因为从运维成本上考虑实现私钥加密不太现实。管理员可以从服务端的平台中直接查看和删除用户上传的文件,这些文件中不乏用户的机密文件或用户私隐。现阶段,大型服务端都是通过建立严格的制度体系来约束管理人员的职业操守,但是也难保信息不被泄露。

（3）数据安全。当用户对云端的数据进行修改时,理论上以最后一次更新为标准,其他客户端开启时自动同步,但是实践中很难做到像使用本地存储器一样安全,文件被错误更新或者丢失难以找回的现象时有发生。

云存储服务器早已经成为黑客入侵的目标,因为服务器上有无穷的用户数据,也就是说服务器的安全性直接影响用户上传数据的安全。据威瑞森公司（Verizon）发布的《2017 年数据泄露调查报告》显示,2017 年全球 84 个国家的 1935 个漏洞共造成 42 068 个数据泄露安全事件,其中包括云计算环境中发生的数据安全问题。例如 2017 年 9 月的亚马逊 S3 存储桶事件,任何人将存储桶地址输入浏览器就可以公开访问并下载该服务器数据,致使全球最大管理咨询公司埃森哲的云平台凭证、API 数据、身份验证凭证以及客户私有数据等内部敏感信息严重泄露。2017 年 10 月,黑客攻击 Uber 科技公司,窃取 Uber 公司处理计算任务的亚马逊 Web 服务器账户,造成 5700 万 Uber 司机和乘客的个人信息被窃。

（4）运营停止。在当下的互联网环境下,提供公众的云存储服务,每年的资金投入在 5 亿元以上,而且对私提供的云存储盈利模式还并不清晰,究竟有多少服务商可以持续、永久地提供这种服务？这种服务后期是否收费？服务商是否会因为亏损问题而被迫停止运营,在这种情况下已有用户的数据向何处迁移？服务商在一定时间会关停服务是用户数据留存问题最大的隐患。

5. 云存储的一个例子——百度网盘

百度网盘（原百度云）是百度公司推出的一项云存储服务,首次注册即有机会获得 2TB 的空间,已覆盖主流 PC 和手机操作系统,包含 Web 版、Windows 版、Mac 版、Android 版、iPhone 版和 Windows Phone 版。

百度云于 2012 年 9 月推出,两个月时间内百度云个人用户量就突破 1000 万。2016 年,百度云用户数突破 4 亿。2016 年 10 月 11 日,百度云改名为百度网盘,此后更加专注发展个人存储、备份功能。

下载百度网盘客户端,安装注册以后就可登录使用了。百度网盘个人用户界面如图 4-12 所示。在此窗口中,用户可以轻松将自己的文件上传到网盘上,并可跨终端随时随地查看、下载和分享。

图 4-12　百度网盘界面

习题 4

1. 人们是如何通过优化组合构建存储系统,从而满足计算机大容量、高速度、低成本的存储要求的？

2. 外存与内存的数据组织为什么不同？不能都做成按地址随机访问的存储器吗？查阅有关资料进行分析和讨论。

3. 有人说"云存储是把数据存在云上，可以省掉存储器了"，这种说法对吗？云存储有何优缺点？

4. 现在有计算机常用的 6 种存储器：主存、高速缓存、寄存器、DVD-ROM 存储器、硬盘。要求：

（1）把它们按照容量大小排序。

（2）把它们按照速度快慢排序。

（3）说明它们各自怎么与 CPU 通信。

第5章

计算机是如何工作的

计算机由哪些部分组成？是怎么接受人的命令而自动进行问题求解的呢？本章主要介绍计算机是如何工作的，主要内容包括计算机系统、计算机指令与指令系统、计算机指令的执行过程和计算机对问题求解的过程。

5.1 计算机系统

计算机系统是计算机信息处理的平台和基础。尽管计算机的形式多种多样，但一个完整的计算机系统一定包括硬件系统和软件系统两部分，如图 5-1 所示。计算机硬件系统是组成计算机的各种部件和设备的总称，是组成计算机的物理实体，是计算机完成各项工作的物质基础。计算机软件系统是在计算机硬件设备上运行的各种程序、相关文档和数据的总称。计算机硬件系统和软件系统共同构成一个完整的系统，相辅相成，缺一不可。

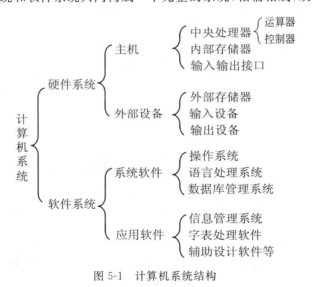

图 5-1 计算机系统结构

5.1.1 冯·诺依曼原理

硬件系统是构成计算机的物理装置，是指在计算机中看得见、摸得着的有形实体。1945

年,冯·诺依曼与其他人合作提出了一个全新的存储程序的通用电子计算机方案——EDVAC。这个方案的设计思想被誉为冯·诺依曼原理,据此设计制造的计算机称为冯·诺依曼机。

概括起来,冯·诺依曼原理包括 3 条重要设计思想。

(1)计算机应由运算器、控制器、存储器、输入设备和输出设备 5 大部分组成。

(2)程序和数据以二进制代码的形式存放在存储器中,存放位置由地址确定。

(3)计算机在控制器控制下自动地从存储器中取出指令并加以执行。

冯·诺依曼原理最重要之处在于明确地提出了程序存储和自动运行的概念,是现代计算机发展的基础。1952 年,首台冯·诺依曼机问世。

5.1.2 计算机硬件系统

计算机硬件系统是指计算机系统中由电子、机械、磁性和光电元件组成的各种计算机部件和设备。虽然目前计算机的种类很多,但其硬件系统都可以从功能上划分为五大基本模块,分别是运算器、控制器、存储器、输入设备和输出设备,它们之间的关系如图 5-2 所示。其中,单线箭头表示由控制器发出的控制信息流向,双线箭头表示数据信息流向。

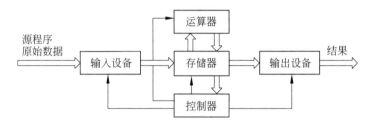

图 5-2　计算机硬件系统的组成及相互关系

1. 运算器

运算器是执行算术运算和逻辑运算的功能部件,是计算机的"计算中心"。算术、逻辑运算包括加、减、乘、除四则运算,与、或、非等逻辑运算,以及数据的传送、移位等操作。运算器运算需要的数据取自内存,运算的结果又送回内存;运算器在控制器的控制之下进行工作。

2. 控制器

控制器是整个计算机系统的调度和控制中心,它指挥计算机各部件协调地工作,保证计算机按照预先规定的目标和步骤有条不紊地进行操作及处理。

控制器首先从内存中逐条取出指令,并分析每条指令规定的是什么操作(操作码),以及进行该操作的数据在存储器中的位置(地址码);然后根据分析结果,向计算机其他部件发出控制信号。控制过程是首先根据地址码从存储器中取出数据,然后对这些数据进行操作码规定的操作,运算器及其他部件向控制器回报信息,以便控制器决定下一步的工作。

以运算器、控制器为主组成的超大规模集成电路器件称为中央处理器(Central Processing Unit,CPU),是计算机的运算和控制中心,起到管理、控制整个计算机的工作并对数据进行计算的作用。不同的微型计算机,其性能的差别首先在于其 CPU 性能的不同。

图 5-3 所示是几款常用的 CPU。

图 5-3　几款常用的 CPU

3. 存储器

存储器的功能是存储计算机程序和数据。现代计算机中的存储器是一个复杂的存储系统,第 4 章已详细介绍。

4. 输入设备

用来接受外部信息并将它们转换为计算机能识别的形式的设备是输入设备。常见的输入设备有键盘、扫描仪、鼠标器、摄像头、光笔、数字照相机等。

5. 输出设备

输出设备是将存放在内存中的计算机运算结果转变为人们所能接受的信息形式的设备。常见的输出设备有显示器、打印机、绘图仪、音响设备等。

计算机硬件系统的 5 个组成部分中,常把 CPU 和内部存储器合称为主机,而把输入设备、输出设备和外部存储器合称为外部设备,简称外设。

由于输入设备和输出设备大多是机电装置,有机械传动或物理移位等动作过程,相对而言,输入设备和输出设备是计算机系统中运转速度最慢的部件,而 CPU 是整个计算机系统中工作速度最快的部件。

实际上,计算机的硬件系统还包括为各部件提供通信服务的总线和接口设备,现在很多计算都是以总线为中心进行设计的。

5.1.3　计算机软件系统

计算机软件是为了方便用户操作、充分发挥计算机效率,以及为解决各类具体应用问题所需要的各种程序、数据和文档的总称。软件是计算机的灵魂,是发挥计算机功能的关键。有了软件,人们可以不必过多地去了解计算机本身的结构与原理,可以方便、灵活地使用计算机，从而使计算机有效地为人类服务。

随着计算机应用的不断发展，计算机软件不断积累和完善，形成了极为宝贵的软件资源。计算机软件可分为系统软件和应用软件两大类。

1. 系统软件

系统软件是管理、监控和维护计算机资源的软件，可以扩大计算机的功能、提高计算机的工作效率、方便用户使用计算机。系统软件是计算机正常运转不可缺少的。常见的系统软件有计算机操作系统、服务程序、语言处理程序和数据库管理系统等。

（1）计算机操作系统。计算机操作系统是为了合理、方便地利用计算机系统，而对其硬件资源和软件资源进行管理和控制的系统软件。操作系统具有处理机管理（进程管理）、存储器管理、设备管理、文件管理功能，由它来负责对计算机的全部软硬件资源进行分配、控制、调度和回收，合理地组织计算机的工作流程，使计算机系统能够协调一致、高效率地完成处理任务。操作系统是计算机系统中最基本的系统软件，用户对计算机的所有操作都必须在操作系统的支持下进行。

比较常见的操作系统有 Windows、UNIX、Linux 等。

（2）服务程序。现代计算机系统提供多种服务程序，它们是面向用户的软件，可供用户共享，方便用户使用计算机和管理人员维护、管理计算机，可以用于对计算机系统进行测试、诊断和故障排除，进行文件的编辑、传送、装配、显示、调试，以及进行计算机病毒检测、防治等。在软件开发的各个阶段选择合适的服务程序可以大大提高工作效率和软件质量。

常用的服务程序有编辑程序、连接装配程序、测试程序、诊断程序、调试程序等。

① 编辑程序能使用户通过简单的操作就建立、修改程序或其他文件，并提供方便的编辑环境。

② 连接装配程序可以把几个分别编译的目标程序连接成一个目标程序，并且与系统提供的库程序相连接，得到一个可执行程序。

③ 测试程序能检查出程序中的某些错误，方便用户对错误的排除。

④ 诊断程序能方便用户对计算机进行维护，检测计算机硬件故障并对故障定位。

⑤ 调试程序能帮助用户在程序执行的状态下检查源程序的错误，并提供在程序中设置断点、单步跟踪等功能。

（3）语言处理程序。要使计算机能够按照人的意愿去工作，就必须使计算机能接受人向它发出的各种命令和信息，这就需要有用来进行人和计算机交换信息的"语言"。人与计算机之间交流信息使用的语言叫计算机程序设计语言。计算机程序设计语言的发展经历了机器语言、汇编语言和高级语言 3 个阶段。

除机器语言程序可直接执行以外，其他语言编写的程序（源程序）都不能直接被计算机硬件识别和执行。所以，人们开发了一个专门的程序用于把源程序"翻译"成计算机硬件能识别的程序文件，这个起"翻译"作用的程序就是语言处理程序。语言处理程序专门为程序设计服务，属于系统软件。为了编程方便，人们常把程序编辑、翻译、调试等集成在一起，并提供一个友好界面，称为集成开发环境（Integrated Development Environment，IDE）。

（4）数据库管理系统。数据库是以一定组织方式存储起来且具有相关性的数据的集合，它的数据冗余度小，而且独立于任何应用程序而存在，可以被多种不同的应用程序共享。

也就是说,数据库的数据是结构化了的,对数据库的输入、输出及修改均可按一种公用的可控制的方式进行,使用十分方便,大大提高了数据操作的灵活性和利用率。数据库必须通过数据库系统才能发挥其作用。

数据库系统(DataBase System,DBS)通常由软件、数据库和数据管理员组成。软件主要包括操作系统、实用程序和数据库管理系统。数据库由数据库管理系统统一管理。数据管理员负责创建、监控和维护整个数据库,使数据能被任何有权使用的人有效使用。

数据库管理系统(DataBase Management System,DBMS)是对数据库中的资源进行统一管理和控制的软件,是数据库系统的核心,是进行数据处理的有力工具,数据的插入、修改和检索均要通过数据库管理系统进行。目前,被广泛使用的数据库管理系统有 SQL Server、Oracle、Access 等。

2. 应用软件

应用软件是为了解决计算机各类问题而编写的程序。它是在硬件和系统软件的支持下,面向具体问题和具体用户的软件。应用软件可分为用户程序与应用软件包。

(1)用户程序。用户程序是用户为了解决特定的具体问题而开发的软件。充分利用计算机系统的各种现成软件,在系统软件和应用软件包的支持下可以更加方便、有效地开发用户程序。各种票务管理系统、人事管理系统和财务管理系统等,都属于用户程序。

(2)应用软件包。随着计算机应用的日益广泛深入,各种应用软件的数量不断增加,质量日趋完善,使用更加方便灵活,通用性越来越强。有些软件已逐步标准化、模块化,形成了解决某类典型问题的较通用的软件,这些软件称为应用软件包(Package)。它们通常是由专业软件人员精心设计的,为广大用户提供方便、易学、易用的应用程序,帮助用户完成各种各样的工作。例如 Microsoft 公司的 Office 2016 应用软件包包含 Word、Excel、PowerPoint 等,可以帮助用户实现办公自动化。另外,还有会计电算化软件包、绘图软件包、运筹学软件包等。

系统软件和应用软件之间并不存在明显的界限。随着计算机技术的发展,各种各样的应用软件中有了许多共同的部分,把这些共同的部分抽取出来形成一个通用软件,这个通用软件就逐渐成为系统软件。

组成计算机系统的硬件和软件是相辅相成的两个部分。硬件是组成计算机系统的基础,而软件是硬件功能的扩充与完善。离开硬件,软件无处栖身,也无法工作。没有软件的支持,硬件仅是一堆废料。如果把硬件比作计算机系统的躯体,那么软件就是计算机系统的灵魂,有躯体而无灵魂是僵尸,有灵魂而无躯体则是幽灵。

5.2 怎样向计算机发命令

现代计算机作为数据处理机,其基本的工作就是对数据进行操作。作为操作对象的数据有两个来源:通过输入设备输入和由计算机内部产生。有关数据的详细内容,前面章节已做介绍,此处不再赘述。计算机是人的意愿的执行者,是对人的能力的扩充,所以计算机完成的各种操作都是根据人的命令而进行的。计算机完成了一系列的操作,也就完成了一个问题的求解,实现了某种功能。那么,人们应如何把自己的想法告诉计算机呢?计算机又是如何理解人们的意图的呢？

人们向计算机发命令也是通过计算机输入设备实现的。早期的时候，人们使用键盘向计算机发命令。随着计算机技术的发展，出现了鼠标器，这时，向计算机发命令变得方便和容易了，计算机也就越来越普及和大众化了，普通人也可以拥有和使用计算机。今天，输入设备异常丰富，使人机交互不仅形式丰富多样，而且兼顾人性化和个性化（这部分内容将在第 10 章做详细介绍）。常见的输入设备有键盘、鼠标、手写板、触摸屏、扫描仪、传声器（俗称话筒、麦克风）、摄像头、操纵杆、眼动跟踪器、位置跟踪器、压力笔等，还有智能穿戴设备以及将手势、身形、表情、眼球，甚至脑电波数据转化为计算机可识别信息的智能装置都属于计算机输入设备。

几种常用的输入设备如图 5-4 所示。

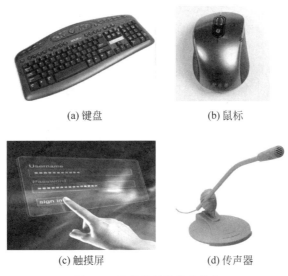

(a) 键盘　　　　　　　　　　　(b) 鼠标

(c) 触摸屏　　　　　　　　　　(d) 传声器

图 5-4　几种常用的输入设备

5.3　命令符号化和指令理解

人们向计算机发命令后，要让计算机"听见"人们的命令并"理解"人们的意图，需要经过"命令符号化"和"指令理解"两个阶段。

1. 命令符号化

（1）将命令转化为符号。人们向计算机发的命令形式多种多样，但是最终都会转化成二进制数，这个转化就由相应的输入设备完成。命令转化成二进制数的过程与数据的产生过程类似。输入设备与相应的软件结合可以区分数据和命令，而 CPU 对数据和命令的区分可以根据其在内存中存放位置的不同来完成。

例如标准键盘，作为一种基本的输入设备，它的功能就是把对某个键的敲击命令变换为二进制代码。键盘与不同的软件结合时，敲击键盘产生的二进制代码一般不相同，表达的意义也不相同。基本的英文键盘，敲击一个键产生一个 8 位的 ASCII 码；中文键盘，与中文输入法软件结合,敲击键盘产生的是汉字内码;与程序设计语言软件结合,敲击键盘产生的是程序设计语言符号,形成的是计算机程序。

又如,话筒,与辅助设备和软件结合构成声音输入设备,可以获取二进制数形式的语音数据和命令。

（2）计算机指令。在计算机科学中,指示计算机执行某种操作的命令叫作计算机指令,简称指令。可以看出,计算机指令与计算机的某种操作是对应的,却不一定与人们使用计算机时直接向计算机发的命令一一对应。因为很多计算机具有通用性和解决问题的创新性,计算机处于不同的环境、面临不同的用户可能就会接收到不同的命令,所以一种计算机碰到的命令可能会有无限多种,每条命令对应一条计算机指令是不现实的。实际的做法:根据计算机的应用需要总结出一些基本操作,给每一种基本操作规定一条计算机指令,当用计算机求解问题时,就把问题求解过程分解成一系列的基本操作,一个问题的求解就用若干条指令的组合来实现。这样,虽然只有有限的若干条指令,却可以有几乎无限多种排列组合,足够用来解决各种想要解决的问题。

对应一定功能的指令序列就是计算机程序。基于问题求解的程序编制过程称为程序设计。程序设计就是把问题求解过程步骤化、符号化的过程,是一个复杂的智力活动,具体内容将在第 6 章介绍。

所以,一般来讲,计算机用户应用计算机时向计算机所发的命令都要对应一个程序。程序是计算机运行的基础。程序设计是计算机应用的前提。

（3）指令格式。计算机指令是用二进制代码表示的。用二进制代码表示的指令结构形式叫作指令格式。一条指令通常由操作码和地址码组成,如图 5-5 所示。

| 操作码（OP） | 地址码（A） |

图 5-5　指令格式

操作码表示该指令应进行什么性质的操作。不同的指令有不同的操作码。如果某计算机的指令条数较多,它的操作码位数通常也就较多。地址码确定了操作数在内存中的位置。地址码位数越多,表明指令可以在内存中更大的范围内获取操作数。如果一条指令执行时需要多个操作数,那么指令中还可以有多个地址码。

2. 指令理解

（1）指令系统。计算机所能执行的全部指令的集合称为指令系统。指令系统描述了计算机内全部的控制信息和逻辑判断能力。不同计算机的指令系统包含的指令种类和数目一般不相同,不过基本都会包含算术运算、逻辑运算、数据传送型、输入和输出等类型的指令。指令系统是表征一台计算机性能的重要因素,它的格式与功能不仅直接影响计算机的硬件结构,而且也直接影响系统软件,影响计算机的适用范围。所以要想使计算机有强大的功能,有广阔的应用空间,就必须科学地设计指令结构和指令系统。

（2）指令存储。按照某种指令系统制作的计算机,其内部必然存储这种指令系统。指令系统由计算机生产厂家存储在计算机 CPU 的控制器中,一般不能改动。基于不同原理的计算机,其指令系统存储形式不尽相同,但都能对以二进制代码形式进入控制器的指令进行识别,并产生对应的操作。

基于计算机(内置了某种指令系统)求解某个问题时,首先设计出问题求解程序(指令序列),然后把程序存储于存储器(CPU 之外的内存)。

(3) 指令译码。所谓计算机"听到"人们的命令,是指与命令对应的指令从内存送到了计算机控制器。控制器将接收到的指令与自己保存的指令进行运算,进而"理解"接收到的指令,如果理解成功则产生对应的操作,也就是"听懂"人们的命令、知道人们的意图了。当然,如果人们用错了指令,计算机就会因理解不了我们的意图而不理我们,或者会因错误领会我们的意图而发出错误的动作。计算机科学中,对指令的"理解"过程叫作指令译码。

指令理解过程如图 5-6 所示。

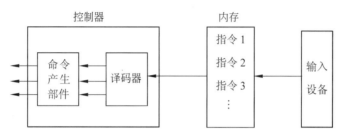

图 5-6　指令理解过程示意

5.4　指令的执行

冯·诺依曼机的工作原理是首先把程序和数据存储于存储器,然后在控制器指挥下自动地取指令和执行指令,其具体过程如下。

(1) 设计程序并存储程序。

(2) 取指令。CPU 中有专门的程序计数器(PC),其中存放着待取指令的地址,当控制器发出取指令命令后,一条指令就沿着指令总线进入控制器中的指令寄存器 IR。

(3) 分析指令。译码器根据一定的运算规则对 IR 中的指令进行运算,实施分析,识别指令的操作属性。

(4) 执行指令。控制器根据指令的操作属性发出相应的命令给功能部件,由功能部件完成指令的操作。

(5) PC 的值自动加 1,为取下一条指令做好准备。

可见,计算机的工作过程是循环完成取指令、分析指令和执行指令,如图 5-7 所示,计算机可以自动地运行下去,直到程序结束(遇到停止指令)。

需要说明的是,控制器向功能部件发的命令叫作微命令,不同于前面所说的计算机用户向计算机所发的命令。

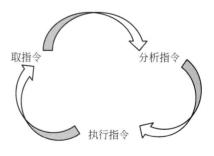

图 5-7　计算机的工作过程

5.5 计算机如何输出结果

通过执行程序,完成了对问题的求解,实现了某种功能,但效果如何呢? 计算机通常需要向用户展示或向控制对象传达计算结果,这就要使用输出设备和效果渲染软件。

输出设备可以把计算机运算的结果(一般为二进制数据)转换成人们易于接受的自然信息的形式,或者易于保存、传输的数据,或者可以对环境施加影响的命令。常见的输出设备有显示器、打印机、绘图仪、音响设备、投影机、通信设备、过程控制设备等。

可用于对效果进行渲染的软件非常多,例如,想使文档页面美观可以使用文字处理软件Word,想提高报告的演示效果可以使用 PPT 软件进行加工,想美化自己的照片可以使用Photoshop,想使自己的音乐更加震撼可使用"蝰蛇"音效软件进行加工和处理,想获得生动的 3D 图像就试试 3Delight 软件。

几种常用的输出设备如图 5-8 所示。

(a) 显示器 　　　　　　　　(b) 打印机 　　　　　　　　(c) 音箱

图 5-8　几种常用的输出设备

5.6 计算机进行问题自动求解的实例

已知 $a=2$、$b=1$、$c=4$,当变量 $x=3$ 时,函数 $y=ax+b-c$ 的值是多少? 下面介绍使用计算机对该问题进行自动求解。

1. 设计计算机

(1) 设计指令系统。经分析发现,求解该问题需要完成的操作(动作)有算术加、算术减、算术乘、取数、存数、输出(打印)、停机等 7 种,于是可以定义 7 条指令。规定指令格式并用二进制数表示,如表 5-1 所示。

表 5-1　指令系统

指　　令	操 作 码	地　址　码
加法	001	1010
减法	010	1011
乘法	011	1100

指　令	操　作　码	地　址　码
取数	101	1001
存数	110	1101
打印	111	xx
停机	000	xx

（2）选择合适的运算器、存储器和控制器。运算器应该具有加法运算、减法运算和乘法运算功能。存储器可以容纳所有的程序和数据。控制器能够控制运算器和存储器的工作。

2. 使用计算机求解

使用计算机求解的过程包括设计程序、存储程序、执行程序。

（1）设计程序，并把程序（指令和数据）以二进制数形式保存于存储器中，如图 5-9 所示。

地址	操作码	地址码
0001	101	1001
0010	011	1100
0011	001	1010
0100	010	1011
0101	110	1101
0110	111	xx
0111	000	xx
1001	a	
1010	b	
1011	c	
1100	x	
1101	y	

指令区域（0001～0111）　数据区域（1001～1101）

图 5-9　指令和数据在存储器中存放示意图

（2）在控制器指挥下，计算机自动计算。首先把首行指令地址交给程序计数器 PC，然后控制器发出取指命令，开始运行程序。程序运行过程如下。

① 取第 1 行并执行：从地址 1001 对应的存储单元中取出 a 的值送入运算器。

② 取第 2 行并执行：把 1100 单元中的 x 与运算器中的 a 相乘,结果暂存在运算器(的寄存器)中。

③ 取第 3 行并执行：把运算器中的值与 1010 单元中的 b 相加,结果仍保存在运算器中。

④ 取第 4 行并执行：把运算器中的值减去 1011 中的 c,结果暂存于运算器中。

⑤ 取第 5 行并执行：把运算器中的计算结果保存到 1101 单元(y 变量)中。

⑥ 取第 6 行并执行：打印出运算结果。

⑦ 取第 7 行并执行,任务完成,停机。

程序运行结束,即可得到求解结果：当 $x=3$ 时,函数值为 3。结果一分为二,一份存放于存储器的 y 变量(1101 单元)中,另一份打印输出以供用户阅读和长久保存。

5.7 云计算

1. 云计算概述

基于计算机的计算就是符号的变换。计算机工作的核心是指令的自动执行,实质就是计算。计算机应用的内在逻辑也是计算,可以说计算机所能为人类提供的服务全是计算服务。随着计算技术的发展,计算的平台不断变化和丰富,从单机到网络,从大型计算机到小型计算机、个人计算机再到巨型计算机。因计算平台价格相对昂贵,计算资源相对丰富,从节省资源和共享资源的角度,自然发展为拥有计算资源和使用计算资源的分离,计算服务逐步走向专业化。现代社会,很多人经常使用计算服务,希望计算服务无处不在,需要时能够随手拈来,但不善于也不愿意管理计算平台,专业化的计算服务可以满足这种需要。

随着网络带宽的不断增长,通过网络访问非本地的计算服务(包括数据处理、存储和信息服务等)的条件越来越成熟,于是云计算诞生了。之所以称作"云",是因为计算设施不在本地而在网络中,用户无须关心它们所在的具体位置,于是就沿用早期画网络图的习惯,用一朵云来形象地表示,如图 5-10 所示。

图 5-10　云计算示意

既然云计算的服务设施不受用户端的局限,就意味着它们的规模和能力不可限量。谷歌、亚马逊、微软和 IBM 等公司提供的云计算平台已经达到几十万乃至百万台计算机的规模。由于规模经济和众多新技术的应用,加之拥有很高的资源利用率,云计算的性能价格比较之传统模式可以达到惊人的 30 倍以上,这使云计算成为一种划时代的技术。

美国国家标准与技术研究院(NIST)给云计算下的定义是:云计算是一种按使用量付费的模式,这种模式提供可用的、便捷的、按需的网络访问,进入可配置的计算资源共享池(资源包括网络、服务器、存储、应用软件、服务),这些资源能够被快速提供,只须投入很少的管理工作,或与服务供应商进行很少的交互。通俗地讲,云计算就是通过大量在云端的计算资源进行计算。

基于单机的计算转变为云计算就好比是从古老的单台发电机模式转向了电厂集中供电的模式。它意味着计算能力也可以作为一种商品进行流通,就像煤气、水、电一样,取用方便,费用低廉。与其他商品最大的不同在于,计算能力是通过互联网进行传输的。

2. 云服务

云服务就是云计算提供的服务。云服务类型一般分为三个层面,即基础设施即服务、平台即服务和软件即服务。

(1)基础设施即服务 (Infrastructure-as-a-Service,IaaS)是指消费者通过 Internet 可以获得完善的计算机基础设施服务,例如硬件服务器租用。

(2)平台即服务(Platform-as-a-Service,PaaS)是指将软件研发的平台作为一种服务,以软件即服务的模式提交给用户。因此,平台即服务也是软件即服务模式的一种应用。但是,平台即服务的出现可以加快软件即服务的发展,尤其是加快软件即服务应用的开发速度,例如软件的个性化定制开发。

(3)软件即服务 (Software-as-a-Service,SaaS)是一种通过 Internet 提供软件的模式,用户无须购买软件,只需要向提供商租用基于 Web 的软件,来管理企业经营活动。

3. 云计算的特点

(1)超大规模。Google 云计算平台已经拥有 100 多万台服务器,Amazon、IBM、微软等公司的云计算平台均拥有几十万台服务器。企业私有云一般拥有数百上千台服务器。"云"能赋予用户前所未有的计算能力。

(2)虚拟化。云计算支持用户在任意位置,使用各种终端获取应用服务。所请求的资源来自"云",而不是固定的、有形的实体。应用在"云"中某处运行,用户无须了解,也不用关心应用运行的具体位置,只需要一台笔记本或者一部手机,就可以通过网络服务来实现所需要的一切,甚至包括超级计算这样的任务。

(3)高可靠性。"云"使用了数据多副本容错、计算结点同构可互换等措施来保障服务的高可靠性,使用云计算比使用本地计算机可靠。

(4)通用性。云计算不针对特定的应用,在"云"的支持下可以构造出千变万化的应用,同一个"云"可以同时支持不同的应用运行。

(5)高可扩展性。"云"的规模可以动态伸缩,满足应用和用户规模增长的需要。

(6)按需服务。"云"是一个庞大的资源池,用户可以按需购买;计算能力可以像自来水、电、煤气那样计费。

(7) 极其廉价。由于"云"具有特殊容错措施,可以采用极其廉价的结点来构成云平台;"云"的自动化集中式管理使大量企业无须负担日益高昂的数据中心管理成本;"云"的通用性使资源的利用率较之传统系统大幅提升。因此,用户可以充分享受"云"的低成本优势,经常只要花费几百美元、几天时间就能完成以前需要数万美元、数月时间才能完成的任务。

(8) 潜在的危险性。云计算服务当前垄断在私人机构(企业)手中,而它们仅仅能够提供商业信用。政府机构、商业机构(特别是银行这种持有敏感数据的商业机构)选择云计算服务时,应保持足够的警惕。一旦商业用户大规模使用私人机构提供的云计算服务,无论其技术优势有多强,都会不可避免地出现私人机构以数据(信息)的重要性挟制整个社会的现象。另外,云计算中的数据对于数据所有者以外的其他云计算用户是保密的,但是对于提供云计算的商业机构而言确实毫无秘密可言。所有这些潜在的危险,是商业机构和政府机构选择云计算服务,特别是国外机构提供的云计算服务时,不得不考虑的一个重要的问题。

4. 云计算实例

(1) 阿里云服务。阿里巴巴集团于 2009 年 9 月宣布成立子公司阿里云。阿里云专注于云计算领域的研究,依托云计算的架构提供可扩展、高可靠、低成本的基础设施服务,支撑包括电子商务在内的互联网应用发展,从而降低进入电子商务生态圈的门槛和成本,并提高效率。阿里巴巴的云计算也称为电子商务云。阿里云的定位是云计算的全服务提供商。图 5-11 是提供云服务的阿里云网站界面。

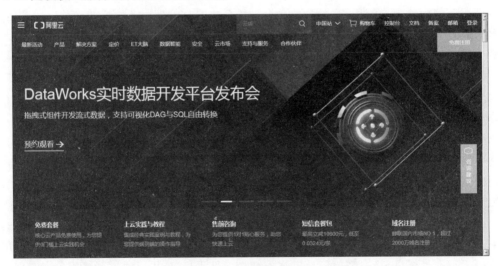

图 5-11　阿里云网站界面

阿里云为阿里巴巴集团内其他公司提供技术支持,与其他技术团队一起开发在线服务,主要提供弹性计算服务、开放存储服务、开放结构化数据服务、开放数据处理服务、关系型数据库服务等,其体系架构如图 5-12 所示。

弹性计算服务(Elastic Computer Service,ECS)即云服务器,就是基于阿里云自主研发的飞天大规模分布式计算系统,通过虚拟化技术整合 IT 资源,为各行业提供互联网基础设施服务。飞天平台负责管理实际的硬件资源,向用户提供安全、可靠的云服务器,任何硬件

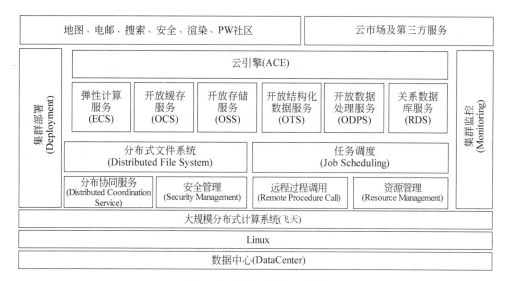

图 5-12　阿里云的体系架构

故障都可以自动恢复,同时提供防止网络攻击的功能,能够简化开发部署过程,降低运维成本,构建按需扩展的网络架构。

开放存储服务(Open Storage Service,OSS)可以对外提供海量、安全和可靠的云存储服务,按实际容量付费,具有弹性扩展、大规模并发读写、图片处理优化等特点。

开放结构化数据服务(Open Table Service,OTS)是构建在飞天分布式系统之上的NoSQL数据库服务,提供海量结构化数据的存储和实时访问。

开放数据处理服务(Open Data Processing Service,ODPS)提供针对 TB、PB 级数据的分布式处理能力,应用于数据分析、挖掘、商业智能等领域,主要特点是海量运算、数据安全、开箱即用。阿里巴巴集团的数据业务都运行在 ODPS 之上。

关系数据库服务(Relational Database Service,RDS)是通过云服务的方式让关系数据库的设置、操作和扩展更加简单、低成本、高效率地帮助企业解决费时、费力的数据库管理,使企业有更多的时间聚焦到应用和业务层面上来。RDS 支持 MySQL、MS SQL Server 两种关系型数据库,与现有的 MySQL、MS SQL Server 完全兼容,可以作为各行业中小企业的关系数据库应用,例如软件即服务化应用、电子商务网站、社区网站、手机 App、游戏等。

(2)万物云服务。近几年,智能硬件,如智能电表、智能环境传感、智能穿戴、智能家居、智能机器人等,呈爆炸式增长。然而,开发智能设备的团队面临的挑战非常大。他们不仅要解决智能硬件的技术和市场问题,还要自己研发支撑智能硬件运转的后台。智能硬件团队自己来开发数据存储处理的后台需要投入大量的人力和物力。随着智能设备用户的增加和数据规模的不断增大,数据存储和处理的性能如何保证,数据安全如何保证,将成为巨大难题。于是,云创存储在其数据立方(DataCube)产品的基础上,专门打造了面向智能硬件的公共云计算平台——万物云,其网站界面如图 5-13 所示。

万物云是一个功能丰富、简洁易用、安全可靠的物联网应用支撑平台,其核心是一个数据逻辑服务层和一套面向应用的编程接口,满足物联网应用的各个层次的数据存储、查询、处理需求,保障用户数据安全和服务稳定,并提供一系列协助用户开发调试、监控性能和优化性能的工具,其架构如图 5-14 所示。

图 5-13　万物云网站界面

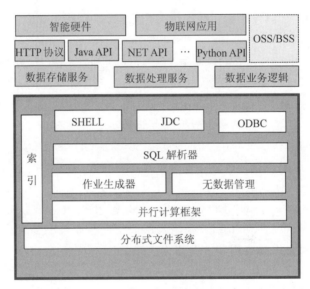

图 5-14　万物云平台架构

　　万物云主要提供数据存储服务和数据处理应用服务。数据存储服务主要包括海量、弹性、安全、高可用和高可靠的云存储服务。数据处理应用服务主要包括针对太字节、皮字节级数据的处理服务,主要应用于数据挖掘和数据智能分析等领域。

　　用户可以使用 HTTP、TCP 等协议接入智能硬件。与基于 ARM、Intel 公司的 MCU 物联网智能设备类似,可通过 SPI、RS-485、RS-232、IIC(I^2C)等接口连接各种传感器。支持 Linux、Mbed OS 等操作系统,支持多种无限传输方式。所以,万物云可以为用户提供一个涵盖数据采集、可靠传输、大数据存储和处理的完整解决方案。

　　依托万物云,云创存储研发了 PM2.5 云监测平台,将环保和云计算技术有机结合。目前已有多个大城市规模部署了 PM2.5 云监测物联网系统,配合现有的环境监测点,可准确、及时、全面地反映空气质量现状及发展趋势,为空气质量监测和执法提供技术支持,为环境管理、污染控制、环境规划等提供科学依据。

有了万物云，智能硬件研发团队只需专注于智能硬件和 App 本身，而不用花精力在后台的平台研发上。目前，万物云只向 10% 的数据量最大的客户收费，对 90% 的智能硬件团队提供免费服务。

云计算的应用会越来越广泛，并将对传统的计算机应用观念和形式产生冲击。

习题 5

1. 简述使用冯·诺依曼结构的计算机各个组成部分的功能。

2. 为什么指令和数据都要表示为二进制数？

3. 为什么计算机可以自动工作？试结合计算机指令的执行过程进行说明。

4. 有人说"计算机所完成的各种工作都是计算机指令操作的集合，所以没有指令计算机什么也不会干"，这种说法正确吗？

5. 从计算机的工作原理可以看出，计算机系统的各个部分"分工明确"而且"恪尽职守"，所以计算机才能安全、可靠地计算，才能得到广泛应用。这对我们有什么启发？

6. 什么是云计算？云计算有哪些特点？

第6章

计算机程序设计

现代社会,人们日常的工作、生产、学习和生活都已经离不开计算机的支持,而计算机所做的一切都是由程序指挥和控制的结果。计算机程序设计方法是计算机学科研究的核心内容之一,计算机程序设计的思想是计算思维的重要内容。本章重点介绍计算机程序设计的概念、程序设计的过程、程序设计语言,以及程序翻译与运行。

6.1 问题求解与程序设计

1. 认识计算机程序

现在有很多计算机看起来已经非常"聪明",比如,计算机不仅会下棋,而且能够打败人类社会的象棋冠军;计算机可以独自"驾驶"汽车把人送回家。不过,这些都只是计算机执行程序的结果。

计算机本身并不能分析问题并提出解决问题的方案,计算机求解某个问题、完成某件事情,必须由人先想出解决问题的方法和步骤,并用计算机能"听懂"的语言告诉计算机先干什么后干什么,然后由计算机去执行,最后得到问题的解。为了求解某个问题,人传达给计算机的求解问题的步骤就是程序。

程序是计算机程序的简称,是能够实现特定功能的计算机指令的有限序列,是描述对某一问题求解的步骤。这里的指令可以是机器指令、程序设计语言的语句(汇编语言的语句或者高级语言的语句),也可以是自然语句以及行为所描述的命令。

图 6-1(a)所示是一个采用流行的程序设计语言(C 语言)编写的程序,图 6-1(b)所示是用自然语言(汉语)对求解步骤的描述。执行这个 C 语言程序,计算机可以计算出半径为4.0 单位的球的面积。

2. 程序设计的概念

程序设计是给出解决特定问题的程序的过程,是软件构造活动中的重要组成部分。程序设计通常是一种复杂的智力活动,常常需要借助工具软件来进行。专门进行程序设计的人员称为程序员。程序设计使用的工具叫作程序设计语言。据统计,程序设计语言已有上千种之多。常用的程序设计语言是高级语言,大家比较熟悉的有 C、Java、Python 等。

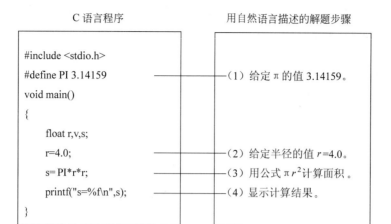

图 6-1　程序是对特定问题求解步骤的描述

3. 程序设计的一般过程

利用计算机编写程序解决实际问题时,通常要分析所求解的问题、抽象出问题的数学模型、确定数据结构和算法、选用某种程序语言编写程序,直至调试和运行程序得到正确结果。程序设计的一般过程如图 6-2 所示。

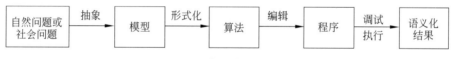

图 6-2　程序设计的一般过程

（1）问题分析与建模。对于任何问题,不管是自然界的,还是人类社会的,想要运用计算机求解,首先要对问题分析,经过抽象、简化,并用数学语言对问题进行描述,构建出问题的数学模型。把具体问题进行模型化的过程,也是数据模型构建的过程。在这个过程中,需要根据问题特征确定数据表示形式,分析数据逻辑关系,构建数据结构逻辑模型。这一阶段就是计算思维求解问题的抽象和理论形成阶段。

（2）算法分析与设计。数学方法表示的模型一般不能直接用计算机处理,还必须对模型进行形式化、步骤化处理,即设计出解题的方法和具体步骤。这个过程中常常要用到离散化和符号化的方法。

（3）编写程序。选择合适的程序设计语言对算法进行描述,就是程序编写。因为之前的算法往往是用人类熟悉和易于理解的形式表示的,必须借助程序设计语言将算法改造成计算机可以理解的形式,计算机才能按照人所设定的步骤去解决问题、获取问题答案。程序设计语言化的算法就是程序。

（4）运行程序,输出语义化结果。程序一般都是采用高级语言书写而成,必须翻译成机器语言才能被计算机运行。对程序的翻译通常由程序设计语言的编译器自动完成,然后计算机自动执行程序生成问题求解结果。求解结果一般还要通过计算机输出设备进行语义化,也就是要把计算机世界的数据结果变成结果索取者易于接受和理解的形式。

还有一项工作,虽然不是程序设计过程所必须,但是程序员必须习惯并且要善于去做,那就是编写程序文档。程序文档既是对自己工作的总结，也是与别人交流的媒介。如同正式的产品应当提供产品说明书一样，正式提供给用户使用的程序，必须向用户提供程序说明书（程序文档）。程序文档的内容一般包括程序名称、程序功能、程序运行环境、程序的安装和启动、需要输入的数据，以及使用注意事项等。

6.2 程序设计的计算思维

程序设计是计算思维的灵魂。计算思维意识的建立与能力的培养，最直接、最有效的途径就是进行程序设计。利用计算思维求解问题的基本手段也是程序设计。程序设计的计算思维主要体现在数据表示和程序构造两个方面。

1. 数据表示

用计算机求解问题首先要抽象出问题的数据模型。计算机能够求解的问题一般可以分为数值问题和非数值问题。数值问题抽象出来的数据模型通常是数学方程，例如，人们研究弹道曲线用的就是方程，飞机飞行动力模型都是一些微分和偏微分方程，预测人口增长情况的模型也是微分方程。非数值问题抽象出来的数据模型一般是线性表、树、图等数据结构。

现代计算机的基本特征是存储程序，计算机加工处理的数据以及数据之间的关系都要存储到计算机中，所以需要将抽象出的数据模型从机外表示转换成机内表示。数据表示的一般过程如图 6-3 所示。

图 6-3　数据表示的一般过程

实际上，不管是数值问题还是非数值问题，其数据表示过程都是数据结构处理过程。所谓数据结构，是指相互之间存在一定关系的数据元素的集合。数据结构可以分为逻辑结构和物理结构两个阶段。

（1）逻辑结构。逻辑结构描述的是数据元素之间的逻辑关系，常用数学模型和高级语言表示。逻辑关系包括 3 种基本结构（关系）：线性结构、树结构和图结构。

【例 6-1】　试抽象出学生管理问题的数据模型。

解：使用计算机对学生信息进行管理，主要就是对学生的各种信息表进行处理。一般情况下，表格的每一行对应一位学生的信息，称为数据元素。数据元素之间的关系只有前后的线性关系，所以可以表示为线性结构，如图 6-4 所示。

【例 6-2】　试抽象出人机对弈问题的数据模型。

解：计算机之所以能和人对弈，是因为对弈的策略已经存入计算机。在对弈问题中，计算机的操作对象是对弈过程中可能出现的棋盘状态，称为格局。格局之间的关系由对弈规则决定。以围棋为例，从一个格局可以派生出多个格局，所以格局之间的关系不是线性关系，可用树结构来描述，如图 6-5 所示。

学号	姓名	性别	德育	专业
18001	张常	男	优秀	良好
18002	唐晓	女	良好	优秀
18003	杜敏	男	优秀	优秀
⋮	⋮	⋮	⋮	⋮

(a) 学生信息表

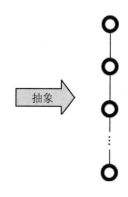

抽象

(b) 线性结构模型

图 6-4　典型的线性结构

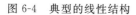

抽象

(a) 对弈中的格局　　　　　　　　　　(b) 树结构模型

图 6-5　典型的树结构

【例 6-3】 试抽象出教学计划中课程编排问题的数据模型。

解：课程信息表列出了 7 门课程以及每门课程的先修课。课程之间的先修关系,可用图结构来描述,如图 6-6 所示。

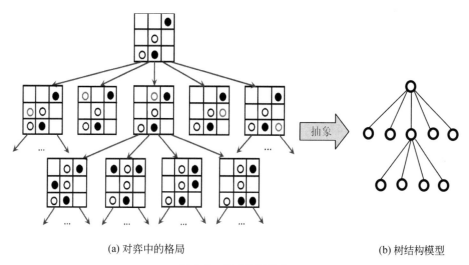

课程编号	课程名称	先修课
C_1	高等数学	无
C_2	计算机导论	无
C_3	离散数学	C_1
C_4	程序设计	C_1, C_2
C_5	数据结构	C_3, C_4
C_6	计算机原理	C_2, C_4
C_7	数据库原理	C_4, C_5, C_6

(a) 课程信息表　　　　　　　　　　(b) 图结构模型

图 6-6　典型的图结构

图结构虽然比较复杂,但在实际中的应用非常广泛,比如人们常用的导航地图,其规划路线时用的就是图结构模型。如图 6-7 所示,当人们要从起点到终点时,计算机便规划出 3 条路线。

图 6-7　基于图结构模型的路线图

(2) 物理结构。逻辑结构是从实际问题中抽象出来的数学模型,反映数据元素之间的逻辑关系;而物理结构反映数据在计算机中的存储结构,属于机器层次。基本的存储结构有以下两种。

① 顺序存储:逻辑上相邻的数据元素存储在物理位置相邻的存储单元中,数据元素之间的逻辑关系由元素的存储位置来表示。

② 链式存储:逻辑上相邻的数据元素不要求其物理位置相邻,数据元素间的逻辑关系通过指针来表示。

计算机外存的数据存储结构与内存不同。实际应用中,外存数据组织主要有文件和数据库两种。

2. 程序构造

利用计算机解决问题的最重要的一步是将人的想法描述成算法,也就是从计算机的角度引导计算机一步一步地完成这个任务。对于简单问题,可以很容易地设计出问题求解的步骤;而对于复杂问题,通常需要克服很多困难、耗费大量人力才能设计出问题求解步骤(求解方案)。问题的求解方案通过计算机程序设计语言变成计算机程序,最后翻译成计算机指令序列,供计算机执行,这个过程叫作程序构造。程序构造的一般过程如图 6-8 所示。

图 6-8　程序构造的一般过程

（1）递归与迭代。递归与迭代是把问题抽象为形式化算法的最基本的方法,在程序构造中用得较多。递归是一种重要的计算思维模式,既是抽象表达的手段,也是问题求解的重要方法,它最基本的功能就是用有限的语句来定义对象的无限集合。迭代就是反复替换,用于解决经常出现的重复性问题。递归过程包括回推和递推两个阶段,而迭代只有递推,因此迭代比递归节省计算资源。

【例6-4】　和尚年龄问题。五和尚围坐,有居士来问和尚的年龄,问答如下。

问:第5人几岁? 答:比第4人大2岁。

问:第4人几岁? 答:比第3人大2岁。

问:第3人几岁? 答:比第2人大2岁。

问:第2人几岁? 答:比第1人大2岁。

问:第1人几岁? 答:10岁。

那么第5人到底多大?

解:这是一个典型的递归问题,因为要知道第5人的年龄就必须先知道第4人的年龄,而要知道第4个人的年龄又必须先知道第3个人的年龄,依此类推,而第1个人的年龄是知道的。年龄计算过程的回推与递推如图6-9所示。

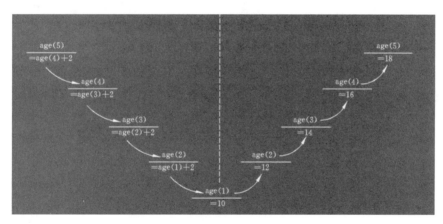

图 6-9　年龄计算过程的回推与递推

用 C 语言描述的递归算法程序如下:

```
#include<stdio.h>
int age(int n)                    /*定义一个计算第 n 个人年龄的函数*/
{
    int c;
    if(n==1)
        c=10;
    else
        c=age(n-1)+2;
    return c;
}
void main()
{
```

```
    printf("第 5 人年龄:%d\n",age(5));
}
```

而采用迭代算法的程序简单一些,代码如下:

```
#include<stdio.h>
int age(int n)                          /*定义一个计算第 n 个人年龄的函数*/
{
    int i,c;
    c=10;
    for(i=1;i<n;i++)
        c=c+2;
    return c;
}
void main()
{
    printf("第 5 人年龄是%d\n",age(5));
}
```

【例 6-5】 Fibonacci 数列计算问题。Fibonacci 数列的特点是前两项都是 1,从第 3 项开始,每一项都是前两项的和。

解:数列的项由前面相邻的两项决定,即 $Fib(n) = Fib(n-1) + Fib(n-2)$, $n \geqslant 3$,是典型的递归关系。用 C 语言描述的递归算法程序如下:

```
#include<stdio.h>
int Fib(int n)                          /*定义一个计算数列第 n 项的函数*/
{
    int F;
    if(n==1||n==2)
        F=1;
    else
        F=Fib(n-1)+Fib(n-2);
    return F;
}
void main()
{
    int n;
        scanf("%d",&n);
        printf("数列的第%d项是%d\n",n,Fib(n));
}
```

用 C 语言描述的迭代算法程序如下:

```
#include<stdio.h>
int Fib(int n)                          /*定义一个计算数列第 n 项的函数*/
{
    int F[100]={1,1},i;                 /*假设 n 不超过 100*/
```

```
    if(n==1||n==2)
        return 1;
    else
        {
            for(i=2;i<n;i++)
                F[i]=F[i-1]+F[i-2];
            return F[i-1];
        }
}
void main()
{
    int n;
        scanf("%d",&n);
    printf("数列的第%d项是%d\n",n,Fib(n));
}
```

递归是具有自相似性重复的事物,所以递归除了像上面那样进行问题求解之外还可以进行形式定义,也就是用于描述以自相似方法重复事物的过程。例如数据结构中的树状结构就是一种使用递归的形式定义。树状结构模型中,一棵树由若干棵子树构成,而子树又由若干棵更小的子树构成,树之间不相交却相似。

(2)组合。组合是以简单元素构成复杂元素,体现了由简单到复杂地求解问题的思想,也是从低层次抽象到高层次抽象的过程。程序构造过程中处处体现了组合的逻辑。以 C语言程序设计为例,程序的组合构造过程如图 6-10 所示。

图 6-10　程序的组合构造过程

基本符号按照一定的规则组合成各种标记符;运算对象和运算符组合成各种表达式;表达式按照语法规则组合成各种语句;若干语句根据逻辑和函数语法规则组合成函数以实现特定功能;若干函数通过调用构成有机整体,形成一种解决问题的方案。实际上,程序就是数据与算法的组合,可执行程序是二进制数符"0"和"1"的组合。

6.3　程序设计语言

语言是思维的工具,思维可以通过语言表达。程序设计语言是用来编写计算机程序的语言,又称计算机语言,是表达计算思维最方便的语言。程序设计语言是人们设计的专门用于人与计算机交流的工具。

程序设计语言的发展是一个不断演化的过程,其根本的动力是对抽象机制的更高要求,以及程序设计思想所提供的更好的支持。到目前为止,计算机语言的发展经过了机器语言、汇编语言和高级语言 3 个阶段。

1. 机器语言

在程序设计语言发展的过程中，最先出现的是机器语言。机器语言是直接用指令的二进制代码进行编程的程序设计语言。用机器语言编写的程序叫作机器语言程序。机器语言程序全部由0、1二进制代码组成，可以直接访问和使用计算机的硬件资源。

假如在某CPU指令系统中，指令10000000代表加运算，指令10010000代表减运算。如果要计算5−3，则机器语言程序就是00000101100100000000011（假设5和3都用8位原码表示）。

机器语言程序可以由计算机直接识别并执行，且执行效率很高。但是，不同厂商的计算机指令系统不尽相同，同一厂商的不同型号计算机的指令系统也不尽相同，所以，使用机器语言编写程序难度大，一般只有计算机专家才能完成，并且编写的程序不直观、不易查错、程序的编写效率低、可移植性差。

2. 汇编语言

随着技术的发展，人们发现用机器语言编写程序非常不方便，难读、难懂、难记、难调试、可移植性差。于是有人提出将每一条机器语言指令用助记符号来代替，这种采用助记符号来编写程序的语言称为符号语言或汇编语言。助记符常用英语的动词或动词的缩写表示。用汇编语言编写的程序称为汇编语言程序。

例如，常用ADD表示加法，用SUB表示减法，用MOV表示数据传送等，如果要表示A和B相加，则汇编语言程序就是ADD A，B。与机器语言程序相比，汇编语言程序的可读性更强，便于程序的编写、检查和修改。

汇编语言程序具有执行效率较高，阅读和理解起来相对比较方便的特点，但是汇编语言程序仍然依赖硬件，不同机器的汇编指令不同，因而编写的汇编语言程序也不同。编写汇编语言程序需要了解计算机硬件的基本结构，所以汇编语言程序的编写、阅读和调试还存在一定的难度。

汇编语言程序不能被计算机直接运行，要经过汇编，被"翻译"成机器指令后才能运行。

3. 高级语言

20世纪60年代，为了方便程序设计，以及开发功能强大的通用软件，人们发明了高级语言。

高级语言是相对于机器语言和汇编语言而言的，它是接近自然语言的编程语言。高级语言与计算机的硬件结构及指令系统基本无关，具有更强的表达能力，可以方便地表示数据的运算和程序的控制结构，能更好地描述各种算法，便于人们用更易理解的方式编写程序，容易学习和掌握。在工程计算、定理证明和数据处理等方面，人们常用高级语言来编写程序。高级语言生成的程序代码一般比汇编语言程序的代码要长，执行的速度也慢。

用高级语言编写的程序称为高级语言程序。与汇编语言程序一样，计算机也不能理解和执行高级语言程序，人们设计了各种编译程序和解释程序，将高级语言程序翻译成计算机能直接理解并执行的目标程序。

高级语言并不是特指的某一种具体的语言,而是包括很多种编程语言。常用的高级语言一般可分为面向过程的程序设计语言、面向问题的程序设计语言和面向对象的程序设计语言3类。

(1)面向过程的程序设计语言。当程序员需要使用面向过程的程序设计语言编写程序时,他们必须知道所要遵循的"过程"。程序员必须按照一定的方法将所需要解决的问题分解成相应的步骤,然后用语言把每一个步骤的操作过程表述出来。典型的面向过程的程序设计语言有 Basic、FORTRAN、Pascal、COBOL、C 等。例如图 6-1(a)所示的 C 语言程序,详细表述了求解过程。

(2)面向问题的程序设计语言。通常把面向问题的数据库系统语言称为甚高级语言。面向过程的高级语言要仔细告诉计算机每步"怎么做",而面向问题的甚高级语言只需告诉计算机"做什么",不需要告诉它"怎么做",它就会自动完成所需的操作。例如,用某数据库系统语言告诉计算机"打印 6 门课程均为 80 分以上的优秀学生名单",计算机会自动检索并打印统计结果。典型的面向问题的程序设计语言有 SQL、dBASE 等。在一个选课系统中查询选修了"大学计算机基础"课程的学生姓名,则可以使用 SQL 语言写出如下程序:

```
SELECT 学生.姓名
FROM   学生,选课,课程
WHERE 学生.学号=选课.学号 AND
      选课.课程号=课程.课程号 AND
      课程.课程名="大学计算机基础";
```

(3)面向对象的程序设计语言。对象可以是人们要进行研究的任何事物,不仅可以表示具体的事物,还能表示抽象的规则、计划或事件。面向对象程序设计以对象为核心,认为程序由一系列对象组成,对象间通过消息传递来模拟现实世界中不同实体间的联系。面向对象程序设计语言中,把具有相同特性(数据元素)和行为(功能)的对象抽象为一个类。编写程序时,可以通过类的共享、继承等实现重用,从而提高编程效率。面向对象的程序设计方法是尽可能地模拟人类的思维方式,使软件的开发方法与过程尽可能接近人类认识世界、解决现实问题的方法和过程。典型的面向对象的程序设计语言有 Java、C++、Delphi 等。

为了便于程序员进行程序设计,每一种程序设计语言都提供了一个友好的程序设计环境。广义的程序设计环境包括了所有与程序设计相关的硬件环境和软件环境;狭义的程序设计环境是指利用程序设计语言进行程序开发的编程环境。目前的编程环境大都是交互式集成开发环境,包括图形界面显示、程序编辑、程序编译、程序调试和运行等功能。有的集成开发环境还提供了丰富的资源库供程序员调用,极大地提高了编程效率。图 6-11 所示是深受程序员欢迎的、功能强大的集成开发环境——Visual C++。

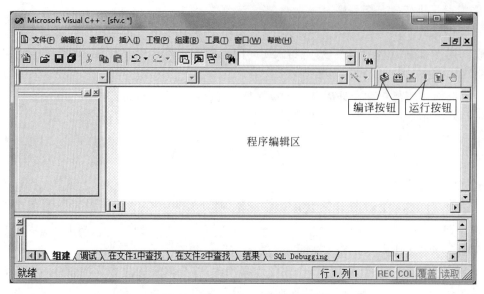

图 6-11　Visual C++集成开发环境

6.4　程序翻译与运行

利用高级语言编写的程序不能直接在计算机上运行,因为计算机硬件只能识别二进制的机器指令和数据,所以必须把高级语言程序(源程序)转换成逻辑上等价的机器指令序列(目标程序)。实现这种转换功能的是集成于开发环境的翻译程序(语言处理程序)。翻译程序也叫翻译器。不同的程序设计语言有不同的翻译程序。翻译程序的工作方式分为解释方式和编译方式,如图 6-12 和图 6-13 所示。

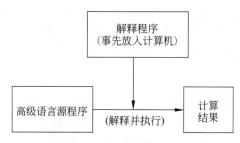

图 6-12　高级语言的解释方式

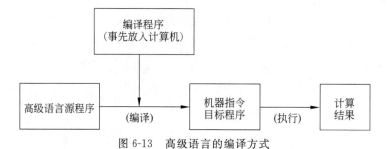

图 6-13　高级语言的编译方式

解释方式是用解释程序逐句地翻译源程序,译出一句立即执行一句,边解释边执行,如BASIC 语言。这种方式较浪费机器时间,但可少占计算机内存,而且使用比较灵活。

编译方式是用编译程序把源程序整个地翻译成机器识别的目标程序,再由计算机自动执行目标程序,效率较高。采用编译方式的高级语言有 C、C++ 等。

下面以编译为例,介绍高级语言程序的翻译过程。

1. 编译的基本功能

编译程序的基本功能是把源程序翻译成目标程序。但是,作为一个具有实际应用价值的编译系统,除了基本功能之外,还应具备以下功能。

(1)语法检查。检查源程序是否符合语法,如果不符合语法,编译程序要指出语法错误的部位、性质和有关信息。

(2)调试措施。检查源程序是否符合设计者的意图,为此,要求编译程序在编译出的目标程序中放置一些输出指令,以便目标程序运行时能输出程序动态执行情况的信息,如变量值的更改、程序执行时所经历的线路等。这些信息有助于用户核实和验证源程序是否表达了算法要求。

(3)修改手段。为用户提供简便的修改源程序的手段。编译程序通常要提供批量修改手段(用于修改数量较大或临时不易修改的错误)和现场修改手段(用于运行时修改数量较少或临时易改的错误)。

(4)覆盖处理。主要是为处理程序长、数据量大的大型程序而设置,基本思想是让一些程序段和数据共用某些存储区,其中只存放当前要用的程序或数据,其余暂时不用的程序和数据,先存放在硬盘等辅助存储器中,待需要时动态地调入。

(5)目标程序优化。提高目标程序的质量,即使目标程序占用的存储空间少,运行时间短。依据优化目标的不同,编译程序可选择实现表达式优化、循环优化或程序全局优化。目标程序优化有时在源程序上进行,有时在目标程序上进行。

(6)不同语言合用。该功能有助于用户利用多种程序设计语言编写应用程序或套用已有的不同语言书写的程序模块。最常见的是高级语言和汇编语言的合用。语言合用功能不仅可以弥补高级语言难以表达某些非数值加工操作或直接控制、访问外围设备和硬件寄存器的不足,而且还有利于用汇编语言编写部分核心程序,以提高运行效率。

(7)人机联系。便于用户在编译和运行阶段及时了解系统内部工作情况,有效地监督、控制系统的运行。

2. 编译的过程

编译程序也叫编译系统,是把用高级语言编写的面向过程的源程序翻译成目标程序的语言处理程序。编译程序把一个源程序翻译成目标程序的工作过程分为 6 个阶段:词法分析、语法分析、语义分析、中间代码生成、代码优化、目标代码生成。

(1)词法分析。词法分析的任务是对由字符组成的单词进行处理,从左至右逐个字符地对源程序进行扫描,产生一个个的单词符号,把作为字符串的源程序改造成为单词符号串的中间程序。执行词法分析的程序称为词法分析程序或扫描器。

源程序中的单词符号经扫描器分析,一般产生二元式:单词种别和单词自身的值。单词种别通常用整数编码,如果一个种别只含一个单词符号,那么对于这个单词符号来说,种别编码就完全代表它自身的值。如果一个种别含有许多个单词符号,那么对于每个单词符号来说,除了给出种别编码以外,还应给出自身的值。

例如,C 语言的编译程序在词法分析阶段会将语句"double area＝10;"分解为 5 个单词:关键字 double、标识符 area、赋值操作符＝、常量 10、语句结束标记符";"。语句"sum＝3＋2;"分解为 6 个单词:标识符 sum、赋值操作符＝、数字 3、加法操作符＋、数字 2、语句结束标记符";"。

(2) 语法分析。当向编译程序的语法分析器输入单词符号后,会分析单词符号串是否形成符合语法规则的语法单位,如表达式、赋值、循环等。最后判断是否构成一个符合要求的程序,按该语言使用的语法规则分析、检查每条语句是否有正确的逻辑结构。编译程序的语法规则可用上下文无关文法来刻画。

语法分析的方法分为两种:自上而下分析法和自下而上分析法。自上而下分析法就是从文法的开始符号出发,向下推导,推出句子;而自下而上分析法采用的是移进归约法,基本思想是用一个寄存符号的栈,把输入符号一个一个地移进栈里,当栈顶形成某个产生式的一个候选式时,即把栈顶的这一部分归约成该产生式的左邻符号。

例如,对"double area＝10;"按照自上向下的方法进行语法分析表示成语法树,如图 6-14 所示。分析结果:这是一个语法正确的变量初始化语句。

(3) 语义分析。语义分析的任务是验证语法结构合法的程序是否真正有意义,重点是进行类型检查,例如,对于语句"double area＝10;"进行语义分析,检查运算符＝两边的运算对象,发现 area 是实型变量,而 10 是整型常量,则会在语法分析得到的语法树上增加一个将整型常量转换成实型常量的语义结点 inttoreal,如图 6-15 所示。

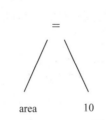
图 6-14　语法分析的语法树

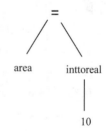
图 6-15　语义分析的语义结点

(4) 中间代码生成。中间代码是源程序的一种内部表示,又称中间语言。中间代码的作用是可使编译程序的结构在逻辑上更为简单、明确,特别是可使目标代码的优化比较容易实现。中间代码的复杂性介于源程序语言和机器语言之间。中间代码有多种形式,常见的有逆波兰式、四元式、三元式和树。

例如,对于运算式 a＋b＊c,其逆波兰式是 abc＊＋,运算时计算机先扫描到运算对象 a、b 和 c,然后扫描到运算符＊,先计算 b＊c(假定结果为 t),继续扫描到运算符＋,再计算 a＋t,从而完成 a＋b＊c 的计算。

(5) 代码优化。代码优化是指对程序进行多种等价变换,使变换后的程序生成的目标代码更有效。所谓等价,是指不改变程序的运行结果。所谓有效,主要是指目标代码运行时间较短,以及占用的存储空间较小。这种变换称为优化。

常用的优化技术有删除多余运算、代码外提、强度削弱、变换循环控制条件、合并已知量与复写传播、删除无用赋值等。

例如，一段程序代码优化前：

```
for (i=1;i<=1000;i++)
    sum=sum+x+y*2*3;
```

执行时共计需要 2000 次乘法、2000 次加法,优化后：

```
t=x+y*6;
for (i=1;i<=1000;i++)
    sum=sum+t;
```

执行时共计需要 1 次乘法、1001 次加法。可见经过代码优化,程序执行的速度可极大提高。

（6）目标代码生成。目标代码生成是编译的最后一个阶段,其主要任务是把优化后的中间代码转换成特定机器的机器语言程序（目标程序）。目标代码有 3 种形式：

① 可以立即执行的机器语言代码,所有地址都重定位；

② 待装配的机器语言模块,当需要执行时,由连接装入程序把它们和某些运行程序连接起来,转换成能执行的机器语言代码；

③ 汇编语言代码,须经过汇编程序汇编后,成为可执行的机器语言代码。

高级语言和计算机的多样性给目标代码生成的理论研究和实现技术带来很大的复杂性。目标代码的质量主要从占用存储空间和执行时间两个方面综合考虑。目标代码生成阶段常考虑的三个问题是：如何生成较短的目标代码；如何充分利用计算机中的寄存器减少访问存储的次数；如何充分利用计算机指令系统的特点。源程序编译成可执行程序的过程如图 6-16 所示。

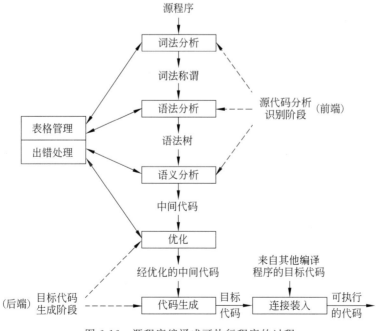

图 6-16　源程序编译成可执行程序的过程

习题 6

1. 利用计算机求解问题时,实际上计算机就做了执行程序这一件事,而其他所有事情都必须由人来完成。计算机为什么不能代替人把程序设计工作也完成了?

2. 针对给定的实际问题,如何才能写出程序? 工作的关键环节是什么?

3. 简要分析程序的翻译过程与构造过程有哪些相似的地方。

4. 由实际问题抽象出数据模型是模型化的过程,由实际问题抽象出算法是形式化描述解决方案的过程。模型化和形式化是计算思维的重要内容之一。请结合身边的事例谈谈模型化和形式化的应用。

第7章

软件很"软"吗

计算机软件是计算机系统的重要组成部分。相对硬件来说,软件是看不见、摸不着的东西,但却不是可有可无的,软件是计算机发挥功能和作用的关键。本章重点介绍计算机软件的概念及重要功能。

7.1 计算机软件概述

1. 计算机软件的概念

计算机软件简称软件,是指程序、数据与文档的集合。程序是计算任务的处理对象和处理规则的描述。文档是了解程序所需的阐明性资料。有时候程序和数据是在一起的,有时候程序和数据是分离的。程序与数据分离,不仅有利于程序的升级、数据的安全等,也促进了计算机应用。程序必须装入机器内部才能工作,文档一般是给人看的,不一定装入机器。

软件与程序是不可分的,很多时候,由于习惯和叙述方便,往往不加区分地使用"软件"和"程序"这两个词语。

软件是用户与硬件之间的接口界面。用户主要通过软件与计算机进行交流。软件是计算机系统设计的重要依据。为了方便用户,为了使计算机系统具有较高的总体效用,在设计计算机系统时,必须通盘考虑软件与硬件的结合,以及用户的要求和软件的要求。

软件和硬件不可分有两个方面的含义:一是指软件不能脱离硬件而单独存在;二是指从计算机系统设计的角度来看,软件和硬件的划分界限是不固定的。计算机系统设计的软件与硬件划分,就是指计算机系统的功能中哪些由硬件实现、哪些由软件实现,是计算机体系结构研究的重要内容之一。作为软件与硬件之间的过渡,出现了固件的概念。固件就是写入EPROM 或 EEPROM 中的程序。固件是指设备内部保存的设备"驱动程序",是承担最基础、最底层工作的软件。通过固件,操作系统才能按照标准的设备驱动实现特定设备的运行动作。计算机主板上的基本输入输出系统(Basic Input/Output System,BIOS)就是典型的固件,光驱、刻录机等设备的内部都有固件。一些硬件设备除了固件以外没有其他软件,因此固件也就决定了该硬件设备的功能及性能。

没有配置任何软件的计算机称为裸机。裸机首先安装操作系统,再安装应用软件,而用户通常通过应用软件与计算机打交道,如图 7-1 所示。

图 7-1 计算机系统的层次

2. 计算机软件的含义

（1）运行时，能够提供所要求功能和性能的指令或计算机程序的集合。

（2）程序能够处理信息的数据结构。

（3）描述程序功能需求、程序操作和使用要求的文档。

3. 计算机软件的特点

（1）计算机软件与一般作品的目的不同。计算机软件多用于某种特定目的，如控制一定的生产过程，使计算机完成某些工作；而文学作品则是为了阅读和欣赏，满足人们精神文化生活的需要。

（2）要求法律保护的侧重点不同。著作权法一般只保护作品的形式，不保护作品的内容；而计算机软件则要求保护其内容。

（3）计算机软件语言与作品语言不同。计算机软件语言是一种符号化、形式化的语言，其表现力十分有限；文字作品则使用人类的自然语言，其表现力十分丰富。

（4）计算机软件可援引多种法律保护，文字作品则只能援引著作权法。计算机软件可以适用的法律法规有《计算机软件保护条例》《计算机软件著作权登记办法》《中华人民共和国著作权法》等。

7.2　计算机软件的种类

在计算机软件系统中，起支持、管理、服务作用的软件常称为系统软件，而负责解决具体问题、实现某种功能应用的软件称为应用软件。现代社会，计算机应用十分普遍，而这与软件的应用是分不开的。下面根据软件的功能进行分类，并对常用软件进行简单介绍。

1. 资源管理软件

计算机系统中有丰富的资源，如计算资源、存储资源、数据资源、软件资源、设备资源等。用户使用计算机就是使用计算机的资源，既有一个用户一次使用多种资源的情况，也有很多用户同时使用同一资源的情况；既有本地访问资源的形式，也有远程访问资源的形式。所以，必须对计算机系统资源进行科学、有效地管理，计算机系统才能发挥出最大的效能，满足各种用户的应用需求。

计算机操作系统是专门对计算机系统资源进行管理的系统软件。由于计算机系统分为单机系统和网络系统，所以计算机操作系统也有单机操作系统和网络操作系统之分。今天，单纯的单机系统几乎不存在了，人们面对的计算机不是网络终端就是网络主机。

比较有名的操作系统有 DOS、Windows、UNIX、Linux、Mac OS、Android、iOS 等。本书第 8 章将对计算机操作系统做详细介绍。

2. 数据通信软件

在计算机应用中，经常要进行数据通信，计算机网络的基本功能之一就是数据通信。数据通信也是由软件来实现的。

处于计算机网络底层进行数据传输的软件常称为协议。协议是指双方实体完成通信或服务所必须遵循的规则和约定，包括数据单元使用的格式、含义、连接方式、时序等。互联网中的通信协议有 HTTP、TCP/IP、UDP、SMTP、FTP、DNS 等。无线网中常用的协议有WiFi(Wireless Fidelity)、蓝牙(Bluetooth)、ZigBee 等。设备之间进行串行通信的协议RS-232、RS-485、USB(Universal Serial Bus)、IEEE 1394 等。

处于计算机网络应用层进行数据传输的软件称为应用软件，如即时通信软件 QQ、微信等。

3. 数据管理与处理软件

数据是计算机计算的对象。大量的数据必须进行科学的组织和管理才能被计算机访问和计算。大量的数据通过分析、处理才能发挥出其最大价值。计算机内存中的数据是通过程序直接管理的。计算机外存中的数据是通过操作系统和数据库软件进行管理的。数据的分析、处理通常需要专门的数据分析和处理软件。

人们每天打交道的各种商务网站以及管理信息系统都离不开数据库，而对数据库进行开发、维护、管理等需要使用数据库管理系统软件，比较流行的数据库管理系统软件有Oracle、MySQL、Access、MS SQL Server 等。

数据库通常都有数据分析、处理功能，但很多时候人们往往还需要比较专业的数据分析和处理软件。数据分析软件工具有很多，用户可根据不同的应用目标进行选择。例如日常办公的数据表格处理，可以选择办公软件中的 Excel 或 WPS 表格；如果数据比较多，用户结构也比较复杂，可以选择使用数据库系统；如果是进行特殊的数据处理，可以使用MATLAB、Python 等编程软件开发自己的数据处理程序；也可以选择专业级的数据处理软件 SPSS(Statistical Product and Service Solutions)、SAS(Statistical Analysis System)等。

4. 数据安全软件

现代社会，数据越来越重要，人们也越来越重视数据的安全性。采取数据安全措施的目的是尽量让数据不丢失、不损坏、不泄露，避免非授权获取等。威胁数据安全的因素既有人为因素，也有技术因素，所以提高数据安全既要不断提高安全技术，也要加强管理。

1）采取数据安全措施的目的

通过数据安全措施，应当使数据具有机密性、完整性和可用性。

（1）机密性。机密性又称保密性，是指个人或团体的信息不为其他不应获得者获得。在计算机中，许多软件，如邮件软件、网络浏览器等，都有保密性相关的设定，用于维护用户资料的保密性。

（2）完整性。完整性是指在传输、存储或处理数据的过程中，确保数据不被未授权篡改或者在篡改后能够被迅速发现。

（3）可用性。可用性是一种以用户为中心的设计概念。以互联网网站的设计为例，希望用户在浏览的过程中不会产生压力或感到挫折，并使用户在使用网站功能时，用最少的努力发挥最大的效能。基于这个原因，任何有违信息可用性的规定都视为违反信息安全的规定。因此，世界上不少国家都有要求保持信息可以不受限制地流通的举措。

2）威胁数据安全的因素

威胁数据安全的因素有很多，主要有以下几个方面。

（1）硬盘驱动器损坏：一个硬盘驱动器的物理损坏意味着数据丢失。设备的运行损耗、存储介质失效、运行环境的破坏等，都会对硬盘驱动器设备造成影响。

（2）人为错误：使用者可能会误删除系统的重要文件，或者修改影响系统运行的参数，以及没有按照规定操作或操作不当导致系统死机。

（3）黑客：入侵者借助系统漏洞、监管漏洞等通过网络远程入侵系统。

（4）病毒：计算机感染病毒而招致破坏，甚至可能造成重大经济损失。计算机病毒的复制能力强，感染性强，特别是在网络环境下，传播性更强。

（5）信息窃取：从计算机上复制、删除信息或直接窃取计算机。

（6）自然灾害：不可抗拒的外力损坏了数据载体导致数据丢失。

（7）电源故障：电源供给系统故障，如一个瞬间功率过载，会损坏在硬盘或存储设备上的数据。

（8）电磁干扰：很多数据存储介质都惧怕强电磁干扰。

3）软件在数据安全中的作用

软件在保护数据安全方面有着不可替代的作用。常用的数据安全软件类型有杀毒类（例如金山毒霸）、数据备份与恢复类（例如 Ghost、EasyRecovery）、加密类等。

（1）杀毒类软件。计算机病毒是一种人为编制的、专门干扰或破坏计算机系统正常工作的计算机程序。计算机病毒具有非授权可执行性、隐蔽性、传染性、破坏性、潜伏性、可触发性等特征。计算机病毒可以破坏计算机内存、文件，可以使计算机运行异常，甚至可以破坏硬盘。总之，计算机病毒的基本功能就是破坏计算机系统。曾经造成极大破坏的有"蠕虫"（Worm）病毒、"特洛伊木马"病毒、CIH 病毒、"熊猫烧香"病毒、勒索病毒等。

人们对计算机病毒的防治往往具有后发性，因此必须加强预防。计算机病毒的主要防范措施如下。

① 预防为主，切断传染途径。

② 依法治毒，增强网络安全意识。

③ 使用正版杀毒软件。

常用的杀毒软件有金山毒霸、瑞星杀毒、360 安全卫士等。

金山毒霸是金山网络旗下研发的云安全智能反病毒软件，融合了启发式搜索、代码分析、虚拟机查毒等经业界证明成熟、可靠的反病毒技术，在查杀病毒种类、查杀病毒速度、未知病毒防治等多方面达到先进水平，同时具有病毒防火墙实时监控、压缩文件查毒、查杀电子邮件病毒等多项先进的功能。从 2010 年 11 月 10 日 15 点 30 分起，金山毒霸（个人简体中文版）的杀毒功能和升级服务永久免费。图 7-2 是金山毒霸 11 的工作界面，如果想快速杀毒（只检查关键项）可以单击"闪电查杀"按钮，如果想对计算机做全面检查可以单击"全面扫描"按钮。另外，可以使用"垃圾清理"命令清除计算机系统的各种垃圾文件和操作记录（见图 7-3），还可以使用"软件管家"功能删除计算机中不用的软件。

（2）数据备份与恢复类软件。备份是防止数据丢失、提高数据安全性最常用的方法之一。根据所使用手段的不同，备份可以分为 3 种：硬件级、软件级和人工级。硬件级备份是指用那些冗余的硬件来保证系统与数据的安全，如磁盘镜像、磁盘阵列、双机容错等。软件级备份是指用一些备份软件将个人认为重要的数据备份到合适的地方，当系统数据丢失时可以用相应的恢复软件将系统恢复到备份的状态。人工级备份就是进行人为的、手工的数

图 7-2　金山毒霸 11 的工作界面

图 7-3　金山毒霸清理系统垃圾

据备份,最简单有效,但效率低下。软件级备份最常用。常用的备份软件有 Windows 备份工具、驱动精灵、Ghost、超级兔子等。一般用户经常进行的备份操作有文件备份、驱动程序备份、系统备份、分区备份、硬盘备份等几种。

① 基于 Windows 资源管理器进行文件备份。为了提高计算机文件的安全性和管理的方便性,常常把一个硬盘分成多个逻辑盘,每一个逻辑盘存放不同类型的数据,比如可以把 C：盘作为操作系统专用盘,D：盘专门安装应用软件,E：盘作为数据备份盘专门存放重要文件。

平时应该养成对重要文件进行及时备份的习惯。在使用软件编辑文档或者编写程序时,除了正常存盘以外可以再在数据备份盘上保存一份;也可以在每次关闭计算机之前通过 Windows 资源管理器把重要的文件复制到数据备份盘上。这样,即使软件因为出现了问题而重新安装,或者格式化 C：盘,重要文件也不会受到任何破坏。

② 计算机操作系统的备份与还原。计算机操作系统是现代计算机系统的核心。计算机操作系统的安全性也常常受到威胁。Windows 操作系统一般都自带系统备份与还原工具。在系统状态良好时，可以利用 Windows 自带的备份工具对系统进行备份，一旦系统运行出现异常就可以从备份中还原原来的系统，从而消除系统运行异常。图 7-4 是 Windows 7 自带的备份和还原工具，基于该窗口可以轻松完成操作系统的备份和还原操作。

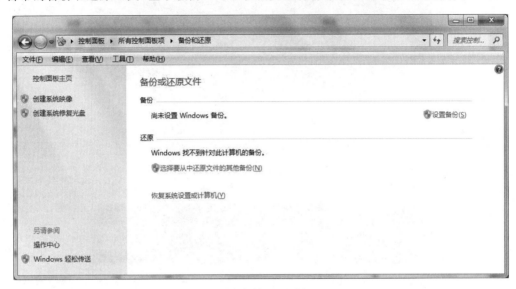

图 7-4　备份和还原窗口

③ 逻辑盘和硬盘的备份。利用 Windows 自带工具进行系统的备份与还原，显然需要依赖 Windows 操作系统自身，也就是说如果 Windows 操作系统严重瘫痪，也就不可能还原了。安全性更高的做法是利用 Ghost 软件对一个逻辑盘或者整个硬盘进行备份。Ghost (General Hardware Oriented System Transfer)软件是美国 Symantec 公司推出的硬盘备份还原工具，可不依赖操作系统而独立运行，可以实现 FAT16、FAT32、NTFS 等多种分区格式的逻辑盘与硬盘的备份和还原，俗称"克隆"软件。Ghost 的备份和还原是按照硬盘上的簇进行的，所以备份最彻底，既包括系统文件又包括驱动程序和应用软件，而且还原速度相当快。Ghost 既可以对整个硬盘进行备份，也可以对一个逻辑盘进行备份；既可以进行逻辑盘到逻辑盘、硬盘到硬盘的直接备份，也可以把硬盘或逻辑盘备份成镜像文件，然后像普通文件一样随时使用。另外，Ghost 还支持网络硬盘之间的备份。

把本地硬盘备份成一个镜像文件的操作如图 7-5 所示。镜像文件可以长久保存于另外的存储设备中，以备不时之需。

④ 文件修复。数据文件在存储、传递、使用过程中可能会遭受损坏，有时也会被误删除。当这种事情发生时，可以使用数据恢复软件把丢失的数据找回来。常用的数据恢复软件有数据恢复大师、Speed Recovery、DiskGenius、EasyRecovery 等。

EasyRecovery 是由 Ontrack 公司开发的，是目前最流行的数据恢复软件之一。它不仅能够对 FAT、NTFS 分区中的文件删除、格式化、分区造成的数据丢失进行恢复，还能够在 FAT 和 FDT 被破坏的情况下恢复数据，另外还可以修复受损的 Excel、Word、PowerPoint、Zip 文件和 Outlook 电子邮件，工作界面如图 7-6 所示。EasyRecovery 在恢复数据的过程中不重写硬盘,可以避免因写盘而造成新的数据丢失。

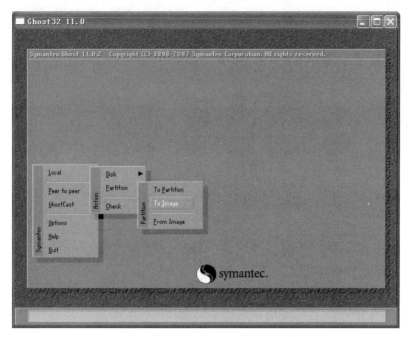

图 7-5　把本地硬盘备份成一个镜像文件

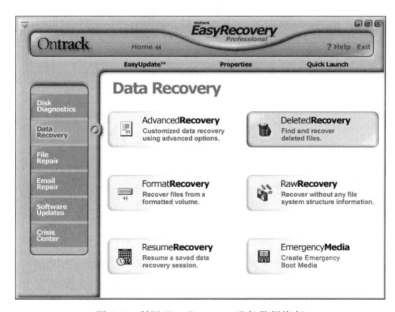

图 7-6　利用 EasyRecovery 进行数据恢复

（3）加密类软件。加密是信息安全中的一个重要概念,目前已有很多的加密理论和技术。这里所介绍的文件加密是指普通计算机用户通过一些常用软件对文件的访问权限进行管理的方法,这些方法虽然简单,却可以有效提高计算机数据的安全性。

① Office 文档的加密保护。为了提高文档的安全性,Office 中的 Word、Excel 和 PowerPoint 均提供了对其文件进行加密的功能。例如,在 Word 文件编辑窗口中执行"文

件"命令,打开如图 7-7 所示窗口,然后在"保护文档"下拉菜单中选择"用密码进行加密"选项,即可打开"加密文档"对话框,如图 7-8 所示。输入文件密码,单击"确定"按钮,再保存该文件并退出 Word,即完成了对一个 Word 文档的加密。未获得授权的人无法打开加密的 Word 文档。

图 7-7　文件信息窗口

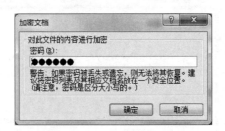

图 7-8　"加密文档"对话框

　　Excel 工作簿和 PowerPoint 演示文稿的加密方法与 Word 文档的加密方法一样,此处不再详述。

　　② 压缩文件的加密。为了节省数据的存储空间和传输带宽,人们研究出了各种数据压缩技术。压缩技术的基本原理是通过某种特殊的编码方式使数据信息的冗余度有效地降低,从而达到数据压缩的目的。例如,一个文件的内容是 11100000000…000001111(中间有 1×10^4 个零),若要完全写出来会很长很长(一万多个二进制数符),但如果写成"111 一万个零 1111",也能表达同样的信息,却只用了 11 个字符,这样该文件占用的空间就小得多。市场上有很多专门的文件压缩解压软件,使我们可以方便地进行文件的压缩解压。常见的文件压缩软件有 WinRAR、快压(kuaiZip)、好压(HaoZip)等。在使用这些压缩软件进行文件压缩时,一般还可以进行加密,从而提高压缩文件的安全性。

WinRAR 是常用的文件压缩和解压工具。它不仅具有操作简单、压缩速度快的特点，而且具有对压缩文件加密的功能。只有得到压缩密码的用户才能解压带密码的压缩文件。如果我们想对一个文件或文件夹压缩并加密，可以首先打开 WinRAR，选择需要压缩的文件夹或文件，如图 7-9 中的"新建文件夹"；单击工具栏上的"添加"按钮，打开"压缩文件名和参数"对话框，进行常规设置后打开"高级"选项卡，如图 7-10 所示；单击"设置密码"按钮，打开"带密码压缩"对话框，如图 7-11 所示，输入密码后单击"确定"按钮，返回"压缩文件名和参数"对话框，单击"确定"按钮。至此，WinRAR 便自动完成了文件夹的压缩与加密。如果想打开此压缩文件必须拥有所设置的密码。

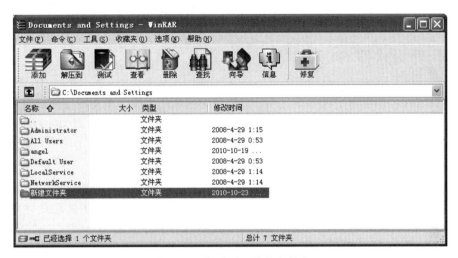

图 7-9　选择需要压缩的文件夹

图 7-10　设置压缩文件参数

图 7-11　设置压缩文件密码

5. 应用

应用是人们为了利用计算机对所遇问题进行求解而开发的软件，人们习惯将智能手机的移动互联网应用称为 App，是数量最多、功能最丰富的软件，涵盖人们生活、学习、工作、娱乐等各个方面。

作为一名学生,早上起床,打开手机查看"天气预报"以确定今天穿戴;洗漱完毕去跑步,打开"计步器"对运动状况进行监控;吃早饭时看一下"新闻头条"、上一下"热搜";上课了,打开"在线课堂";中午,上"美团"点个外卖,扫一下"二维码"支付;晚上想去图书馆自习,赶紧上网"预约"一下座位;休息前写一下"日志",使用"闹钟"设定明早起床时间;哦对了,几天后就是小假期了,需要做个旅行计划,打开"12306"订车票,上"携程"订酒店。可见,一天当中,App 一直伴我们左右。

总之,计算机软件是计算机功能得以发挥的关键,是计算机系统的"灵魂"。软件并不"软",是我们生活、学习的伴侣,是我们开拓创新、披荆斩棘的利器。

7.3 计算机软件的应用

计算机软件可以应用于自然、社会、思维等各个领域。下面介绍几种常见的应用软件的应用,一方面让大家对软件的强大功能有一个清晰的感受,另一方面提高大家对"基于计算机的问题求解"的认识。

7.3.1 文字处理

今天,文字依然是人们学习知识和交流思想的重要方式,因此,文字处理是计算机最重要的应用之一。计算机文字处理软件能够协助人们进行字符编辑、文档编排、格式设置、打印输出等。办公软件包中一般都包含字处理模块,专门负责文字处理。现有的中文文字处理软件主要有微软公司的 Word、金山公司的 WPS、永中 Office 和开源的 OpenOffice 等。

1. 图文混排文档制作

对图 7-12 中的文字进行编辑,归纳出标题,诗句做成艺术字,插入符合意境的图片,做成图文混排的文档,使页面美观。

十里平湖霜满天,寸寸青丝愁华年。对月形望单相护,只羡鸳鸯不羡仙。
大意是参考《白衣卿相诗集别思》一诗,如果硬要说作者,则应该是《倩女幽魂》一片的编剧阮继志或监制徐克,因这首诗首出徐克导演的《倩女幽魂》中的一幅画上,原文是:"十里平湖霜满天,寸寸青丝愁华年。对月形望单相护,只羡鸳鸯不羡仙。"不过在此之前,1959年李翰祥导的《倩女幽魂》,则有:"十里平湖绿满天,玉簪暗暗惜华年。若得雨盖相护,只羡鸳鸯不羡仙。"可见徐版又改自李版。

图 7-12 要求编辑的文字

此处选择微软的 Word 来解决这个问题,因为 Word 是目前最流行的字处理软件之一,功能强大,操作方便,用户可以利用它制作报表、信函、传真、公文、报纸和书刊等文档,并且可以在文档中插入图形、图片和表格等各种对象,从而编排出图、文、表并茂的文档。

(1) 启动 Word,打开图 7-13 所示窗口,并自动建立了一个空白文档。

(2) 在编辑区编辑文字,添加一个标题"倩女幽魂",字号比正文文字大两号,居中对齐;将四句诗分行,将段落首行缩进 2 个字符;文字设为华文行楷。效果如图 7-14 所示。

(3) 选中诗词内容,单击"插入"选项卡中的"艺术字",在弹出的菜单中选择一种合适的艺术字样式,效果如图 7-15 所示。

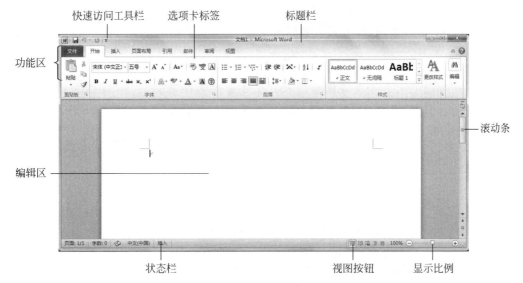

图 7-13　Word 窗口

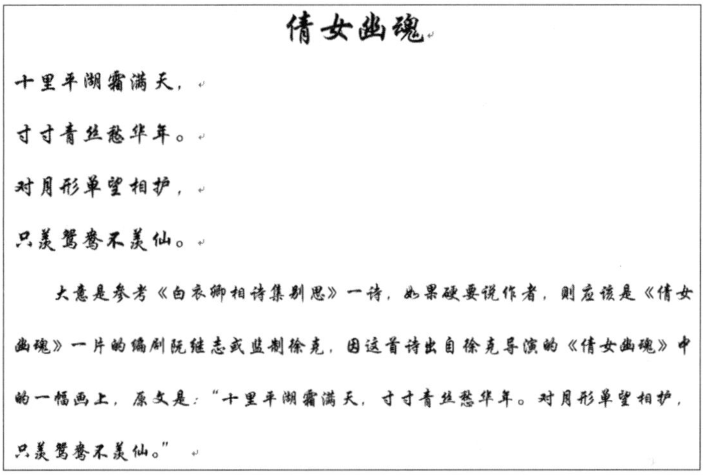

快速访问工具栏　选项卡标签　标题栏

功能区

滚动条

编辑区

状态栏　视图按钮　显示比例

倩女幽魂

十里平湖霜满天，

寸寸青丝愁华年。

对月形单望相护，

只羡鸳鸯不羡仙。

　　大意是参考《白衣卿相诗集别思》一诗，如果硬要说作者，则应该是《倩女幽魂》一片的编剧阮继志或监制徐克。因这首诗出自徐克导演的《倩女幽魂》中的一幅画上，原文是："十里平湖霜满天，寸寸青丝愁华年。对月形单望相护，只羡鸳鸯不羡仙。"

图 7-14　格式设置效果一

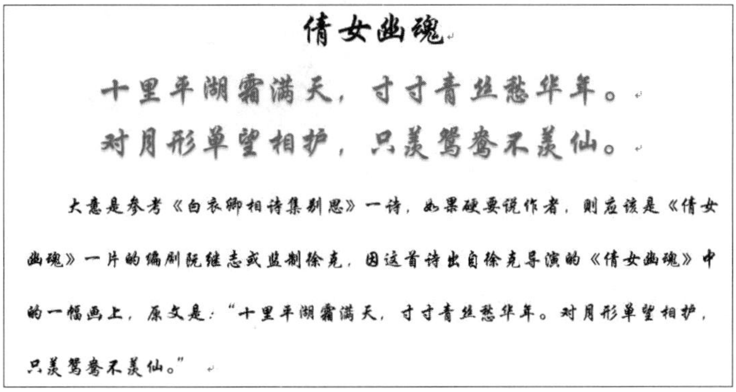

倩女幽魂

十里平湖霜满天，寸寸青丝愁华年。
对月形单望相护，只羡鸳鸯不羡仙。

　　大意是参考《白衣卿相诗集别思》一诗，如果硬要说作者，则应该是《倩女幽魂》一片的编剧阮继志或监制徐克。因这首诗出自徐克导演的《倩女幽魂》中的一幅画上，原文是："十里平湖霜满天，寸寸青丝愁华年。对月形单望相护，只羡鸳鸯不羡仙。"

图 7-15　格式设置效果二

（4）单击"插入"选项卡下的"图片"按钮，在弹出的"插入图片"对话框中选择一个符合意境图片，单击"插入"按钮，图片就会被插入到文档中，效果如图 7-16 所示。

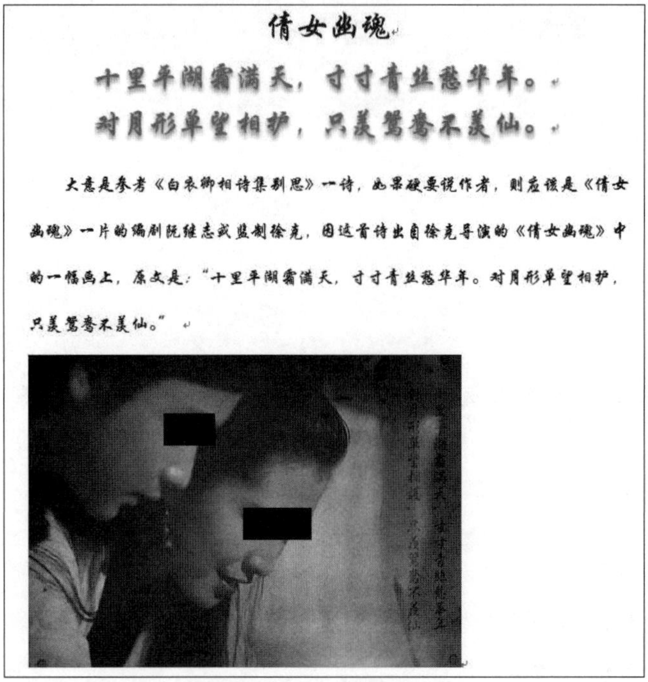

图 7-16　格式设置效果三

（5）选中图片，设置图片格式为"四周型"文字环绕，然后再把图片拖到合适位置并设置合适的大小，得到最终的图文混排效果，如图 7-17 所示。

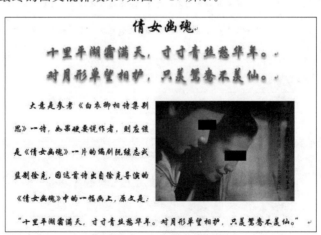

图 7-17　图文混排效果

2．制作计划表

使用 Word 制作如图 7-18 所示的新员工培训计划表。

（1）新建 Word 文档，设置"纸张方向"为横向。

图 7-18　新员工培训计划表

（2）输入"新员工培训计划表"，设置为三号宋体加粗，居中对齐；换一行输入"编号"，设置为四号黑体左对齐。

（3）换一行，执行插入表格命令，如图 7-19 所示，插入一个 10 行 10 列的表格，合并有关的单元格。

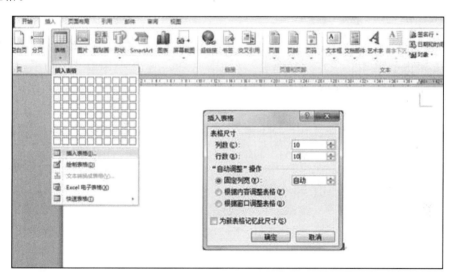

图 7-19　插入一个 10 行 10 列的表格

（4）在表格中输入要求的文字，设置表中文字为四号黑体，单元格居中对齐。

（5）表格下方空一行，然后输入"经理""审核""拟订"，它们之间插入若干空格，格式设置为四号黑体。

7.3.2　电子表格处理

普通的数据分析处理使用办公软件即可完成。在 Microsoft Office 中，专门负责数据处理的是电子表格 Excel；在 WPS Office 中，专门负责数据处理的是电子表格模块。下面以电子表格 Excel 为例进行数据处理的介绍。

编辑如图 7-20 所示表格，进行均价和总计计算，并进行销售状况分析。

A 项目	B 总套数	C 销售套数	D 销售额/万元	E 均价/万元
万科金色梦想	120	100	5864	58.64
保利大都会	161	150	8988	59.92
碧桂园凤凰城	222	130	4000	30.77
越秀天静湾	270	260	12000	46.15
绿地城	221	180	3800	21.11
富力公主湾	225	89	6708	75.37
万科山景城	127	80	8562	107.03
华润万绿湖	275	270	7700	28.52
假日半岛	128	120	5000	41.67
万达文化城	214	180	6800	37.78
总计	1963	1559	69422	

图 7-20　Excel 数据处理的结果

（1）启动 Excel，建立工作簿，打开 Excel 工作窗口，如图 7-21 所示。

图 7-21　Excel 工作窗口

（2）输入"项目""总套数""销售套数""销售额/万元""均价/万元"作为字段名，然后输入原始数据，如图 7-22 所示。

（3）对数据和表格进行格式设置。双击每列右边的分界线，调整列宽到合适值。利用"开始"选项卡下"字体"组和"对齐方式"组中的按钮，调整表格中的字体字号和对齐方式，效果如图 7-23 所示。

（4）数据计算。

① 计算均价。选中 E2 单元格，在其中输入"＝D2/C2"，然后按回车键确认，计算出"万科金色梦想"的均价。

选中 E2 单元格，打开"设置单元格格式"对话框中，选择"数字"选项卡下"分类"组中的"数值"按钮，并将"小数位数"设置为 2，然后单击"确定"按钮。

	A	B	C	D	E
1	项目	总套数	销售套数	销售额/万元	均价/万元
2	万科金色梦	120	100	5864	
3	保利大都会	161	150	8988	
4	碧桂园凤凰	222	130	4000	
5	越秀天静湾	270	260	12000	
6	绿地城	221	180	3800	
7	富力公主湾	225	89	6708	
8	万科山景城	127	80	8562	
9	华润万绿湖	275	270	7700	
10	假日半岛	128	120	5000	
11	万达文化城	214	180	6800	
12	总计				

图 7-22 原始数据

	A	B	C	D	E
1	项目	总套数	销售套数	销售额/万元	均价/万元
2	万科金色梦想	120	100	5864	
3	保利大都会	161	150	8988	
4	碧桂园凤凰城	222	130	4000	
5	越秀天静湾	270	260	12000	
6	绿地城	221	180	3800	
7	富力公主湾	225	89	6708	
8	万科山景城	127	80	8562	
9	华润万绿湖	275	270	7700	
10	假日半岛	128	120	5000	
11	万达文化城	214	180	6800	
12	总计				

图 7-23 格式化效果

再将鼠标移动到 E2 单元格右下角的小方块上，按下鼠标左键，向下拖曳鼠标到 E11 单元格，计算出所有的均价，效果如图 7-24 所示。

E2			fx	=D2/C2	
	A	B	C	D	E
1	项目	总套数	销售套数	销售额/万元	均价/万元
2	万科金色梦想	120	100	5864	58.64
3	保利大都会	161	150	8988	59.92
4	碧桂园凤凰城	222	130	4000	30.77
5	越秀天静湾	270	260	12000	46.15
6	绿地城	221	180	3800	21.11
7	富力公主湾	225	89	6708	75.37
8	万科山景城	127	80	8562	107.03
9	华润万绿湖	275	270	7700	28.52
10	假日半岛	128	120	5000	41.67
11	万达文化城	214	180	6800	37.78
12	总计				

图 7-24 计算出均价

② 计算总计。选中 B12 单元格，单击"公式"选项卡下"函数库"组的"插入函数"按钮。在弹出的"插入函数"对话框中选择 SUM 函数，如图 7-25 所示，单击"确定"按钮。

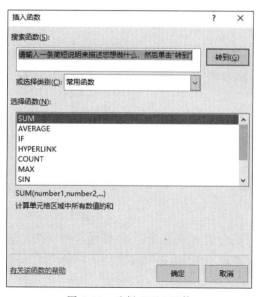

图 7-25 选择 SUM 函数

在"函数参数"对话框中，Number1 文本框中输入"B2：B11"（默认即是），如图 7-26 所示，然后单击"确定"按钮。这时，单元格 B12 中就出现了"总套数"的总计，即 1963。

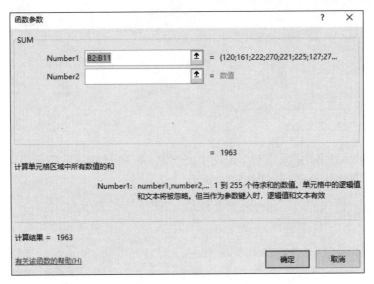

图 7-26　编辑函数参数

设置 B12 单元格，使其格式与其他单元格一致。再将鼠标移动到 B12 单元格右下角的小方块上，按下鼠标左键，向右拖曳鼠标到 D12，计算出所有字段的总计，效果如图 7-20 所示。

（5）数据分析。如果想了解销售排行情况，可以进行排序。选中"销售套数"列中任意单元格，单击"开始"选项卡下"编辑"组的"排序和筛选"按钮，在弹出的"排序和筛选"菜单中，选择"降序"命令，如图 7-27 所示。表中的记录即按照销售套数的降序排序进行排列，如图 7-28 所示。这样，可以很方便地了解到销量最好的是华润万绿湖，销量最差的是万科山景城。

图 7-27　排序菜单

	A	B	C	D	E
1	项目	总套数	销售套数	销售额/万元	均价/万元
2	华润万绿湖	275	270	7700	28.52
3	越秀天静湾	270	260	12000	46.15
4	绿地城	221	180	3800	21.11
5	万达文化城	214	180	6800	37.78
6	保利大都会	161	150	8988	59.92
7	碧桂园凤凰城	222	130	4000	30.77
8	假日半岛	128	120	5000	41.67
9	万科金色梦想	120	100	5864	58.64
10	富力公主湾	225	89	6708	75.37
11	万科山景城	127	80	8562	107.03

图 7-28　排序结果

为了把数据分析结果更加直观地呈现出来，可以制作一张图表。选中 A1：A11 和 C1：C11 单元格。单击"插入"选项卡下"图表"组的"插入柱形图或条形图"按钮，在弹出的菜单中单击"簇状柱形图"，数据表中就出现了一张图表，如图 7-29 所示。

然后利用"图表设计"选项卡上的按钮对图表进行格式设置和美化，最后得到如图 7-30

	A	B	C	D	E
1	项目	总套数	销售套数	销售额/万元	均价/万元
2	万科金色梦想	120	100	5864	58.64
3	保利大都会	161	150	8988	59.92
4	碧桂园凤凰城	222	130	4000	30.77
5	越秀天静湾	270	260	12000	46.15
6	绿地城	221	180	3800	21.11
7	富力公主湾	225	89	6708	75.37
8	万科山景城	127	80	8562	107.03
9	华润万绿湖	275	270	7700	28.52
10	假日半岛	128	120	5000	41.67
11	万达文化城	214	180	6800	37.78
12	总计	1963	1559	69422	

(a) 选择数据

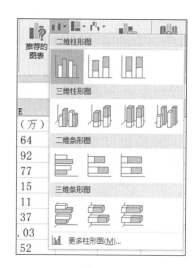

(b) 选择图表类型

图 7-29　选择数据和图表类型

所示的销售分析图表。图表显然比数据表更直观,各项目的销售情况一目了然。

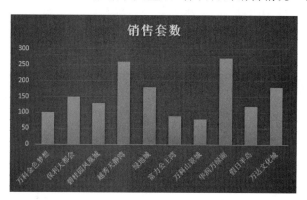

图 7-30　销售分析图表

7.3.3 演示文稿设计

演示文稿可以把文档生动、清晰地展示给观众,并且还可以在文档中集成动画、视频、音频等多媒体元素,进一步增强交流、宣传效果。演示文稿可用于各种会议、产品展示、学校教学及电视节目制作等,应用非常广泛。

PowerPoint 是微软公司的演示文稿软件,功能强大,操作简单,由其制作的演示文稿可以包含文档、图表、视频、声音等多种对象,内容非常丰富,表现力强,可以达到较好的现场演示效果。下面以 PowerPoint 为例说明演示文稿的制作与应用。

现代社会是一个信息化社会,每时每刻都在发生着巨大的变化。为了能够有条不紊地处理各种事务,几乎每个人都需要一本日历,对于一名刚刚踏入大学校门的大学生来说更是如此。应用所学的 PowerPoint 知识制作一个有个性而且实用的台历非常有意义。台历的最终效果如图 7-31 所示。下面介绍其制作过程。

图 7-31　台历最终效果图

1. 设计台历封面

以标题幻灯片作为台历的封面,力求美观并体现专业性。

（1）启动 PowerPoint 后,自动出现一张标题幻灯片,在"开始"选项卡中选择"版式选项"→"空白",如图 7-32 所示。

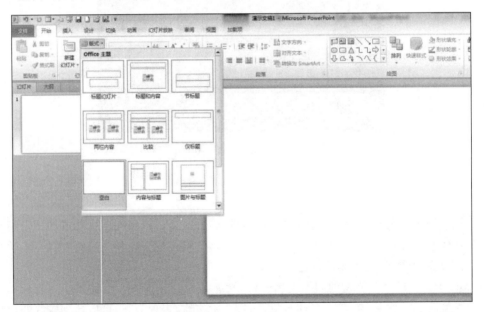

图 7-32　选择幻灯片版式

（2）在"插入"选项卡中选择"形状"→"星与旗帜"→"横卷型",如图 7-33 所示。

（3）在幻灯片中拖动鼠标绘制形状,调整至合适的大小和位置,右击该形状,从弹出的快捷菜单中选择"设置图片格式"选项,打开"设置图片格式"对话框,如图 7-34 所示。

（4）在该对话框的"填充"选项卡中,单击"图片或纹理填充"单选按钮,选择"纹理"→

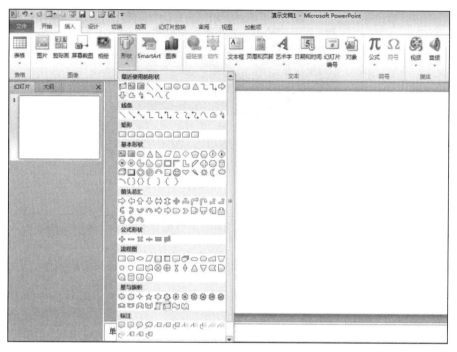

图 7-33　选择"横卷型"

"绿色大理石"；在"线条颜色"选项卡中选择"无线条"；在"阴影"选项卡中选择"预设"→"外部"→"右下斜偏移"。右击图形，在快捷菜单中选择"编辑文字"，然后输入文字，设置文字为艺术字。文字设置效果如图 7-35 所示。

图 7-34　"设置图片格式"对话框

图 7-35　文字设置效果

2. 设计日历

由于日历各月份在形式上类似，可以只制作一个月份的幻灯片，其他月份只要复制幻灯片，再进行部分修改即可。

（1）选择"开始"→"新建幻灯片"，在"幻灯片版式"中选择"标题和内容"版式，如图 7-36 所示。

图 7-36　选择"标题和内容"版式

（2）在"标题"占位符中输入文字，设置文字的格式。插入一个表格，设置表格为中部居中，在表格的第一行单元格中输入文字，并设置字体为"微软雅黑"，大小为"20"，效果如图 7-37 所示。

（3）在"大纲"选项卡中复制第二张幻灯片，粘贴 11 次。

（4）把标题幻灯片之外的 12 张幻灯片的标题依次修改为"2019 年 01 月"至"2019 年 12 月"，并在每张幻灯片的表格相应位置输入日期。

为了提高日期数据输入的效率和准确性，可以从 Excel 中下载一个"日历"模板，如图 7-38 所示，把模板中的日期复制、粘贴到所设计日历相应月份的表中即可。将表格中的日期字体

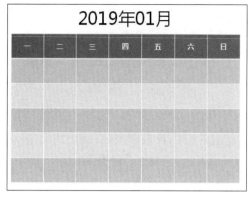

图 7-37　设置"标题和内容"后的效果

图 7-38　Excel 的日历模板

设置为"Times New Roman",字号为"20",对齐方式为"中间对齐",效果如图 7-39 所示。

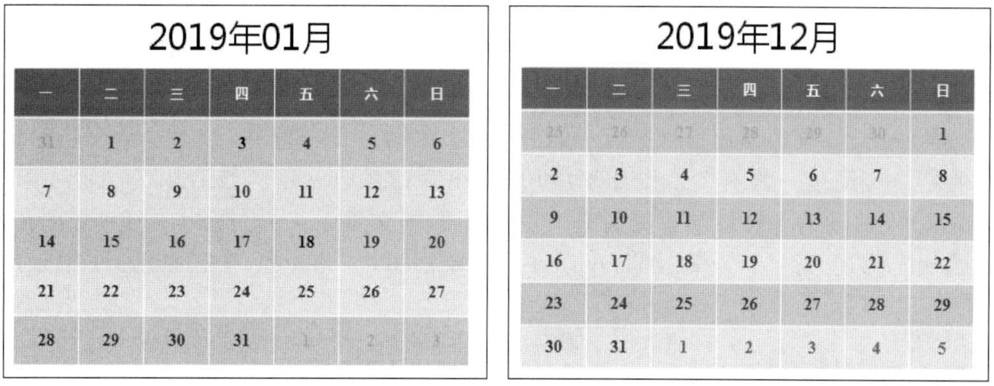

图 7-39　添加日期效果

提示：在输入其他月份的日期时，由于表格的统一限制，有可能造成单元格不够或者太多的情况，可以对表格进行"插入行"或者"删除行"操作。

（5）单击"保存"按钮，完成日历的设计操作。

3. 美化日历

可以进一步设计幻灯片的主题、背景、标识等来美化日历。

选择第一张幻灯片，在幻灯片空白位置右击，在弹出快捷菜单中选择"设置背景格式"选项，弹出"设置背景格式"对话框，单击"填充"选项卡，选择"图片或纹理填充"。在插入自 文件(F)… 剪贴板(C) 剪贴画(R)… 选项中，单击 文件(F)… 按钮，弹出"插入图片"对话框，选中要插入的图片，单击"插入"按钮，为第一张幻灯片添加背景。按照同样的步骤给其他幻灯片加上背景。如果没有合适的图片做幻灯片背景，则直接使用 PowerPoint 自带的设计模板也可以。

既然是制作学校日历，当然应该在日历中加上学校的标识，这样既可以保护版权，又可以为学校进行宣传。选择视图选项卡，单击"母版视图"功能区的"幻灯片母版"按钮，进入"幻灯片母版"视图方式，选中第一张母版幻灯片，单击"插入"菜单下的"图片"→"来自文件"选项，选择要插入的标识图片，调整位置和形状，单击"关闭母版视图"按钮退出母版编辑，返回普通视图。单击"保存"按钮，完成学校标志的添加操作。效果如图 7-40 所示。

图 7-40　日历美化效果

7.3.4　信息发布

当前，社交软件的使用已经普及，很多人喜欢在网上发布信息，与大家分享自己的观点和心情。美篇是一款图文创作分享应用，由南京蓝鲸人网络科技有限公司研发，产品覆盖 Web 及移动的各种终端。美篇是一款好用的图文编辑工具，能发布 100 张图片，任意添加文字描述、背景音乐和视频，可以在朋友圈写游记、秀美照、晒萌娃等，尽情地展示自己。

1. 美篇的特点

（1）创作和发布便捷、快速。美篇支持插入 100 张图片，添加背景音乐和视频，可以任意排版,随时修改更新,体验"1 分钟写好一篇游记"的感觉。

(2)原创图文社区,美篇聚合了一个有较高生活质量和情感表达需求的优质用户群体。

(3)美篇是图片社交平台。美篇基于用户的兴趣和爱好,设置了摄影、旅行、生活、兴趣、美文等分类栏目,用户可以与顶级摄影大咖、旅行达人、热爱美食、生活、萌宠等有相同爱好的朋友互动交流。

(4)美篇是中小企业商家营销利器。美篇有满足商务、亲子、情感等各种使用场景的海量背景模板,能够进行详细的数据分析统计,可作为众多中小企业商家的推广工具。

2. 美篇的主要功能

(1)图文可以随时修改更新,是图文直播的不二选择。

(2)有商务、亲子、生活、节日等海量背景模板,满足各种使用场景。

(3)一键分享到朋友圈、微博、QQ 空间等社交平台,可以打造自己的内容号。

(4)投稿上首页精选,让作品被更多人看到。

(5)可开启赞赏功能,让作品获得经济回报。

(6)精准的访问统计功能,让文章推广更有针对性,可设置访问权限,为自己的内容保驾护航。

(7)可导出 PDF,一键保存到本地。

3. 美篇的使用

美篇有两个版本,网页版和 App 版。两个版本具有相同的编辑功能。下面以手机 App 版为例,简单介绍一下美篇的使用。

(1)扫描二维码下载 App。手机 App 的官方下载网址是 https: // www. meipian. cn/,如图 7-41 所示。可以用手机扫描二维码下载美篇 App 并安装,如图 7-42 所示。

图 7-41　美篇官网

图 7-42　美篇 App 的下载与安装

（2）登录 App。可以使用微信或者其他方式登录，如图 7-43 所示，一般直接采用微信登录，方便分享。登录后可以选择一个专属场景，当然也可以跳过，如图 7-44 所示。

（3）编辑属于自己的新闻。单击图 7-45 中的"＋"按钮，弹出的菜单中有"图文""影集""短视频""选草稿"4 个选项，这里单击"图文"按钮，如图 7-46 所示。

（4）在内容编辑页面中输入标题"读万卷书行万里路"，如图 7-47 所示，并插入两张风景照片，再给照片添加必要的说明文字。

（5）单击"预览"按钮，可以预览作品效果，如图 7-48 所示。觉得效果不错，就单击"完成"按钮。

（6）接下来可以分享自己的作品，如图 7-49 所示，可以选择"分享到朋友圈"，也可以选择"发送给朋友"。如果选择分享给一个好友，可以单击"发送给朋友"，然后选择一个微信好友，就完成了分享，如图 7-50 所示。

到此，一篇漂亮的美篇就完成并发布了。如果你喜欢网页版，可以自己试试，此处不再介绍。

图 7-43　微信登录

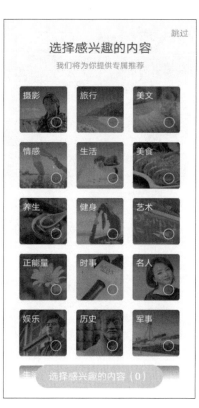

图 7-44　选择场景

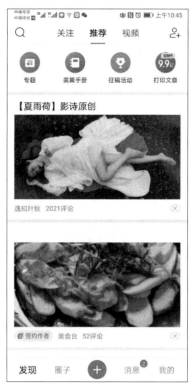

图 7-45　添加自己的作品

图 7-46　选择作品类型

图 7-47　编辑内容

图 7-48　预览作品效果

图 7-49　分享作品

图 7-50　发送给微信好友

习题 7

1. 通过本章的学习,初步了解软件就在身旁,软件非常有用。能否找出没有用软件的计算机? 能举例说出什么是软件吗?

2. 软件有很多类型,如果根据功能的不同进行划分,可以分为哪 5 类?

3. 有人说"不管是文字处理还是演示文稿制作,都是一种计算",这句话对吗? 试结合图灵机理解之。

4. 在本章的电子表格处理案例中,使用了 Excel 软件计算房产销售的"均价"和"总计",这是利用计算机求解问题吗? 之前求解问题时需要使用程序设计语言编写程序,这里使用 Excel 时有没有编写程序呢?

5. 试依据自己使用 PowerPoint 软件制作幻灯片的经验理解"计算机是一个数据处理机"。

第8章

计算机的"大管家"

计算机系统是一个复杂的系统,拥有处理器、内存和各种外部设备,还有各种以文件形式存在的程序、数据和文档,计算机要正常工作就必须有一个"管理者"来组织、调度计算机系统的各种资源。这个"管理者"就是计算机系统的"大管家"——计算机操作系统。本章重点介绍计算机操作系统的概念、功能,以及常见操作系统。

8.1 计算机操作系统概述

计算机发展到今天,从个人机到巨型机,无一例外都安装一种或多种操作系统。计算机操作系统已成为现代计算机系统不可分割的重要组成部分,它为人们建立各种各样的应用环境奠定了重要基础。

8.1.1 操作系统的概念

操作系统(Operating System,OS)是一个控制和管理计算机系统软、硬件资源,合理地组织计算机的工作流程,方便用户使用计算机的系统软件。

例如,为了运行程序,需要在内存中开辟一块空间存放这段程序,程序运行时需要从外界输入数据,程序运行结果需要显示在屏幕上、打印或者存盘,这个过程的每一个环节都需要操作系统的管理和支持。

操作系统是与计算机硬件直接接触的最底层软件,其他软件都在操作系统的支持下工作。操作系统是用户与计算机交流的中间环节。用户通过操作系统使用计算机,计算机又通过操作系统将信息反馈给用户。操作系统在计算机系统中的地位如图 8-1 所示。

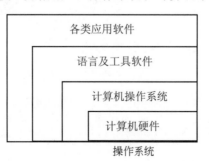

图 8-1 操作系统在计算机系统中的地位

8.1.2 操作系统的产生与发展

操作系统的发展历史就是解决计算机系统需求与问题的历史。操作系统的发展与计算机硬件的发展息息相关。

1. 手工操作阶段

从第一代计算机诞生到 20 世纪 50 年代中期并未出现操作系统,这时的计算机采用人工操作方式。用户是计算机专家,既是程序员又是操作员,需要自己编写管理和控制计算机硬件的程序,计算机的操作非常烦琐。

程序员将存储程序和数据的纸带(如图 8-2 所示)装入输入机,然后启动输入机把程序和数据输入计算机内存,接着通过控制台开关启动程序进行运算;计算完毕,打印机输出计算结果;用户取走结果并卸下纸带后,下一个用户才可以继续使用计算机。手工操作方式下,用户独占全机,从而导致 CPU 的利用率低下。

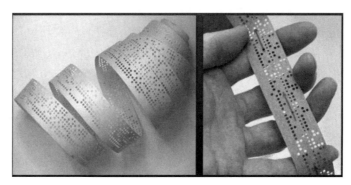

图 8-2　存储程序和数据的纸带

2. 单道批处理系统与多道批处理系统

随着计算机技术的发展,计算机的速度、容量、外设的功能和种类等方面都有了很大的发展。手工操作的慢速度和计算机运算的高速度之间产生了矛盾,为了解决这一矛盾,人们提出了批处理技术。

批处理,是指在计算机上加载一个作业监督程序,主机与输入机之间增加一个存储设备——磁带(外存),输入机把用户程序、数据和说明文档(称为一个作业)输入到磁带上保存,如果有多个作业则都输入到磁带上并排好队,然后主机在监督程序指挥下自动地从磁带取一个作业进行处理,结束后自动地再取下一个作业继续处理,直到把这一批作业处理完毕主机才结束运行。计算机批处理工作的过程如图 8-3 所示。监督程序自动对作业处理,减少了作业建立时间和手工操作时间,有效地克服了人机矛盾,提高了计算机的利用率。不过这时,从外存向内存读入作业是一个接一个进行的,也就是串行作业处理,所以称为单道批处理。

随着处理的作业量增加,到 20 世纪 60 年代中期,单道批处理发展为多道批处理系统。在多道批处理系统中,允许一次性从外存向内存调入多个作业,让主机并行地处理多个作业,避免主机资源浪费,极大地提高了计算机系统处理数据的效率。不过,多道批处理系统

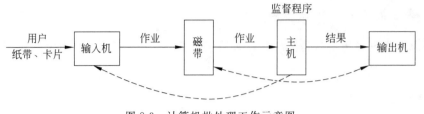

图 8-3　计算机批处理工作示意图

的作业监督程序的任务变得复杂起来,不仅要解决处理机的分配、内存的分配与保护、I/O设备的共享、文件的存取、作业的合理搭配等问题,还要让用户能够方便地使用计算机。这时的作业监督程序就是实际意义上的计算机操作系统了。

3. 分时操作系统

在批处理系统中,用户不能干预作业的运行,无法得知作业运行情况,对作业的调试和排错不利。为了克服这一缺点,便产生了分时操作系统。

分时技术是指把处理机的时间分成很短的时间片,这些时间片轮流地分配给各个联机的各作业使用。如果某作业在分配给它的时间片用完时仍未完成,则该作业就暂时中断,等待下一轮运行,并把处理机的控制权转让给另一个作业。这样在一个相对较短的时间间隔内,每个作业都能得到快速响应,以实现人机交互。

分时的思想于 1959 年由美国麻省理工学院正式提出,并在 1962 年研发出了第一个分时系统 CTSS,成功地运行在 IBM 7094 机上,能支持 32 个交互式用户同时工作。

4. 实时操作系统

虽然多道批处理操作系统和分时操作系统获得了较佳的资源利用率和快速的响应时间,从而使计算机的应用范围日益扩大,但它们难以满足实时控制和实时信息处理领域的需要。于是,便产生了实时操作系统。

实时操作系统是指当外界事件或数据产生时,能够及时接收并以足够快的速度予以处理,其处理的结果又能在规定的时间之内来控制监视的生产过程或对处理系统做出快速响应,并控制所有实时任务协调一致运行的操作系统。实时操作系统可分成两类。

(1)实时控制系统。当计算机用于飞机飞行、导弹发射等自动控制时,要求计算机能尽快地处理测量系统测得的数据,及时地对飞机或导弹进行控制,或及时将有关信息通过显示终端提供给决策人员。当计算机用于轧钢、石化等工业生产过程控制时,也要求计算机能及时处理由各类传感器送来的数据,然后控制相应的执行机构。

(2)实时信息处理系统。当用于预订飞机票,查询有关航班、航线、票价等事宜时,或用于银行系统、情报检索系统时,都要求计算机能对终端设备发来的服务请求及时予以正确的回答。实时信息处理系统对响应及时性的要求稍弱于实时控制系统。

5. 操作系统的进一步发展

(1)微型计算机操作系统。到 20 世纪 80 年代,随着超大规模集成电路的发展,产生了微型计算机。配置在微型计算机上的操作系统称为微机操作系统。最早出现的微型计算机操作系统是 8 位微型计算机上的 CP/M,后来产生了一系列的微型计算机操作系统,其中最知名的有 DOS、Windows、UNIX、Linux、OS/2 等。

（2）网络操作系统。计算机网络是通过通信设施将地理上分散的、具有自主能力的多台计算机连接成一个系统,以实现资源共享、数据通信和相互操作的目的。网络操作系统是计算机网络环境的操作系统,它同时具备一般通用操作系统的管理功能和网络通信、网络服务的功能。

流行的网络操作系统以及具有联网功能的操作系统主要有 Netware 系列、Windows Server、UNIX、Linux 等。网络操作系统已比较成熟,它必将随着计算机网络的广泛应用而得到进一步的发展和完善。

（3）分布式操作系统。分布式计算机系统是计算机网络系统的高级形式,由多台计算机组成,计算机之间没有主次之分。分布式计算机系统的特点有数据、控制及任务的分布性、整体性,资源共享的透明性,各结点的自治性和协同性。

分布式计算机系统要求各计算机的操作系统统一,以实现系统操作的统一性。

① 分布式操作系统管理分布式计算机系统中的所有资源,它负责全系统的资源分配和调度、任务划分、信息传输和控制协调工作,并为用户提供一个统一的界面。

② 用户通过分布式操作系统的界面,实现所需要的操作和使用系统资源,至于操作是由哪一台计算机执行,或使用哪一台计算机的资源,则是操作系统完成的,用户不必知道。

③ 分布式计算机系统更强调分布式计算和处理,因此对于多机合作、系统重构、坚强性和容错能力有更高的要求,希望系统有更短的响应时间、更高的吞吐量和可靠性。

（4）嵌入式操作系统。操作系统向微型化方向发展的典型代表是嵌入式操作系统。嵌入式操作系统主要指应用在嵌入式系统（例如机器人、工业自动化设备、信息家电、导航系统、手机等）环境中,对整个嵌入式系统,以及它所操作、控制的各种部件等资源进行统一协调、调度、指挥和控制的系统软件。常见的嵌入式操作系统有 μC/OS、嵌入式 Linux、VxWorks 等。

8.2　计算机操作系统的功能

8.2.1　操作系统的功能概述

操作系统的主要功能包括 3 个方面：对系统资源进行管理和分配；控制和协调并发活动；对外提供用户界面。系统资源管理和并发控制是操作系统的核心功能。实际中,人们习惯基于计算机的系统结构把操作系统功能分为以下 5 个方面。

1. 处理机管理

计算机系统中最重要的资源是 CPU,任何计算都必须通过 CPU 实现。现代操作系统都允许计算机同时执行多个任务,在单处理机系统中,任务是并发执行的。例如 Windows 操作系统启动后,就进入了多任务处理状态,如图 8-4 所示。

在多任务环境下,系统内通常会有多个任务并发地使用处理器,这就需要系统对处理器进行调度,进行时间分配。在处理机管理中,最核心的是 CPU 时间分配。处理机的分配和运行都是以进程为基本单位的,因此对处理机的管理可归结为对进程的管理,如图 8-5 所示。

图 8-4 Windows 的多任务处理状态

图 8-5 Windows 的多进程

程序是为解决某一问题而设计的一系列机器指令的集合,是算法的形式化描述。程序执行不仅需要数据而且需要内存等资源。人们把计算机中一个具有一定独立功能的程序关于某个数据集合的一次运行活动称为进程。进程是表示资源分配的基本单位,又是调度运行的基本单位。例如,用户运行自己的程序,操作系统就创建一个进程,并为它分配资源,包括各种表格、内存空间、磁盘空间、I/O 设备等,然后把该进程放入进程的就绪队列,进程调度程序选中它,为它分配 CPU 以及其他有关资源,该进程才真正运行。

程序与进程既有区别又有联系。程序是指令的有序集合,是一个静态的概念,其本身没有任何运行的含义,而进程是程序在处理机上的一次执行过程,是一个动态的概念。程序可以作为一种软件资料长期保存,而进程则是有一定生命周期的,它能够动态地产生和消亡。进程是一个能独立运行的单位,能与其他进程并行活动。进程与程序之间无一一对应关系,不同的进程可以包含同一个程序,同一个程序在执行过程中也可以产生多个进程。

早期的操作系统(例如 DOS)只能同时运行一个进程(任务)。现代的操作系统即使只拥有一个 CPU,也可以同时运行多进程(任务),这主要是利用操作系统的进程管理功能来实现的。单处理机系统中,多进程只是简单、迅速地切换各进程,让每个进程都能够运行,在多内核或多处理器的情况下,所有进程通过许多协同技术在各处理器或内核上转换。同时运行的进程越多,每个进程能分配到的时间比率就越小。进程管理通常实践了分时的概念,大部分的操作系统可以通过指定不同的优先级为每个进程改变所占的分时比例。特权越高的进程,运行优先级越高,单位时间内占的比例也越高。

2. 存储器管理

在冯·诺依曼体系结构下,计算机的数据和指令都必须存储在内存中,因此,内存是计算机中最重要的资源之一,存储管理主要指内存管理。

(1) 内存资源的分配和回收。在多任务的情况下,操作系统与多个用户程序共存于内存之中。操作系统本身作为程序需要占用内存空间,每一个程序和数据都要占用内存空间,这时就必须对内存空间进行合理分配,如图 8-6 所示。因为进程是资源分配和调度的单位,所以在 Windows 中可以看到各个进程占用内存的情况,如图 8-7 所示,金山毒霸的kxetray.exe 进程占用的内存空间是 20 824KB。程序运行结束,操作系统还应该能够及时收回程序的进程所占的内存空间。

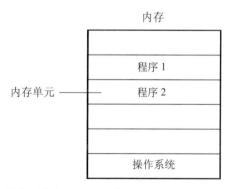

图 8-6　操作系统与多个程序共存于内存中,各占一定的空间

需要指出的是,操作系统对内存资源的分配是动态的,以便使内存资源得到最优化利用。计算机用户编写程序时并不需要考虑程序运行时应该存储于哪个位置,而是在需要运行该程序时由操作系统根据内存使用情况临时分配,这为程序设计提供了极大便利。

(2) 对已分配内存进行保护。由于计算机中有多个程序在运行,为了保证操作系统和应用程序之间、应用程序和应用程序之间互相不冲突,存储管理提供了内存保护机制,使每

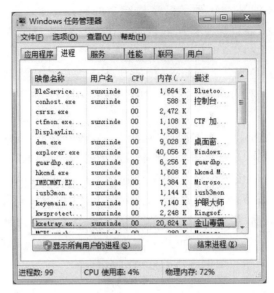

图 8-7　Windows 为各进程分配内存

个程序只在自己的内存空间内运行。内存保护机制由硬件提供支持,操作系统实现判断和处理。如果指令和数据从一个内存区域"泄露"到另一个程序的内存区域,那么另一个程序的指令和数据就会被破坏,从而"崩溃"。这时打开 Windows 任务管理器,关闭被破坏的程序,然后再打开该程序即可修复。

（3）内存扩充。计算机系统的内存容量虽然不断提高,但毕竟有限,为了在有限的物理内存中运行内存需求远远超过物理内存容量的程序,存储管理还提供了内存扩充功能。扩充是指对物理内存进行逻辑上的扩充,是基于虚拟存储技术实现的。

每个程序都有自己的虚地址空间,包括程序地址和数据地址。当运行多个用户程序时,操作系统并不是将这些程序的全部代码和数据,在程序的整个运行期间都放在内存中,而是将用户程序的全部代码和数据存放在辅存中,只把每一个用户程序虚地址空间的一部分调入内存。操作系统则根据程序运行的需要自动地在内存与辅存之间进行调度,让各个用户程序都能正常运行。这样,每一个用户都感觉内存够用,没有受到内存容量的限制,实现了内存空间的扩充。

3. 文件管理

文件是操作系统进行数据管理的基本单位。程序和数据都是以文件的形式保存于存储器中的。为了区分不同的文件,每一个文件都有一个属于自己的名字,即文件名。文件名是存取文件的依据,通常由主文件名和扩展名组成,主文件名和扩展名之间用"."分开。主文件名用来区分不同的文件,扩展名用来区分文件的类型,如表 8-1 所示。在 Windows 操作系统中,文件类型还常用图标来标记,如图 8-8 所示,操作系统既可根据文件扩展名也可根据文件图标识别一个文件的类型。操作系统识别出文件类型后,才可对文件做进一步的操作。如果该文件是可执行程序类文件,则直接运行此程序;如果该文件是文档（数据）类文件,则启动相应程序处理这些数据。

表 8-1　Windows 常见文件扩展名及其表示的文件类型

文 件 扩 展 名	文 件 类 型
avi、wma、rmvb、rm、mp4、flv	视频文件
mp3、mid、wav	声音文件
jpg、jpeg、bmp、gif、tif、png	图片文件
exe、com	可执行程序
zip、rar	压缩文件
doc、docx	Microsoft Word 文档文件
xls、xlsx	Microsoft Excel 电子表格文件
ppt、pptx	Microsoft PowerPoint 演示文稿文件
txt	文本文件

文件夹　Excel电子　word文档.　歌曲.MP3　玫瑰花.jpg　文本文档.　压缩文件.
　　　　表格.xlsx　　docx　　　　　　　　　　　　txt　　　　rar

图 8-8　文件夹名、文件名及其图标

　　为了便于管理,将相关文件分类后存放在不同的文件夹中。文件夹是计算机管理文件的工具。文件夹中既可包含文件,也可包含文件夹,所包含的文件夹称为子文件夹。在硬盘上,所有文件夹以树状结构进行组织,如图 8-9 所示。这种树状结构为用户快速查找文件提供了便利。一个文件夹(文件)在树中的位置就代表了该文件夹(文件)在计算机硬盘存储器中的位置,例如图 8-9 中文件 AUTORUN. INF 的位置可表示为"D:\CyberLink-刻录机驱动\AUTORUN. INF"。"D:\CyberLink-刻录机驱动\AUTORUN. INF"被称为文件 AUTORUN. INF 的绝对路径。操作系统不允许两个文件有相同的路径。

　　现代计算机操作系统都有一个专门的文件系统来对文件进行管理。所谓文件系统,通常指管理硬盘数据的系统。每个文件系统都有自己的特殊格式与功能。每一个常用的操作系统一般都支持多个文件系统。逻辑盘采用哪种文件系统需要在对硬盘分区时做好规划。Linux 操作系统拥有非常广泛的内置文件系统,如 ext2、ext3、ext4、ReiserFS、Reiser4、GFS、GFS2、OCFS、OCFS2、NILFS 与 Google 文件系统;另外,Linux 操作系统也支持非原生文件系统,如 XFS、JFS、FAT 家族与 NTFS。Windows 操作系统支持的文件系统有 FAT12、FAT16、FAT32、EXFAT 与 NTFS,NTFS 系统是 Windows 操作系统中最可靠与最有效率的文件系统。UNIX 中的文件系统主要是 UFS,而 UNIX 操作系统的一个分支 Solaris 最近则开始支持一种新的文件系统 ZFS。

　　计算机要读取硬盘中的数据,必须首先按照文件名找到相应的文件,然后把这个文件读入内存;要将数据存储到硬盘时,必须首先在硬盘上建立一个文件,然后把数据写入文件。操作系统对硬盘文件的存取速度远小于对内存文件的存取速度,为了提高数据的存取效率,应用程序一般通过文件缓冲区对硬盘文件进行存取操作。所谓文件缓冲区,就是一段连续的内存空间。操作系统首先把文件读入缓冲区,然后等待应用程序到缓冲区读取需要的数

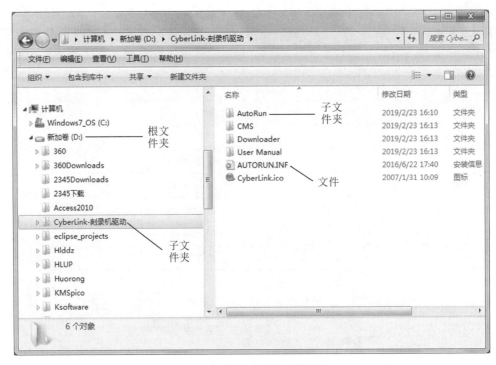

图 8-9　文件夹的树型结构

据,这样就提高了计算机运行效率。缓冲区在计算机中有广泛的应用,凡是速度不匹配的场合都会设立缓冲区。打开一个文件时,系统自动在内存中开辟一个文件缓冲区,每一个打开的文件都会占用一个文件缓冲区。对文件操作结束时一定要关闭文件,因为操作系统需要对每一个打开的文件进行管理,可同时打开的文件是有限的,如果不及时关闭文件就会耗尽操作系统的文件资源。

4. 设备管理

计算机系统的键盘、鼠标、显示器、打印机、磁盘、网卡等都是计算机设备。主机与各种设备之间的通信都由操作系统负责管理。操作系统管理设备时,可以根据设备的类型、状态等信息,将设备分配给提出请求的任务,并启动具体设备完成数据的传输等操作。当设备使用结束后,操作系统还要负责设备的回收。由于外部设备的运行速度远远低于处理器的速度,设备管理通常还提供缓冲功能,以协调外部设备和处理器之间的并行工作程序。

通常,操作系统与外部设备的通信是在设备驱动程序的协助下完成的。设备驱动程序是一种可以使计算机主机和设备通信的特殊程序,是能够控制特定设备接收和发送信息的程序。设备驱动程序用来将硬件本身的功能告诉操作系统,完成硬件设备电子信号与操作系统、软件的高级编程语言之间的互相翻译。当操作系统需要使用某个硬件时,比如让声卡播放音乐,它会先发送相应指令到声卡驱动程序,声卡驱动程序接收到指令后,马上将其翻译成声卡才能听懂的电子信号命令,从而让声卡播放音乐。

5. 提供用户界面

操作系统是人与计算机之间的桥梁,每一种操作系统都会尽可能地为用户提供一个友好的交互界面。现代操作系统提供的用户界面通常都是图形用户界面(GUI),详细内容可以参看本书第10章。

8.2.2 分工合作与协同

操作系统管理下的计算机是一个分工合作与协同的系统。下面以 CPU 执行存储在外存上的程序为例,说明系统的分工合作与协同特性。

CPU 执行存储在外存上的程序称为任务。计算机要完成这个任务,就需要把它分解成若干细致的工作,例如将程序文件装载到内存、进程管理、内存管理与分配、处理机调度等。每一项细致工作称为作业。计算机要完成 CPU 执行存储在外存上的程序这一任务,大致需要完成以下作业。

(1)任务与作业管理。显然待执行的任务仅由一个作业是完不成的,因此需将其分解成作业序列,每一个作业完成简单、独立的工作。任务与作业管理就是要识别任务,并产生作业序列,通过有序的调度执行一个个作业(有些操作系统中,这个作业也由进程管理来完成)。

(2)进程创建。操作系统的"进程管理"进程负责应用程序进程的创建,所创建的进程包含了应用程序本身和运行该程序所需的内存空间,以及该进程相关的信息描述。

(3)申请内存空间。为了执行任务,需要为创建的应用程序进程分配内存空间。该作业由操作系统的"内存管理"进程负责。

(4)程序装载。即把外存的程序装载到所申请的内存空间。该作业由"外存管理"(文件管理)进程负责完成。外存管理也可称为程序装载。

(5)调度 CPU 执行该程序。此时,待完成的任务所对应的程序已经装载到内存中指定的位置,并形成了相应的进程。然后就可调度 CPU 执行该进程了(调度 CPU 的一种最简单的方法就是把进程中的指令地址直接交给控制器中的程序计数器 PC),进程执行结束,计算机就完成了任务。对 CPU 的调度由操作系统的"处理机管理"进程负责。

操作系统通过运行自身的进程来完成任务各个阶段的作业,分工明确。操作系统的相关进程通过互相调用进行紧密合作,如图 8-10 所示。

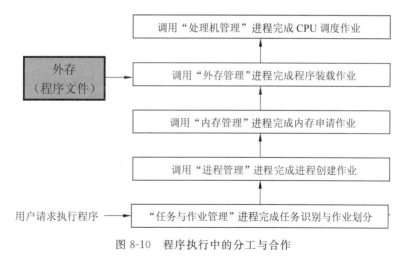

图 8-10 程序执行中的分工与合作

8.2.3 分时调度与并行控制

对于多任务计算机,内存中可能存在多个进程,而 CPU 可能只有一个,那么多个进程是怎么执行的呢? 从操作系统的角度来看,为了提高资源的利用效率和问题求解速度,使用了分时调度和并行控制。

(1) 分时调度策略。针对单处理机被多个进程竞争的情况,操作系统把 CPU 的被占时间分成若干时间段,CPU 按照时间段轮流执行每一个进程,使每一个进程没有"等待"的感觉,似乎是在独占 CPU。这种方法可有效解决单一资源的共享使用问题。就像我们到饭店吃饭,服务员会轮流给每一桌上菜,而不是把某一桌点的菜全部上齐再给下一桌上菜。想一想,饭店的上菜策略是不是与计算机操作系统的分时调度策略一样呢?

(2) 多处理机调度策略。针对多处理机多任务的情况,可以采用并行控制来提高运算速度。多处理机调度策略的基本思想是把一个大计算量的任务划分成若干个可由单一CPU 解决的小任务,分配给相应的 CPU 来独立执行,当这些小任务被相应的 CPU 执行完毕后再将其结果组合形成最终的结果提供给用户。每个 CPU 在执行自己的任务时是并行的,这样就可极大缩短对问题求解的时间。这种多处理机调度思想是采用并行或分布式技术求解大型计算任务以及多线程任务的基础。关于 CPU 的调度策略一直是计算机科学研究的热点,网格计算、云计算、分布式计算等都与此有关。

8.3 常见操作系统

8.3.1 Windows

Windows 操作系统是美国微软公司研发的一套操作系统,问世于 1985 年,起初仅仅是MS-DOS 模拟环境,后续的系统版本经过不断地更新和升级,不仅更加易用,而且慢慢地成为人们最喜爱的操作系统。

Windows 操作系统采用了图形化界面,比之前采用命令界面的 DOS 操作系统更为方便和人性化。随着计算机硬件和软件的不断升级,Windows 操作系统也在不断升级,架构从 16 位、16+32 位混合版、32 位再到 64 位,系统版本从最初的 Windows 1.0 到大家熟知的 Windows 95、Windows 98、Windows ME、Windows 2000、Windows 2003、Windows XP、Windows Vista、Windows 7、Windows 8、Windows 8.1、Windows 10,以及服务器企业级操作系统 Windows Server,持续不断地更新。目前,使用比较多的版本是 Windows 7 和 Windows 10。

历史上几款经典的操作系统如图 8-11 所示。

Windows 7 是微软公司于 2009 年发布的,是开始支持触控技术的 Windows 桌面操作系统,如图 8-12 所示,有 32 位和 64 位两种版本。Windows 7 允许 GPU 从事更多的通用计算工作,而不仅仅是 3D 运算,这可以鼓励开发人员更好地将 GPU 作为并行处理器使用。截至 2012 年 9 月,Windows 7 的使用率已经超越 Windows XP,成为世界上使用率最高的操作系统之一。

Windows 8 是由微软公司开发的、世界上第一款带有 Metro 界面的桌面操作系统,自称触摸革命将开始,目标是把平板计算机与台式机的操作统一,因此其桌面与之前版本(Windows 7 的桌面)相比,发生了巨大变化,如图 8-13 所示。

（a）DOS

（b）Windows 95

（c）Windows 98

（d）Windows XP

图 8-11　历史上几款经典的操作系统

图 8-12　Windows 7 的桌面

图 8-13　Windows 8 的桌面

Windows 10 是微软公司于 2014 年 10 月推出的新一代跨平台及设备应用的操作系统，其界面更美观，具有支持 Cortana 语音助手、生物识别和虚拟桌面等特点，深受广大用户喜爱，桌面如图 8-14 所示。Windows 10 将是微软公司发布的最后一个独立 Windows 版本。

图 8-14　Windows 10 的桌面

8.3.2　UNIX

1969 年，UNIX 操作系统诞生于美国 AT&T 公司的贝尔实验室，是一款强大的多用户、多任务操作系统，支持多种处理器架构。由于 UNIX 具有可靠性高、可移植性好、网络和数据库功能强、开放性好等特点，可满足各行各业的实际需要，特别能满足企业重要业务的需要，已经成为主要的工作站平台和重要的企业操作平台，其界面如图 8-15 所示。它主要安装在巨型计算机、大型机上，作为网络操作系统使用。

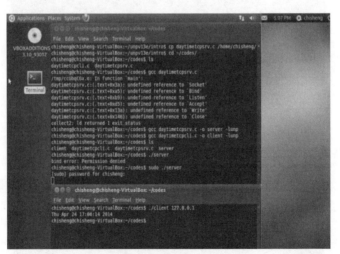

图 8-15　UNIX 系统界面

1965 年，贝尔实验室加入一项由通用电气公司和麻省理工学院合作的计划。该计划要建立一套多使用者、多任务、多层次的 MULTICS 操作系统。1969 年，因 MULTICS 计划的工作进度太慢，该计划被停了下来。不过当时，Ken Thompson（后被称为 UNIX 之父）已经有一个称为"星际旅行"的程序在 GE-635 的计算机上运行,但是反应非常慢,正巧被他发现了一部被闲置的 PDP-7 主机,Ken Thompson 和 Dernis Ritchie 就将"星际旅行"的程序移植到 PDP-7 上,这就是 UNIX 操作系统的第一个版本——汇编版。

1973 年,Ken Thompson 与 Dennis Ritchie 感到用汇编语言做移植太麻烦,便想用高级语言来改写 UNIX,对于当时完全用汇编语言来开发程序的年代,他们的想法是相当的疯狂。一开始他们尝试用 Fortran,可是失败了。后来,他们用一个叫 BCPL(Basic Combined Programming Language)的语言开发,诞生了 UNIX 第 2 版,使用的编程语言称为 B 语言。之后,Dennis Ritchie 觉得 B 语言还是不能满足要求,于是就改良了 B 语言(就是今天的大名鼎鼎的 C 语言),重写了 UNIX,这就是第 3 版的 UNIX。至此,UNIX 操作系统的修改、移植相当便利,为 UNIX 日后的普及打下了坚实的基础。而 UNIX 和 C 语言完美地结合成为一个统一体,C 语言与 UNIX 很快流行起来。

8.3.3 Linux

Linux 是一套免费使用和自由传播的类 UNIX 操作系统,是一个基于 POSIX 和 UNIX 的多用户、多任务,支持多线程和多 CPU 的操作系统。它能运行主要的 UNIX 工具软件、应用程序和网络协议,支持 32 位和 64 位硬件。Linux 继承了 UNIX 以网络为核心的设计思想,是一个性能稳定的多用户网络操作系统。

Linux 操作系统诞生于 1991 年 10 月 5 日(这是 Linux 第一次正式对外发布的时间)。Linux 存在许多不同的 Linux 版本,但它们都使用了 Linux 内核。Linux 可安装在各种计算机硬件设备中,如移动电话、平板计算机、路由器、视频游戏控制台、台式计算机、大型计算机和超级计算机。

严格来讲,Linux 这个词本身只表示 Linux 内核,但实际上人们已经习惯了用 Linux 来代表基于 Linux 内核并且使用 GNU 工程各种工具和数据库的操作系统。Linux 默认为字符界面,如图 8-16 所示,但也可以切换为图形界面。在字符界面中,用户可以通过键盘输入相应的指令来进行操作。它同时也提供了类似 Windows 图形界面的 X-Window 操作系统,用户可以使用鼠标对其进行操作。X-Window 操作系统与 Windows 操作系统相似,可以说是一个 Linux 版的 Windows。

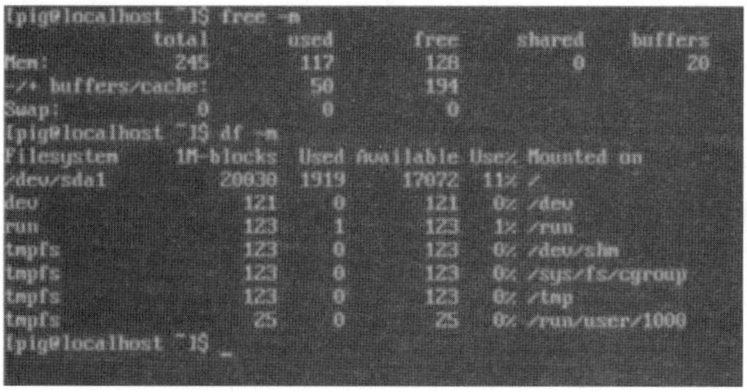

图 8-16 Linux 系统的字符界面

Linux 是一个源代码公开的操作系统,程序员可以根据自己的兴趣和灵感对其进行改写,这让 Linux 吸收了无数程序员的精华,不断壮大,已被越来越多的用户所采用,是

Windows 操作系统强有力的竞争对手。

8.3.4　Mac OS

Mac OS 是一套运行于苹果 Macintosh 系列计算机上的操作系统。Mac OS 有着辉煌的历史,它是首个在商用领域获得成功的图形用户界面操作系统。苹果公司不仅根据自己的技术标准生产计算机硬件,还自主开发相对应的操作系统,所以它的 Mac OS 具有独特的架构。再加上 Mac OS 的用户比较少,所以在计算机病毒肆虐的年代,Mac OS 较少受到病毒的侵袭。

Mac OS 有完整的系列。从 20 世纪 80 年代推出 Mac OS 以来,苹果公司先后推出了 Mac OS X、Mac OS X 10.0、Mac OS X 10.1 等版本,不断提高系统的性能,改进用户的体验。现行的最新版本是 Mac OS 10.14.4,于 2018 年 9 月发布,增加了深色模式,更新了 Safari 浏览器、Mac App Store 等,其界面如图 8-17 所示。

图 8-17　Mac OS 界面

习题 8

1. 操作系统的资源管理功能有哪些?

2. 每次开机时都要把操作系统的内核从外存调入内存,重新启动操作系统,是不是很麻烦? 可不可以将操作系统整体固化到硬件中?

3. 现代计算机在关机时通常要花费几分钟的时间。开机时启动操作系统需要花费时间可以理解,为什么关机时也要花费时间呢?

4. 流行的操作系统为什么不像程序设计语言那么多呢?

5. 操作系统管理计算机系统所体现的分工合作、分时调度、并行控制思维,在现实生活中也有应用吗?

如何快速找到想要的数据

随着信息技术的发展,计算机中的数据越来越多,计算机如何管理这些数据,才能使大量的数据能够有组织、有秩序地安全存储,并且在需要的时候能够被快速找到,显得非常重要。本章介绍计算机数据管理与数据查找的方式,包括基于文件系统、数据库和搜索引擎等的数据查找。

9.1　计算机数据管理

数据管理是利用计算机硬件和软件技术对数据进行有效的收集、存储、处理和应用的过程,其目的在于充分、有效地发挥数据的作用。实现数据有效管理的关键是数据组织。

随着计算机技术的发展,数据管理经历了人工管理、文件系统、数据库系统 3 个发展阶段。在数据库系统中建立的数据结构更充分地描述了数据间的内在联系,便于数据修改、更新与扩充,同时保证了数据的独立性、可靠性、安全性与完整性,减少了数据冗余,提高了数据共享程度及数据管理效率。

1. 人工管理阶段

20 世纪 50 年代中期以前,计算机主要用于科学计算,这一阶段数据管理的主要特点如下。

(1) 不能长期保存数据。20 世纪 50 年代中期之前,只有研究机构才有计算机,由于当时存储设备(纸带、磁带)的容量有限,都是在做实验的时候暂存实验数据,做完实验就把数据结果输出到纸带上或者磁带上带走,所以计算机一般不用于数据的长期保存。

(2) 数据并不是由专门的应用软件来管理,而是由使用数据的应用程序自己来管理。程序员编写程序时,既要设计程序的逻辑结构,又要设计程序的物理结构和数据的存取方式。

(3) 数据不能共享。在人工管理阶段,可以说数据是面向应用程序的,由于每一个应用程序都是独立的,一组数据只能对应一个程序,即使要使用的数据已经在其他程序中存在,程序之间的数据也不能共享,因此程序之间有大量的数据冗余。

(4) 数据不具有独立性。只要应用程序发生改变,数据的逻辑结构或物理结构就相应地发生变化,因此程序员修改程序时必须进行相应的数据修改,给程序员的工作带来了很多负担。

2. 文件系统阶段

20 世纪 50 年代后期到 60 年代中期,计算机开始应用于数据管理。硬件方面,计算机的存储设备也不再是磁带和卡片了,已经有了磁盘、磁鼓等可以直接存取的存储设备;软件方面,操作系统中已经有了专门的数据管理软件,一般称为文件系统。文件系统一般由三部分组成:与文件管理有关的软件、被管理的文件、实施文件管理所需的数据结构。文件系统阶段存储数据是以文件的形式来存储,由操作系统统一管理。文件系统阶段也是数据库发展的初级阶段,使用文件系统存储、管理数据具有以下 4 个特点。

(1) 数据可以长期保存。有了大容量的磁盘作为存储设备,计算机开始被用来处理大量的数据并存储数据。

(2) 有简单的数据管理功能。文件的逻辑结构和物理结构脱钩,程序和数据分离,使数据和程序有了一定的独立性,减少了程序员的工作量。

(3) 数据共享能力差。由于每一个文件都是独立的,当需要用到相同的数据时,必须建立各自的文件,数据还是无法共享,也会造成大量的数据冗余。

(4) 数据不具有独立性。在此阶段,数据仍然不具有独立性。当数据的结构发生变化时,必须修改应用程序和文件的结构定义;而应用程序的改变也会使数据的结构发生变化。

3. 数据库系统阶段

20 世纪 60 年代后期,计算机管理的对象规模越来越大,应用范围越来越广泛,数据量急剧增长,同时多种应用、多种语言互相覆盖地共享数据集合的要求越来越强烈,数据库技术便应运而生,出现了统一管理数据的专门软件系统——数据库管理系统。

与使用文件系统管理数据相比,使用数据库系统管理数据具有明显的优点,从文件系统到数据库系统,标志着数据库管理技术的飞跃。不过,文件系统仍然是计算机系统不可或缺的数据管理手段。

9.2 基于文件系统的数据查找

1. 文件系统概述

如果要从硬盘里面读取数据,就需要告诉 CPU 从哪里取数据以及数据量等关键信息,如果这个步骤由应用程序直接完成则太难了。所以操作系统提供了一个中间层,用户只需要记住文件名和路径,其他与硬盘打交道的事情就交给中间层来做。这个中间层即文件系统。

文件系统是操作系统用于明确存储设备或分区上的文件的方法和数据结构,即在存储设备上组织文件的方法。从系统角度来看,文件系统是对文件存储设备的空间进行组织和分配,负责文件存储并对存入的文件进行保护和检索的系统。具体地说,它负责为用户建立文件,存入、读出、修改、转储文件,当用户不再使用时撤销文件等。文件系统在计算机层次结构中所处的位置如图 9-1 所示。

在计算机中,文件系统是一套实现了数据的存储、分级组织、访问和获取等操作的抽象数据类型。DOS、Windows、Linux、UNIX、Macintosh 等操作系统都有文件系统,常见的文件系统类型有 FAT、FAT32、NTFS、CDFS、Ext、Ext2、Ext3、Ext4 等。一个分区或硬盘在使用前需要初始化,并将数据结构写到硬盘上,这个过程就是建立文件系统。例如,我们对 U 盘或者硬盘进行格式化时,格式化软件都会要求我们选择一种文件系统进行格式化,如图 9-2 所示,这实际上就是要在被格式化的存储器上建立一种文件系统,让操作系统认得它,从而可在该操作系统下存取磁盘上的文件。格式化操作通常会导致现有的磁盘或分区中所有的文件被清除。

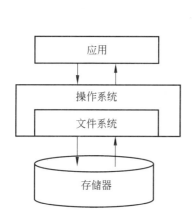

图 9-1　文件系统在计算机层次
　　　　结构中所处的位置

图 9-2　对磁盘分区格式化

在日常工作中,用户通过文件系统所提供的系统调用完成对文件的操作。基本的文件操作有创建文件、删除文件、打开文件、关闭文件、读文件、写文件、复制文件、移动文件、文件重命名、设置文件属性等。

Windows 操作系统中,文件系统采用树状目录结构管理文件,如图 9-3 所示,在根目录下建立文件夹,在文件夹中再建子文件夹,文件通常被放置在树状目录结构中的某文件夹中。在文件系统的树状目录结构中,任何数据文件都有一条唯一的路径,通过该路径可以找到该文件,比如文件 9 的路径是"C:\文件夹 2\文件夹 3\文件 9"。

2. 在 Windows 操作系统中查找文件的方法

在 Windows 操作系统中,可以通过以下 4 种方法找到我们想要的文件。

(1) 从树根开始一层一层地浏览。在 Windows 10 的"文件资源管理器"窗口中,可以通

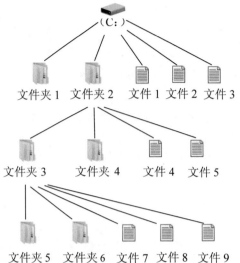

图 9-3　Windows 操作系统中的树状目录结构

过单击导航窗格中的磁盘分区(例如 C：盘、D：盘等)以及相应的文件夹前面的箭头图标 >
展开该文件夹目录,展开后箭头图标变成 ∨(再次单击可以折叠该文件夹,并且箭头图标再
次发生改变)。如果该文件夹的子文件夹前还有箭头,则表示该文件夹还包含子文件夹,单
击箭头又可以展开子文件夹,这样一层一层地展开,就可以找到我们想要的文件。

　　例如,通过不断地单击"新加卷(F:)""教学""C 语言"文件夹前面的箭头图标,展开目
录,然后单击"课表"文件夹,则在内容窗口中可以看到该文件夹下的文件,找到所需的"课
表"文件,如图 9-4 所示。

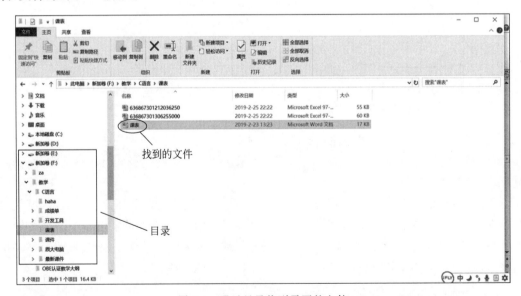

图 9-4　通过目录找到需要的文件

　　(2)在资源管理器地址栏中输入文件路径。如果知道要找的文件的路径,则在资源管
理器的地址栏中输入该文件的路径,即可找到需要的文件。例如,假设已经知道文件"智能

窗帘控制系统的设计与实现.docx"所在的路径为"F：\教学\毕业设计\2019 届\毕业设计\论文"，则可在资源管理器的地址栏中直接输入该文件路径，如图 9-5 所示，然后单击地址栏右边的小箭头或者按 Enter 键，即可找到我们需要的文件。

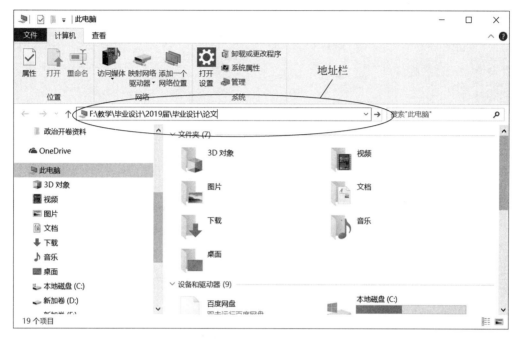

图 9-5　在资源管理器地址栏中输入文件路径查找需要的文件

（3）利用"快速访问"列表。Windows 10 资源管理器的"快速访问"列表提供了一种快速找到文件的方法，如图 9-6 所示。通过"快速访问"列表，可以快速访问下载的文件、桌面、文档、图片等。

另外，最常用的文件夹和最近使用过的文件夹也会出现在"快速访问"里，例如图 9-6 中的"2018.1""MobileFile""教学大纲 2015""政治开卷资料"文件夹就是最近或最常访问的文件夹。无论"快速访问"列表中的文件夹的具体位置在哪儿，只要单击"快速访问"列表中的文件夹名字，就可以立即打开该文件夹，非常方便。

另外，也可以根据自己的需要，将常用的文件夹固定到"快速访问"列表中，或者从"快速访问"列表中删除文件夹。将常用的文件夹固定到"快速访问"列表中的方法是右击要固定的文件夹，在弹出的快捷菜单里选择固定到"快速访问"菜单项。从"快速访问"列表中删除文件夹的方法是右击"快速访问"列表中的文件夹，在弹出的快捷菜单中选择"从快速访问"中删除菜单项。

（4）搜索。如果我们不记得文件放在计算机的哪个文件夹中了，也可以通过搜索的方式找到文件。资源管理器窗口中，地址栏右侧有搜索框（图 9-6 所示界面的右上方），在该搜索框中输入要查的文件名，单击搜索框右边的搜索按钮 $\mathcal{P}$ 或者按 Enter 键，即可在当前文件夹中搜索文件。搜索文件时，如果记不清楚文件的名字，也可以使用通配符。通配符"?"代表一个任意字符，通配符"＊"代表任意多个任意字符。例如，文件名"？ab＊.＊"代表第二个字符和第三个字符是 a 和 b 的所有格式的文件。

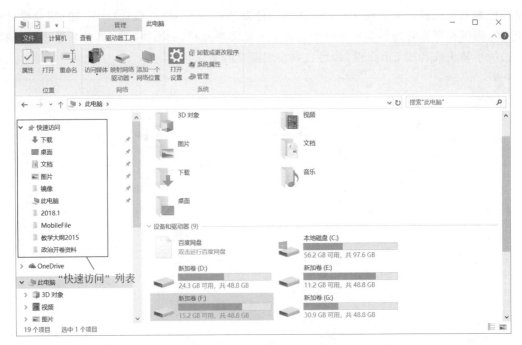

图 9-6　Windows 10 资源管理器的"快速访问"列表

Windows 10 操作系统中，右击"开始"菜单选择"搜索"菜单项也可以打开一个搜索框，如图 9-7 所示。Windows 10 操作系统支持本地和网络两种搜索方式，在搜索框内输入要查找的内容，此时可以选择是在本地搜索还是在网络中搜索，接下来计算机会根据要求自动搜索要查找的文件。

图 9-7　Windows 10 操作系统的搜索框

总之，文件系统为我们提供了多种快速找到文件的方法，应用时可以根据需要灵活选择。

9.3　基于数据库的数据查找

文件系统的数据管理有比较明显的缺点,如数据冗余度高、数据一致性差、数据联系弱等,随着数据复杂性的提高和数据量的增加,这些缺点越来越明显。要解决这些问题,就需要借助数据库管理数据。

9.3.1　数据库与数据库管理系统

所谓数据库,是以一定方式储存在一起,能与多个用户共享,具有尽可能小的冗余度,与应用程序彼此独立的数据集合。数据库可视为电子化的文件柜——存储电子文件的地方,用户可以对数据库中的数据进行新增、查询、更新、删除等操作。

数据库管理数据具有如下特点。

(1) 采用复杂的数据模型表示数据结构,数据冗余度低,易扩充,实现了数据共享。

(2) 数据和程序具有较高的独立性,实现了数据与程序的分离。

(3) 数据库系统为用户提供了方便的接口。

(4) 数据库系统可以提供并发控制、恢复,以及完整性、安全性等方面的数据控制功能。

(5) 对数据的操作以数据项为单位,提高了系统的灵活性。

如图 9-8 所示,学校如果用文件管理学生数据,每个部门需要建立一个存储学生信息的文件,例如学生处需要建立学生文件,教务处需要建立成绩文件,后勤处需要建立宿管文件,财务处需要建立缴费文件,等等。每个文件中都需要存储学生的学号、姓名、联系方式等信息,造成数据冗余,浪费存储空间,同时各个文件相互独立,查询学生不同的信息需要到不同的部门,而且学生的信息发生变化,多个文件均需要修改,非常不方便。如果采用数据库管理学生数据,只需要建立一个包含学生数据的数据库,学生处、教务处、后勤处、财务处等统

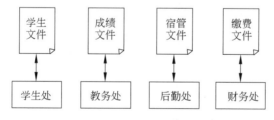

(a) 文件管理学生数据

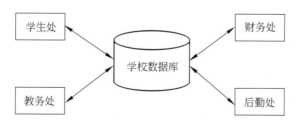

(b) 数据库管理学生数据

图 9-8　文件管理数据与数据库管理数据的比较

一使用数据库中的数据,实现数据共享,减少数据冗余。如果学生的信息发生了变化,只需要更改数据库中的数据即可。另外,数据库可以进行记录的添加、修改、查询、插入、删除等操作,管理和维护起来简单快捷。

数据库管理系统(Database Management System,DBMS)是建立、使用和维护数据库的系统软件。它对数据库进行统一管理和控制,以保证数据库的安全性和完整性。用户通过数据库管理系统访问数据库中的数据,数据库管理员也通过数据库管理系统进行数据库的维护。它允许不同用户使用不同的应用程序同时访问数据库中的数据。用户、应用程序、数据库和数据库管理系统的关系如图 9-9 所示。由图 9-9 可以看出,数据库完全独立于程序,并被多用户、多程序共享。

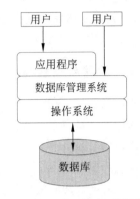

图 9-9　用户、应用程序、数据库和数据库管理系统的关系

早期比较流行的数据库模型有 3 种:层次式数据库、网络式数据库和关系型数据库,其中关系型数据库使用最多。关系型数据库模型是把复杂的数据结构归纳为简单的二元关系(即二维表格形式),比较符合实际,所以得到广泛应用。主流的关系型数据库管理系统有 Oracle、DB2、PostgreSQL、SQL Server、Access、MySQL、浪潮 K-DB 等。随着互联网的发展,为了满足互联网数据的管理需要,出现了分布式数据库和 XML 数据库。分布式数据库(Distributed Database System,DDBS)是指利用高速计算机网络将物理上分散的多个数据存储单元连接起来组成一个逻辑上统一的数据库,以获取更大的存储容量和更高的并发访问量。XML数据库不仅能描述数据的外观,还可以表达数据本身的含义,在兼有 Web 应用的同时,可以实现 Web 中信息的共享和交换。为了满足智能终端设备对数据库的需求,出现了嵌入式数据库。针对关系型数据库的不足,如二维表格数据模型不能有效地处理多维数据,不能有效处理互联网应用中半结构化和非结构化的海量数据;高并发读写性能不足;支持容量有限;可扩展性和可用性不够,人们又设计出了非关系型数据库,即 NoSQL 数据库。今天,这种新型的非关系型数据库已经成为大数据管理的重要形式。

9.3.2　数据库的应用

下面以 Access 2010 数据库管理系统为例,介绍通过数据库管理系统管理数据的方法。Access 是微软办公软件包 Office 的一部分,是入门级小型桌面数据库,性能和安全性一般,可供个人或小型企业使用。Access 2010 将数据库定义为一个后缀为.accdb 的文件,可以在一个数据库文件中通过以下 6 种对象对数据进行管理,从而实现高度的信息管理和数据共享。

(1)表:有结构的数据的集合,是数据库应用系统的数据仓库。

(2)查询:根据用户给定条件在指定的表中筛选记录,或者进一步对筛选出来的记录进行某种操作的数据库对象。

(3)窗体:允许用户采用可视化的直观操作设计数据输入、输出界面的结构和布局。

(4)报表:允许用户不用编程仅通过可视化的直观操作就可以设计报表打印格式。

(5)宏:执行各种操作,控制程序流程。

（6）模块：处理、应用复杂数据信息的工具。

这 6 个数据库对象相互联系，构成一个完整的数据库系统。

下面使用 Access 2010 建立一个数据库对学生成绩进行管理，实现学生信息、课程信息、分数信息的录入以及数据查询与打印功能。

1. 数据表设计

学生数据库中共包括 3 个表：STUDENT 表、COURSE 表和 SCORE 表，分别如表 9-1～表 9-3 所示。它们之间的关联字段为 StudentId 和 CourseId。

表 9-1　STUDENT 表

字　段　名	类　型	大　小	说　明
StudentId	文本	10	学生编号
StudentName	文本	20	学生姓名
StudentSex	文本	4	学生性别

表 9-2　COURSE 表

字　段　名	类　型	大　小	说　明
CourseId	文本	10	课程编号
CourseName	文本	20	课程名字

表 9-3　SCORE 表

字段名	类型	大小	说　明
StudentId	文本	10	学生编号，参照 STUDENT. StudentId
CourseId	文本	10	课程编号，参照 COURSE. CourseId
Score	数字	长整型	得分

2. 创建数据库和数据库表

（1）创建数据库及表。在"开始"菜单中选择 Microsoft Office2010→Microsoft Access 2010，启动 Access 2010，启动后，在"文件"选项卡中依次单击"新建"→"可用模板"→"空数据库"命令。在窗口右下角的"文件名"文本框中输入数据库的文件名"xs. accdb"，单击文件名右边的"打开文件夹"按钮，弹出"文件新建数据库"对话框。在该对话框的"保存位置"下拉列表框中选择 xs 数据库文件的保存位置，单击"确定"按钮，然后再单击"创建"按钮，数据库创建成功。

数据库创建成功后，默认创建了一个名字为"表 1"的空表。在左侧导航栏中右击默认创建的"表 1"，在弹出的快捷菜单中选择"设计视图"菜单项，弹出"另存为"对话框，输入 STUDENT，单击"确定"按钮。然后在该设计视图中创建 STUDENT 表所需的字段，设置各字段的数据类型、大小等，并将 StudentId 字段设置为该表的主键，如图 9-10 所示。

STUDENT 表创建完成后，接着创建 COURSE 表。单击"创建"选项卡"表格"组中的

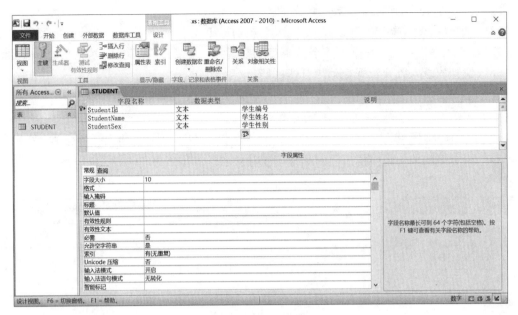

图 9-10　创建 STUDENT 表

"表设计"按钮，Access 2010 会自动创建一个名为"表1"的空表，并打开它的设计视图。在该设计视图中创建 COURSE 表所需的字段，设置各字段的数据类型、大小等，并将 CourseId 字段设置为该表的主键。单击对最顶端的"保存"按钮，弹出"另存为"对话框，在"表名称"文本框中输入 COURSE，单击"确定"按钮，完成 COURSE 表的创建。

　　右击表设计视图的表标签，在弹出的菜单中选择"全部关闭"命令，关闭 STUDENT 表和 COURSE 表的设计视图。双击左侧导航栏中的表名，打开 STUDENT 表和 COURSE 表的数据表视图，输入具体的数据。例如，输入 STUDENT 表数据如图 9-11 所示。

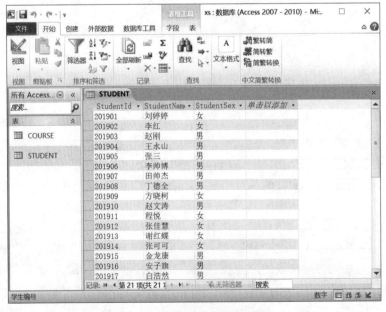

图 9-11　输入 STUDENT 表数据

可以按照同样的方法创建 SCORE 表,此处采用从 Excel 中导入数据表的方法。假设已经有一个 Excel 文件 score.xlsx,其中存储了 SCORE 表中的数据,将该文件中的内容导入 xs 数据库中,方法如下:单击"外部数据"选项卡"导入并链接"组中的 Excel 按钮,在打开的"选择数据源和目标"对话框中选择已有的 score.xlsx 文件,并选中"将源数据导入当前数据库的新表中"选项,单击"确定"按钮。在"导入数据表向导"中连续两次单击"下一步"按钮,修改数据类型等,然后单击"下一步"按钮,选择"不要主键",再次单击"下一步"按钮,输入 SCORE 表名,单击"完成"按钮。至此,已将 Excel 文件中的数据导入 xs 数据库的 SCORE 表中,如图 9-12 所示。

图 9-12　将 Excel 文件中的数据导入 SCORE 表中

在导航栏中右击 SCORE 表,选择"设计视图"菜单,可以在设计视图里检查和调整各个字段的类型、大小、说明等,也可以再增加字段。例如,可以增加一个存放平时成绩的字段 ps 和一个存放总评成绩的字段 zp,而总评成绩 zp 需要通过平时成绩字段 ps 和分数字段 score 计算出来。所以增加 zp 字段时,选择数据类型为"计算",然后在弹出的"表达式生成器"中输入"[ps]＊0.3＋[score]＊0.7",如图 9-13 所示,单击"确定"按钮,即可增加计算出来的总评成绩字段 zp。本实例中不再增加这两个字段。

（2）建立各表间的关系。在 xs 数据库中,单击"数据库工具"选项卡"关系"组中的"关系"按钮,进入关系视图,在弹出的"显示表"窗口中选择需要建立关系的所有表,单击"添加"按钮,将这些表添加到关系视图中。

关闭"显示表"窗口,在关系视图中通过鼠标拖动关联字段"StudentId""CourseId",创建各表间的关系,如图 9-14 所示。创建好之后保存数据库。

3. 查询设计

下面利用刚建立的数据库查询数学成绩不及格的学生姓名。

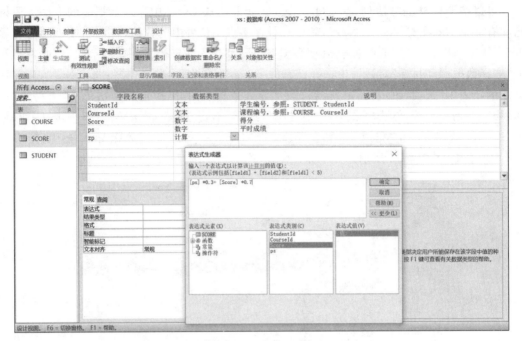

图 9-13　增加字段

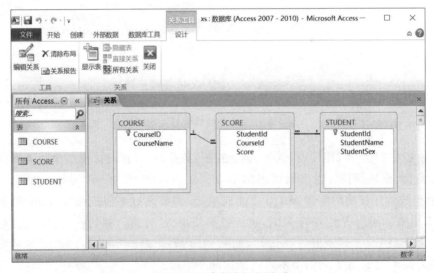

图 9-14　创建各表间的关系

在 xs 数据库中单击"创建"选项卡"查询"组中的"查询设计"按钮,在弹出的"显示表"窗口中选择该查询的数据源 STUDENT 表、COURSE 表和 SCORE 表,单击"添加"按钮,把这些表添加到查询设计视图中。

关闭"显示表"窗口,双击建立查询用到的 STUDENT 表、COURSE 表、SCORE 表中相应的 StudentName、CourseName、Score、CourseId、StudentId 等字段,让它们出现在窗口下面的查询设计器中,并设置一些查询条件,如图 9-15 所示。这里需要显示的字段只有 StudentName,查询条件是 CourseName＝'数学'并且 score＜60,另外通过 CourseId、

StudentId 字段将多个表关联起来。

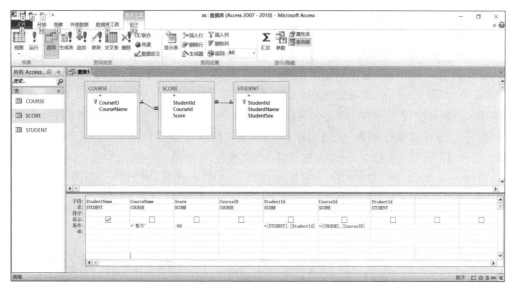

图 9-15　查询设计

设置好之后，单击"保存"按钮，在弹出的"另存为"对话框中设置查询名称为"数学不及格查询"，单击"确定"按钮，完成该查询的创建。查询运行结果如图 9-16 所示。数学对应的课程编号为 C002，数学不及格的人的姓名是刘婷婷、赵刚和李帅博。

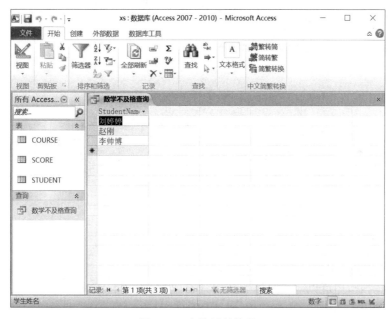

图 9-16　查询运行结果

4. 窗体设计

窗体界面应比较友好，用户可以根据提示录入数据，规范数据的录入，并且可以显示数据、查询信息等。各种常见的软件界面、人与软件进行交互的窗口等都是窗体、如 QQ 的登录界面。

Access 2010 有多种创建窗体的方法，如自动生成窗体、使用向导创建窗体、使用窗体设计视图创建窗体、创建空白窗体等。此处介绍使用窗体向导创建窗体的步骤。

在 xs 数据库中单击"创建"选项卡"窗体"组的"窗体向导"按钮，弹出"窗体向导"对话框，如图 9-17 所示。在该对话框的"表/查询"下拉列表框中选择该窗体的数据源 STUDENT 表，将"可用字段"列表中的所有字段添加到右边的"选定字段"列表中，单击"下一步"按钮。选择窗体布局为"表格"，单击"下一步"按钮。指定窗体标题为"STUDENT 数据录入"，单击"完成"按钮。Access 根据上述设置自动创建一个名为"STUDENT 数据录入"的表格式窗体，如图 9-18 所示。通过该窗体录入学生记录，在 STUDENT 表中可以看到新添加的记录。

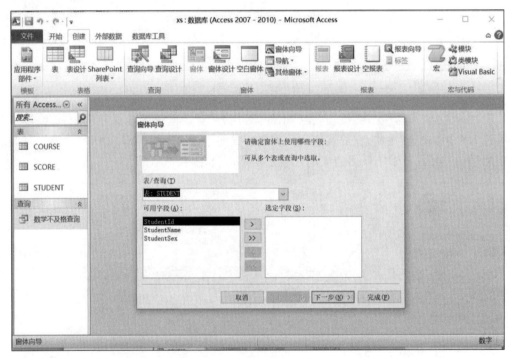

图 9-17 "窗体向导"对话框

5. 报表设计

报表是查阅和打印数据的方法，与其他数据打印方法相比，报表具有执行简单数据浏览操作和打印的功能，还可以对大量原始数据进行比较、汇总和小计。报表还可以生成清单、订单，输出其他所需的内容，从而方便、有效地处理数据。

下面介绍使用报表向导生成学生分数报表的方法。在 xs 数据库中单击"创建"选项卡"报表"组中的"报表向导"按钮，弹出"报表向导"对话框。在该对话框的"表/查询"下拉列表框中选择该窗体的数据源 SCORE 表，将"可用字段"列表中的所有字段添加到右边的"选定字段"列表中，单击"下一步"按钮。不添加分组级别，单击"下一步"按钮。无须选择排序字

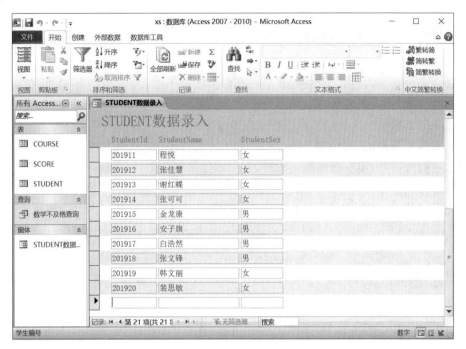

图 9-18　使用窗体向导创建的窗体

段,单击"下一步"按钮。指定报表布局方式,这里设置布局为"块",方向为"横向",单击"下一步"按钮。指定报表标题为"SCORE",单击"完成"按钮。Access 根据上述设置自动创建一个报表,如图 9-19 所示。

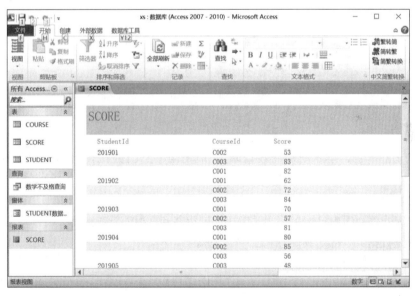

图 9-19　分数报表

另外,还可以使用 Access 数据库管理系统的宏来完善系统功能,如设计"面板"窗体、系统菜单、登录窗体等,有兴趣的读者可自行了解,此处不再赘述。

9.4 基于搜索引擎的数据查找

互联网是个巨大的数据资料库,互联网平台上汇集了生活、工作、休闲娱乐、在线学习等各个方面的信息,给人们的学习和娱乐带来了无限的资源。在海量的资源面前,如何快速找到自己需要的数据呢? 这时就要借助搜索引擎了。

搜索引擎是指根据一定的策略,运用特定的计算机程序从互联网上收集信息,在对信息进行组织和处理后,为用户提供检索服务,将用户检索相关的信息展示给用户的系统。搜索引擎的核心仍然是数据库。常用的搜索引擎有百度、360 搜索、Google、搜狗等。图 9-20 显示了使用百度搜索引擎搜索"access 数据库"的结果,可以看出搜索到了大量的相关资料。

图 9-20　通过百度搜索引擎查找资料

互联网上还有针对学术研究的数据库,一般为高校和研究机构所用。学术数据库中的一些学术论文、行业数据、统计年鉴等能为用户提供相当权威的信息。目前,国内比较有名的学术数据库如下。

(1) 中国知网:国内最大的学术数据库,包括期刊、学位论文、专利、统计年鉴等。

(2) 万方数据:包括期刊、学位论文、专利等。

(3) 维普:包括期刊、论文等。

图 9-21 为在中国知网上搜索"无人机"的结果,都是有关期刊、学位论文、专利等比较权威的信息。使用这些研究性数据库都是要收费的,不过一般大学都购买了数据库,在大学校园网内可免费使用。

另外,互联网上还出现了共享文库,使大家收集信息方便了许多。主要的共享文库有以下几个。

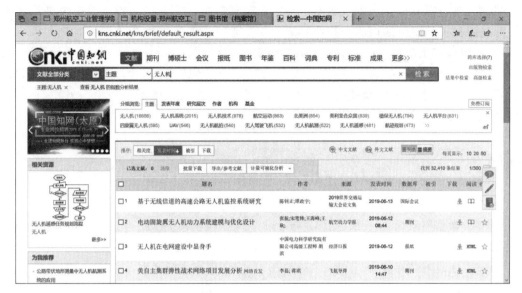

图 9-21　通过中国知网查找资料

（1）百度文库：国内文档数据量最大的共享文库。

（2）道客巴巴：综合型文库，文档数量和质量较好。

（3）豆丁文库：其收费的盈利模式导致用户数量逐年减少。

（4）智库文档：以管理文档、行业文档为主，质量较好。

一般情况下，共享文库都会提供免费在线查阅服务，但如果想下载使用的话就需要注册账号，甚至需要付费。图 9-22 显示了百度文库的相关情况。

图 9-22　百度文库

网络上的数据非常多，如何快速、准确地找到所需数据也是一门学问。可以选择淘宝、美团、链家、携程等专业网站，这些网站都可以查到价格数据，获得比较详细的数据资料。其次,要选择一个恰当的关键词,这个关键词要符合搜索的内容。如果关键词不合适,可能就找不到想要的内容,这时候应更换关键词或者使用组合关键词。例如搜索大数据行业发展相关资料,如果就在百度上搜索"大数据",结果非常多,无法进行筛选,可以对关键词进一步界定,如"大数据行业""大数据市场规模""中国大数据产业""大数据技术""大数据企业"等,需要不停地变换关键词,直到搜索到满意的结果。另外,也可以更换搜索引擎再搜索。

习题 9

1. 在计算机操作系统中,对数据进行管理的部分称为( )。

    A. 数据库系统   B. 文件系统   C. 检索系统   D. 数据存储系统

2. 从用户角度来看,引入文件系统的主要目的是( )。

    A. 实现虚拟存储   B. 保存系统文档

    C. 保存用户和系统文档   D. 实现对文件的按名存取

3. 树状目录中的主文件目录称为( )。

    A. 父目录   B. 子目录   C. 根目录   D. 用户文件目录

4. 在计算机中,文件是存储在( )。

    A. 磁盘上的一组相关信息的集合

    B. 内存中的信息集合

    C. 存储介质上一组相关信息的集合

    D. 打印纸上的一组相关数据

5. 文件系统实现按名存取,主要是通过( )来实现的。

    A. 查找位置图   B. 查找文件目录

    C. 查找作业表   D. 内存地址转换

6. 数据管理技术的发展过程中,在( )阶段,数据是以文件形式长期存储在辅助存储器中。

    A. 手工管理阶段   B. 文件管理阶段

    C. 层次数据库管理阶段   D. 关系数据库管理阶段

7. 下列各项中,不属于数据库特点的是( )。

    A. 数据共享   B. 数据完整性

    C. 数据冗余较小   D. 数据独立性低

8. 数据库中存储的是( )。

    A. 数据之间的联系   B. 数据模型

    C. 数据   D. 信息

9. 下列有关数据库的说法中,不正确的是( )。

    A. 数据库避免了一切数据的重复

    B. 数据中的数据可以共享

    C. 数据库减少了数据冗余

    D. 数据和程序具有较高的独立性

10. 下列各项中,不是数据管理方式的是(   )。

    A. 文件管理   B. 数据库管理

    C. 外部数据管理   D. 图片管理

11. 关系型数据库系统所管理的关系是(   )。

    A. 一个 .accdb 文件   B. 若干个 .accdb 文件

    C. 一个二维表   D. 若干个二维表

12. Access 数据库的类型是(   )。

    A. 层次式数据库   B. 网络式数据库

    C. 关系式数据库   D. 面向对象数据库

13. 关系型数据库中的数据表(   )。

    A. 完全独立,相互没有关系   B. 相互联系,不能单独存在

    C. 既完全独立,又相互联系   D. 以数据表名来表现其相互间的联系

14. 下列各项中,用于基本数据运算的是(   )。

    A. 表   B. 查询   C. 窗体   D. 宏

15. 使用 Access 按用户的应用需求设计的结构合理、使用方便、高效的数据库和配套的应用程序系统,属于一种(   )。

    A. 数据库   B. 数据库管理系统

    C. 数据库应用系统   D. 数据模型

16. 数据库是(   )。

    A. 以一定的组织结构保存在辅助存储器中的数据集合

    B. 一些数据的集合

    C. 辅助存储器上的一个文件

    D. 磁盘上的一个数据文件

17. 关系数据库是以(   )为基本结构而形成的数据集合。

    A. 数据表   B. 关系模型   C. 数据模型   D. 关系代数

18. 小明通过"百度"网站在搜索有关鲁迅所著的《狂人日记》互联网上的资料,最有效的关键词是(   )。

    A. 鲁迅   B. 小说   C. 鲁迅 狂人日记   D. 狂人日记

19. 使用单一的关键词检索难以得到具体、准确的结果时,为了提高检索的效率,下列方法中,最合适的是(   )。

    A. 使用组合关键词   B. 输入非常具体的关键词

    C. 换一个搜索引擎   D. 输入比较通俗、常见的关键词

20. 小红看电视时听到一首歌曲,她想在网络上找到这首歌并下载下来,以下方法中,最好的是(   )。

    A. 访问新浪等门户网站进行查找

    B. 访问各大音乐公司的网站进行查找

    C. 询问 QQ 上的好友

    D. 用搜索引擎进行音乐分类搜索

第10章

如何与计算机"对话"——人机交互

现在的计算机越来越"聪明"了,不仅能"听"懂人们的语言,还能"看"懂人们的动作,甚至还能懂人们的"心"。计算机怎么做到这些的呢? 这主要依赖人机交互技术。本章将介绍有关人机交互的内容,包括人机交互的概念、传统的人机交互技术、最新的人机交互技术、人机交互的发展方向等,下面来一起领略人机交互的魅力。

10.1 人机交互概述

1. 什么是人机交互

现在,计算机已经是人们生活、工作不可或缺的工具之一,人们需要用它写报告、排日程、修图、上网等。在使用的过程中,人与计算机之间也是需要"交流"的。例如,一个人打开修图软件 Fotor,单击"一键美化"按钮,计算机获得了这个命令,然后生成一张全方位美化的图片呈现给这个人。这个过程中,人向计算机发出命令,计算机读懂该命令,并把人们想要的结果反馈给他们,这就是人机交互。

人机交互(Human-Computer Interaction,HCI)是指人与计算机之间使用某种对话语言,以一定的交互方式完成确定任务的信息交换过程。人机交互最基本的功能是机器能够接受用户的命令,并且能够把处理结果通过一定的形式展示给用户。人机交互包括人到计算机的信息交换和计算机到人的信息交换,如图10-1所示。

人机界面是人与计算机之间传递、交换信息的媒介和对话接口,是人与计算机之间信息交互的平台。建立友好的人机界面的目的就是使用户更容易使用计算机,并让使用者更愉快。

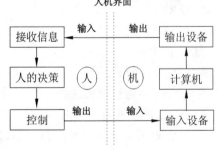

图 10-1 人机交互示意图

人机交互通常是一个包含软件和硬件的复杂系统。人机交互是计算机领域的一个古老而又前沿的分支学科。实现自然、便利和无所不在的人机交互,是现代信息技术、人工智能技术研究的至高目标,也是数学、信息科学、智能科学、神经科学,以及生理、心理科学多学科交叉的结合点,并将成为 21 世纪前期信息和计算机研究的热门方向之一。

早期的人机交互设施是键盘和显示器。用户通过键盘输入命令,计算机接到命令后立即执行并将执行结果通过显示器显示出来。随着计算机技术的发展,交互设备和交互技术越来越多,功能也越来越强,现在人们可以通过键盘、鼠标、手写板、触摸屏、扫描仪、话筒、摄像头、操纵杆、数据服装、眼动跟踪器、位置跟踪器、数据手套、压力笔等输入设备,用手、脚、声音、姿势、身体的动作、视线甚至脑电波等向计算机传递信息;计算机也可以通过显示器、打印机、绘图仪、音箱、耳机、立体眼镜、头盔式显示器等输出设备向人们提供可理解的信息。

2. 人机交互的发展历史

计算机的发展历史不仅是处理器速度、存储器容量飞速提高的历史,也是人机交互体验不断改善的历史。人机交互技术的发展过程也是从人适应计算机到计算机不断适应人的发展过程。人机交互的发展经历了如下几个阶段。

(1) 早期的手工作业阶段。早期计算机程序和数据的输入是采用穿孔卡片或纸带的方式,计算机的状态用指示灯来显示,计算结果由打印机打印输出。穿孔卡片或纸带上的程序和数据是人们手工将二进制机器码输入穿孔机,再交由阅读机读入计算机的。这时的人机交互的效率很低,而且程序输错了也没法修改,只能将纸带报废,输出界面也很不直观,更谈不上实时交互。

(2) 命令行界面交互阶段。后来,为了便于操作和控制作业,逐步发展出了交互式命令语言及其有关标准。当时的终端分为批处理终端和交互终端,在批处理终端上一次性提交整个作业,计算机按照指令顺序执行,而在交互终端上人们可以每次向计算机输入一行命令或数据,计算机逐条解释执行,并在显示器上输出结果。为了便于输入数据,人们还编制了文本菜单程序,用户可以在计算机的提示下通过问答的方式输入数据,这一阶段的人机界面被称作命令行界面。

这一阶段,计算机的主要使用者——程序员可采用批处理作业语言或交互命令语言的方式与计算机交流,虽然需要记忆很多命令和熟练地敲键盘,但已可用较方便的手段来调试程序、了解计算机的执行情况。

(3) 图形用户界面阶段。1963 年,美国斯坦福研究所的 D. Engelbart 发明了鼠标器,他预言鼠标器比其他输入设备都好,并在超文本系统、导航工具方面取得了杰出的成果,获1997 年 ACM 图灵奖。

鼠标和图形用户界面(Graphical User Interface,GUI)的出现,彻底改变了计算机的历史。GUI 使人机交互方式发生了巨大变化,普通用户不需要懂计算机,更不需要记住烦琐的操作命令,用户只需轻点鼠标就可以完成所有操作,非常简单且易于掌握,极大地推动了计算机的普及应用。

(4) 多通道、多媒体的智能人机交互阶段。利用人的多种感觉通道和动作通道,如语音、手写、姿势、视线、表情等输入,以并行、非精确的方式与可见或不可见的计算机环境进行交互,可以提高人机交互的自然性和高效性。多通道、多媒体的智能人机交互对我们既是一个挑战,也是一个极好的机遇,人机交互将向着自然交互和情感交互的方向发展。

10.2　传统的人机交互技术

1. 命令行方式

用户输入文本命令,系统也以文本的形式表示对命令的响应,这种人机界面称为命令行界面。命令行界面的模型如图 10-2 所示。用户敲击键盘输入操作命令,命令被计算机应用程序执行,然后将执行结果通过文本字符的形式反馈给用户。

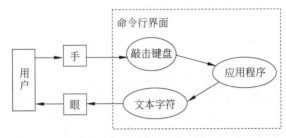

图 10-2　命令行界面的模型

MS-DOS 操作系统是命令行交互界面,在该交互方式下,操作者就是通过命令向计算机发出相应的指令,命令计算机完成任务,计算机同样将执行结果以文本字符的形式反馈给用户。

Windows 操作系统仍保留了 MS-DOS 的命令行方式,可以通过"开始"菜单运行"命令提示符"程序,打开如图 10-3 所示的窗口。

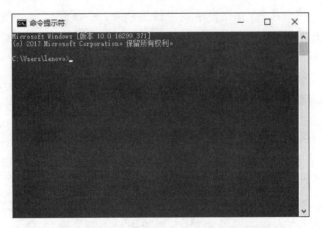

图 10-3　Windows 操作系统中的命令提示符窗口

在命令提示符窗口中输入相应的命令可以命令计算机完成相应的操作。例如,如果需要更改文件的名字,可以用 rename 命令,输入命令 rename d：\test\aaa.txt　bbb.txt,可以将 D 盘下 test 目录中的 aaa.txt 文件改为 bbb.txt 文件,如图 10-4 所示。

又如,如果要把一个文件复制到另一个地方,可以使用 copy 命令,如图 10-5 所示,命令 copy d：\t? st＊.txt e：\表示将 D 盘下文件名为 t? st＊.txt 的文件复制到 E 盘下。文件名 t? st＊中的"＊"和"?"为通配符,"＊"表示任意多个任意字符,而"?"表示一个任意字符。

这种命令行的方式需要用户记忆很多命令，所以操作起来不太容易。

图 10-4　通过命令行方式修改文件名

图 10-5　通过命令行方式复制多个文件

2. 图形用户界面方式

20 世纪 80 年代，GUI 诞生了。首先是美国苹果公司开发出了世界上第一台图形用户界面计算机——Macintosh。Macintosh 风格也成了图形用户界面的标准。接着美国微软公司推出了 Windows 操作系统，并迅速成为风靡全球的 GUI 操作系统。到 20 世纪 90 年代，基于 GUI 的软件已经超过了基于命令行界面的软件，GUI 已经成为人机交互的主导方式。

基于图形用户界面的人机交互非常简单、易于掌握，目前广泛应用于各种微机和图形工作站。比较成熟的商业化系统有 Microsoft 的 Windows、Apple 的 Macintosh、IBM 的 PM（Presentation Manager）和运行于 UNIX 环境的 X-Window、OpenLook、OSF/Motif 等。

图形用户界面又称 WIMP 界面，由窗口（Windows）、图标（Icons）、菜单（Menu）、指点设备（Pointing Device）四位一体形成桌面（Desktop），如图 10-6 所示。图形用户界面的共同特点是以窗口管理系统为核心，使用键盘和鼠标作为输入设备。在 WIMP 界面中，用户使用手通道输入信息，通过视觉通道获取信息。在 WIMP 界面中，由于引入了图标、按钮和滚动条技术，大大减少键盘输入，提高了交互效率，用户只需要通过鼠标就可以完成对计算机的操作。

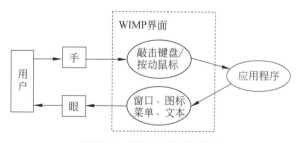

图 10-6　WIMP 界面的模型

下面以 Windows 10 操作系统为例，介绍人与计算机是如何基于 GUI 进行交流的。

（1）窗口操作。窗口是 Windows 操作系统的重要标志之一。在 Windows 10 中，每当用户打开一个文件或启动一个程序时，就打开了一个窗口，如图 10-7 所示。对一个窗口可以进行打开、关闭、移动、改变窗口大小等操作。这些操作通过鼠标都很容易实现，例如单击窗口最上方标题栏拖动就可以移动窗口；通过单击窗口右上角的最大化、最小化、还原等按钮，可以实现窗口的最大化、最小化以及恢复到窗口的正常大小等操作；单击窗口的"关闭"按钮则可以将窗口关闭，所有这些操作都非常简单。

图 10-7　Windows 操作系统的窗口

右击"开始"菜单，在弹出的快捷菜单中选中"设置"选项，可打开"设置"窗口，如图 10-8

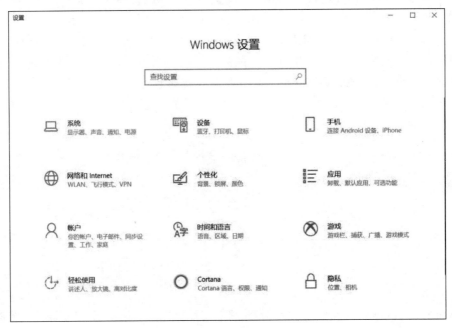

图 10-8　"设置"窗口

所示,单击该窗口中相应的项,可以对计算机的"系统""网络""个性化""应用""账户""更新和安全"等各个方面进行设置。例如,单击"个性化"选项,打开"个性化设置"窗口,可以更改桌面背景、颜色、锁屏界面、主题,还可以对"开始"菜单和任务栏进行个性化设置,如图 10-9所示。

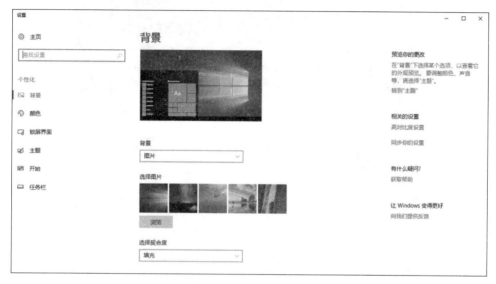

图 10-9 个性化设置

用户只需要用鼠标单击相应的设置,向计算机发出相关的命令,计算机就能够完成用户的要求。与命令行方式相比,基于图形的人机交互方式已经使人与计算机之间的交流变得很容易了。

（2）菜单操作。基于图形化界面的人机交互中,很多操作都是通过菜单完成的。Windows 系统中,常用的菜单有"开始"菜单、快捷菜单等。单击桌面左下角的"开始"按钮即可打开"开始"菜单,"开始"菜单集成了 Windows 系统的所有功能,有关 Windows 的所有操作都可以从这里开始,如图 10-10 所示。快捷菜单是用指鼠标右击某对象以后弹出的菜单,与该对象相关的一些操作以及该对象的属性均会出现在快捷菜单上,如图 10-11所示。

（3）选项卡和按钮。Windows 10 的窗口中有多个选项卡,如图 10-12 所示,该窗口中有"文件""主页""共享""查看"4 个选项卡,每个选项卡中又有很多个按钮,例如"主页"选项卡中有"复制""粘贴""剪切""删除""重命名""新建文件夹"等多个按钮,通过单击相应的选项卡和按钮,可以对计算机发出相关命令,命令计算机进行相应的操作,实现人与计算机之间的交流。

（4）管理文件和文件夹。计算机上的各种信息都是以文件的形式保存在硬盘上的。日常工作中,为了便于对信息的使用,需要经常对硬盘上的文件进行管理,如文件或文件夹的新建、复制、移动、删除、搜索等操作,这在基于图形化用户界面的 Windows 操作系统中都是非常容易实现的。

例如,用户想在计算机 D：盘上新建"计算机作业"文件夹,将 U 盘上所有学生的作业文件复制到新建的"计算机作业"文件夹中,然后从全部学生的作业中查找某个学号的学生的

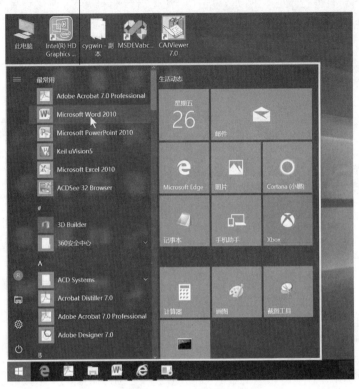

"开始"菜单

图 10-10 "开始"菜单

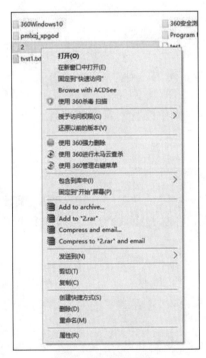

图 10-11 快捷菜单

选项卡和按钮

图 10-12　Windows 10 窗口中的选项卡和按钮

作业,并将其删除。在基于图形用户界面的 Windows 10 操作系统中,可以按照下面的步骤来"告诉"计算机,让计算机懂得用户的意图,并按要求完成用户想要的任务。

① 双击桌面上的电脑图标,在电脑窗口中双击 D:盘,来到 D:盘根目录下。

② 单击窗口中"主页"选项卡中的"新建文件夹"按钮,新建文件夹并将新建的文件夹命名为"计算机作业",如图 10-13 所示。

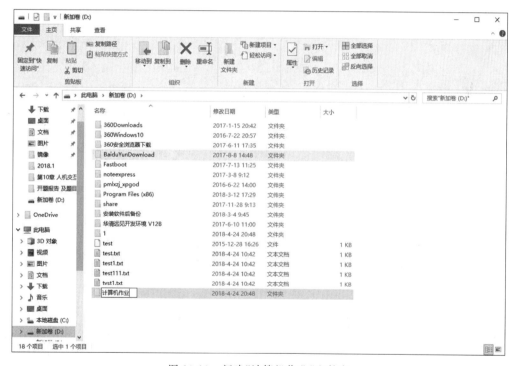

图 10-13　新建"计算机作业"文件夹

③ 将 U 盘插入计算机,找到学生的所有作业,单击"全部选择"按钮,选中要复制的所有文件,然后单击"复制"按钮,将学生的所有作业复制到剪切板。

④ 双击新建的"计算机作业"文件夹,进入该目录,单击"粘贴"按钮,将刚才复制到剪切板上的学生的作业粘贴到该目录下,完成了所有文件的复制,如图 10-14 所示。当然也可以通过将 U 盘上的学生的作业拖到"计算机作业"文件夹中的方法完成复制。

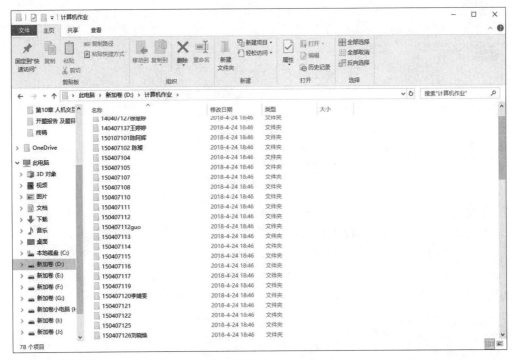

图 10-14　文件的复制

　　⑤ 在图 10-14 地址栏右侧的搜索栏中输入"150407114"，查找到学号为"150407114"的学生的作业，单击选中该文件之后将其删除。注意，删除文件的方法有多种，可以单击"主页"选项卡中的"删除"按钮将其删除，也可以按键盘上的 Del 键将其删除，还可以右击它，在弹出的快捷菜单中单击"删除"菜单项将其删除，或者直接将其拖入"回收站"将其删除。

　　通过这些操作，人与计算机之间实现了"交流"，通过这些"交流"，计算机能够懂得用户的心意，并按用户的要求完成所有的操作，最后将结果呈现给用户。

10.3　最新的人机交互技术

　　前面介绍的人机交互是传统的人机交互技术，主要通过键盘和鼠标来实现人与计算机之间的"交流"。但是用户总是希望人机交互更便捷，更符合用户的使用习惯，同时又比较自然，为了满足用户需求，新的交互技术不断出现。新的交互技术利用人的多种感觉通道和动作通道，如语音、手写、姿势、视线、表情等输入，以并行、非精确的方式与可见或不可见的计算机环境进行交互，使人们进行自然、和谐的人机交互。新的交互技术包括手写识别、语音识别、触觉交互技术、手势识别、眼动跟踪、多通道交互、虚拟现实、智能用户界面等方面。

1. 手写识别

　　手写识别是指将在手写设备上书写时产生的有序轨迹信息转化为字符内码的过程，实际上是手写轨迹的坐标序列到字符内码的一个映射过程。从 2011 年开始，手写识别技术就开始在高端手机上应用。随着智能手机等移动智能设备的普及，手写识别技术逐渐发展成熟，目前已经进入了规模应用阶段。手写识别是目前非常自然、方便的人机交互方式之一，能够大大提高输入的速度。

手写识别是一项复杂的技术，影响手写识别用户体验的因素有输入连贯性、识别准确率、识别速度、输入切换、手写界面等多个方面。目前，手机中最常用的讯飞输入法是其中的佼佼者，受到广大用户的欢迎，其界面如图 10-15 所示，支持多字叠写、连写，支持数字、英文、符号、汉字混合手写，识别率超过 98%。

手写识别技术的优点是不需要专门学习与训练，不必记忆编码规则，安装后即可手写输入，是非常简单、方便的输入方式。同时与人们日常生活中的书写相似，符合人的书写习惯，还可以一面思考一面书写，不会打断思维的连续性，是很自然的输入方式。

图 10-15　手写识别

2. 语音识别

语音识别是计算机通过识别和理解过程把语音信号转变为相应的字符文件或命令的技术。从 Windows Vista 开始，Windows 操作系统本身已经具备了通过语音识别来操作计算机的功能，为计算机的操作带来了很好的使用体验，更为残障人士提供了便捷的操作方式。

使用 Window 10 操作系统的语音识别功能时，单击屏幕左下角的"开始"菜单→"Windows 附件"→"Windows 轻松使用"→"Windows 语音识别"即可进行语音识别操作。首次使用该功能会有"设置语音识别"提示，在设置向导中进行一系列的设置、训练、学习之后，计算机熟悉了用户的语音，用户会在屏幕上看到语音系统已启动，这时用户就可以通过语音来简单操作计算机了。例如，如果通过麦克风说"打开此电脑"，就可以打开电脑窗口，如图 10-16 所示。而这时如果再对着麦克风说"切换到桌面"，则电脑窗口自动最小化，Windows 桌面就出现在用户面前。其他的一些操作也可以通过语音进行控制。

语音交互的关键是语音识别引擎，现有的语音识别软件包括微软的 Speech API、IBM 公司的 Via Voice、Nuance 的 Dragon Naturally Speaking 和科大讯飞的 nterReco 等，它们都达到了很好的性能。如今，随着语音识别技术的逐步开放，语音技术的门槛逐渐降低。

现在，几乎所有的手机都开始内置语音助手类的应用。例如手机安卓版的讯飞输入法中就集成了语音识别引擎，支持语音输入，如图 10-17 所示。讯飞输入法中的语音输入是首款云计算智能语音输入法，语音识别率超过 95%，不仅支持普通话、英语、粤语识别，还支持客家话、四川话、河南话、东北话等很多方言识别，另外支持语音流式识别、边说边识别、智能添加标点符号，大大提高了输入速度，使用起来非常方便。

语音输入方式有许多优点：解放了用户的手，采用一个未被利用的输入通道，允许高效、精确地输入大量文本，是完全自然和熟悉的方式。

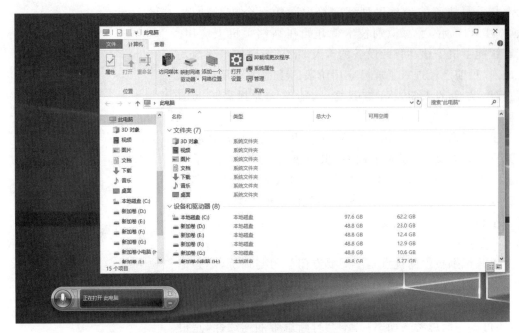

图 10-16　通过语音识别控制计算机

图 10-17　语音识别

3．力/触觉交互技术

力/触觉的感知是一种无所不在的对环境的感知能力。力/触觉感知技术可以传递压力、温度、纹理、速度、加速度、震动等各种信息，就像人在现场真正的触摸一样，反馈给操作者真实的感受。与传统的视觉交互和听觉交互相互，力/触觉交互能使用户产生更真实的沉浸感，在交互过程中有着不可替代的作用。

在虚拟现实和遥控操作系统中,研制出能够精确地反馈大范围的力/触觉信息的设备是至关重要的。例如,外科手术中,外科医生能够感觉到不同肌体组织的软硬程度是非常关键的,这样医生可以以更自然的方式灵敏地操作手术机器人。当机器人与环境相互作用时,如果仅仅依靠视觉信息,操作者不能从中获得真实的感受,人的视觉偏差需要依赖于力/触觉信息的修正,力/触觉信息的反馈可以极大地提高精细作业的效率和精度。

目前,力觉装置有外骨骼和固定设备、数据手套和穿戴设备、点交互设备和专用设备等。这些力觉装置中,采用气动、液压、电动机、磁场等驱动的主动式力觉反馈居多,也有基于液体智能材料的被动式力觉反馈。

虚拟现实系统必须提供触觉反馈,以便使用户仿佛真的摸到了物体。图 10-18 和图 10-19 所示为触觉反馈的一些实验场景。图 10-18 中,一块振动的金属板可以提供多重感觉触觉,用户戴上头戴式显示器之后,把手放在金属板上,然后就可以在桌面上控制一个反弹球或者是一个移动的火花,用户可以感知到定向的振动,这种振动精确地模拟了桌面上正在发生的事情。图 10-19 中,力反馈装置连接人的手指,然后通过手指在一块电容屏上触摸,可以感受预先设定的几种材料的质感、纹理、硬度。

图 10-18　触觉交互设备一　　　　　　　图 10-19　触觉交互设备二

4. 手势识别交互

手势识别交互是利用计算机图形学等技术识别人的肢体语言,并转化为命令来操作设备。手势识别交互能够识别用户的手势动作、十指的动作路径、十指目标、运动轨迹,并将识别信息实时转化为指令信息,将交互体验空间扩展到三维空间。

最初的手势识别交互主要是利用机器设备,直接检测手和胳膊各关节的角度和空间位置。典型的手势识别交互设备是数据手套,由多个传感器件组成,通过这些传感器可将用户手的位置、手指的方向等信息传送到计算机系统中,检测效果良好,但将其应用在常用领域则价格昂贵。之后,光学标记方法取代数据手套,将光学标记戴在人的手上,通过红外线可将人手位置和手指的变化传送到系统屏幕上,该方法也可提供良好的交互效果,但仍需较为复杂的设备且价格昂贵。后来,基于视觉的手势识别方式应运而生。视觉手势识别是指通过计算机视觉技术处理视频采集设备拍摄到的包含手势的图像序列,进而对手势加以识别。基于视频采集设备的手势识别交互能够快速检测并返回图片或视频中的手势,深度解析用户的行为信息,使人机交互更自然、高效、方便。

手势识别交互已经广泛应用于互动游戏中。例如，图 10-20(a)中，人和计算机正在下棋，下棋的时候人只需要做出相应的手势和动作，棋就可以到达相应的位置。图 10-20(b)中，通过手势和动作来控制游戏中的角色做出不同的反应。在这些游戏中，通过手势交互，趣味性和真实感都极强，能够使用户获得极好的体验。另外，手势识别还可以运用在汽车的智能驾驶上，例如宝马的 iDrive 系统，通过安装在车顶上的 3D 传感器对驾驶员手势进行识别，实现对车辆导航、信息娱乐系统的控制等。

(a) 人和计算机下棋　　　　　　　　(b) 通过手势控制游戏中的角色

图 10-20　手势识别交互

科技引导新生活，人机交互向非接触式的手势识别方向大步地发展，图像化和行动性的手势操作将会越来越广泛地应用到人们的生活中。手势识别能够很好地改善人机交互的效率。

5. 眼动跟踪

人类 80% 的外界信息是通过视觉获得的，目前人机界面所用的交互技术几乎都离不开视觉的参与。例如，当用户使用鼠标去控制屏幕上的光标来选择所感兴趣的目标时，视线随注意点聚焦到该目标上，然后检测光标与该目标的空间距离，再反馈到大脑并指挥手去移动鼠标，直至视觉判断光标已位于目标之上为止，交互过程自始至终都离不开视觉。

如果能通过用户的视线判断其感兴趣的目标，计算机"自动"将光标置于其上，人机交互将更为直接，也省去了上述交互过程中的大部分步骤，眼动跟踪技术就是要实现这样的目的。由于眼动跟踪技术可能代替键盘输入、鼠标移动的功能，达到"所视即所得"，因而对飞行员、残疾人等用户有极大的吸引力。

眼动跟踪的基本原理是利用红外发光二极管发出红外线，采用图像处理技术和能锁定眼睛的特殊摄像机，通过分析人眼虹膜和瞳孔中红外线图像点的连续变化情况，得到视线变化的数据，从而达到视线追踪的目的，如图 10-21 所示。

图 10-21　眼动跟踪

由眼动跟踪装置得到的原始数据需要经过进一步处理才能用于人机交互。数据处理的目的是滤除噪声、识别定位及局部校准与补偿等,最重要的是提取用于人机交互所必需的眼睛定位坐标。但是由于眼动存在固有的抖动,以及眼睛眨动、头部剧烈的移动所造成的数据中断,存在许多干扰信号,提取有意眼动数据非常困难。解决此问题的办法之一是利用眼动的某种先验模型加以弥补。

将视线应用于人机交互必须克服的另一个固有的困难是避免"米达斯接触"(Midas Touch)问题。如果鼠标光标总是随着用户的视线移动,可能会引起用户的厌烦,因为用户可能希望随便看着什么,不希望每次转移视线都启动一条计算机命令。因此,基于视线跟踪技术建立有效的用户界面的挑战之一就是避免"米达斯接触"问题。

6. 多通道交互技术

所谓多通道交互(Multi-Modal Interaction,MMI),是指使用多种通道与计算机通信的人机交互方式。通道涵盖了用户表达意图、执行动作或感知反馈信息的各种通信方法,如言语、眼神、脸部表情、唇动、头动、手势、肢体姿势、触觉、嗅觉、味觉等。采用多通道交互技术的计算机用户界面被称为多通道用户界面。多通道用户界面的研究始于20世纪80年代。多通道用户界面综合采用视线、语音、手势等新的交互通道、设备和交互技术,使用户利用多个通道以自然、并行、协作的方式进行人机对话,通过整合来自多个通道的、精确的和非精确的输入来捕捉用户的交互意图,提高人机交互的自然性和高效性,多通道用户界面的模型如图 10-22 所示。

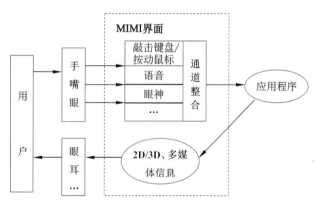

图 10-22　多通道交互界面的模型

在多通道交互界面中,用户可以使用自然的交互方式,如语音、手势、眼神、表情等,与计算机系统进行协同工作。交互通道之间有串行和并行、互补和独立等多种关系,多通道界面能组合单通道的优势,或根据环境上下文转换通道,因此人机交互方式向人与人的交互方式靠拢,交互的自然性和高效性得到极大提高。

多通道的整合问题是多通道交互的一个核心研究内容。多通道整合是指用户在与计算机系统交互时,多个通道之间相互作用,形成交互意图的过程。在用户的一次输入过程中,可能有多个通道参与其中,而每个通道都只携带了一部分的交互意图,系统必须将这些通道的交互意图提取出来,并加以综合、判断,形成具有明确含义的指令,以达到高效、自然的人机交互。

7. 虚拟现实与增强现实

虚拟现实(Virtual Reality,VR)又称人工环境、人工合成环境或虚拟环境。虚拟现实是以计算机技术为核心,结合其他相关技术,生成与一定范围真实环境在视、听、触感等方面高度近似的数字化环境,用户借助必要的装备与数字化环境中的对象进行交互、相互影响,产生亲临真实环境的感受和体验。虚拟现实交互设备主要有三维鼠标、三维跟踪球、三维扫描仪、数据手套、数据衣、触觉和力学反馈装置、位置跟踪器、眼动跟踪器、三维声音发生器、立体眼镜、头盔式显示器、大屏幕立体显示器等。在虚拟现实中,用户通过这些交互设备可以进入计算机合成的虚拟环境中,体验身临其境甚至现实生活中体验不到的感受。

虚拟现实由两部分组成:一部分是创建的虚拟环境,虚拟环境必须是一个能给人提供视觉、听觉、触觉、嗅觉、味觉等多种感官刺激的世界;另一部分是人,人是主动参与者,复杂系统中可能有许多参与者共同在虚拟环境中协同工作。虚拟现实的核心是强调两者之间的交互操作,即反映人在虚拟世界中的体验,如图 10-23 所示。虚拟现实系统实质上是一种高级的人机交互系统,这里的交互操作是对多通道信息进行的,并且对沉浸式系统要求采用自然方式的交互操作。虚拟现实的人机界面可以分解为多媒体、多通道界面。

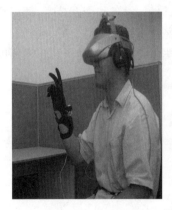 

图 10-23　虚拟现实

虚拟现实技术具有很强的应用性。军事方面,将虚拟现实技术应用于军事演练,能够带来军事演练观念和方式的变革,推动军事演练的发展;医学方面,虚拟现实技术已初步应用于虚拟手术训练、远程会诊、手术规划及导航、远程协作手术等方面,某些应用已成为医疗过程中不可替代的重要手段和环节;工业领域,虚拟现实技术可用于产品论证、设计、装配、人机工效、模拟训练、性能评价、虚拟样机技术等;文化教育领域,虚拟现实已经成为数字博物馆、科学馆、大型活动开闭幕式彩排仿真、沉浸式互动游戏等应用系统的核心支撑技术。

增强现实(Augmented Reality,AR)可以看作虚拟现实技术的一个分支,不同之处在于增强现实将现实世界的环境和计算机生成的虚拟物体实时融合在一起,更强调虚实结合,比起完全虚拟和完全现实的界面,虚实结合的增强现实界面有更大的发挥空间,同时使人机交互的体验更加精彩丰富。

8. 智能空间及智能用户界面

普适计算将使计算和信息服务以适合人们使用的方式普遍存在于人们的周围,以往相互隔离的信息空间和物理空间将相互融合在一起。在这个融合的空间中,人们可以随时随地、透明地获得计算机系统的服务。普适计算中信息空间和物理空间的融合可以在不同尺度上得到体现,其在房间、建筑物这个尺度上的体现就是智能空间。

智能空间(Smart Space)是指一个嵌入了计算、信息设备和多通道传感器的工作或生活空间。由于智能空间里具有自然、便捷的交互接口,用户能方便地访问信息和获得计算机的服务,因而可高效地单独工作或与他人协同工作。国际上已开展了许多智能空间的项目,如美国麻省理工学院的 Intelligent Room、斯坦福大学的 Interactive Workspace、清华大学的智能教室等,如图 10-24 所示。

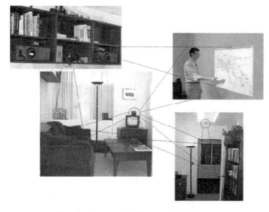

(a) 美国麻省理工学院的Intelligent Room   (b) 清华大学的智能教室

图 10-24 智能空间

将智能技术与用户界面结合,就构成了智能用户界面(Intelligent User Interface,IUI)。智能技术是智能用户界面的核心。智能用户界面的最终目标是使人机交互成为和人人交互一样自然、方便的交互方式。智能用户界面致力于改善人机交互的效率、有效性和自然性。上下文感知、眼动跟踪、手势识别、三维输入、语音识别、表情识别、手写识别、自然语言理解等都是智能用户界面需要解决的重要问题。

人们在智能空间的工作和生活过程就是使用计算机系统的过程,也是人与计算机系统不间断的交互过程。在这个过程中,计算机不再只是一个被动地执行人的显式的操作命令的信息处理工具,而是协作人完成任务的帮手,是人的伙伴,交互的双方具有和谐、一致的协作关系。这种交互中的和谐性主要体现在人们使用计算机时无须学习,就可以以第一类的自然数据(如语言、姿态和书写等)与计算机系统进行交互。智能空间成为研究和谐人机交互原理与技术的典型环境。

9. 可穿戴计算机

可穿戴计算机是一种超微型、可穿戴、人机"最佳结合与协同"的移动信息系统,如图 10-25 所示。可穿戴计算机不只是将计算机微型化和穿戴在身上,它还实现了人机的紧密结合,使人脑得到"直接"和有效的扩充与延伸,增强了人的智

图 10-25 可穿戴计算机

能。这种交互方式由微型的、附在人体上的计算机系统来实现,该系统总是处于工作、待用和可存取状态,使人的感知能力得以增强,并主动感知穿戴者的状况、环境和需求,自主地做出适当响应,从而弱化了人操作机器,而强化了机器辅助人。

随着人工智能技术的发展,人机交互的方式将发生很大的变化。最理想的人机交互形式是直接将计算机与用户的思想进行连接,无须再进行任何类型的物理动作或解释。对人脑计算机界面的初步研究可能是迈向这个方向的一步,它试图通过测量头皮或者大脑皮层的电信号来感知用户相关的大脑活动,从而获取命令或控制参数。人脑交互不是简单的"思想读取"或"偷听"大脑,而是通过监听大脑行为判断一个人的想法和目的,是一种新的大脑输出通道,是一个可能需要训练才能掌握技巧的通道。

据英国《每日邮报》报道,斯坦福大学的研究人员开发出新的连接方式,这种连接方式可使瘫痪人士用脑控制打字,以更好地与人交流,如图 10-26 所示。将微小电极植入脑部,当想象自己的手部运动时,屏幕上的光标也会随之移动。根据斯坦福大学研究组的说法,这是改善严重肢体无力和瘫痪人士,包括患有肌萎缩性硬化症和脊髓损伤人士生活的一个重要里程碑。

图 10-26 用脑控制打字

10.4 人机交互的发展方向

人机交互技术发展迅速,很多新技术都已开始应用,比如,智能手机配备的地理空间跟踪技术;应用于可穿戴式计算机、隐身技术、浸入式游戏等的动作识别技术;应用于虚拟现实、遥控机器人及远程医疗等的触觉交互技术;应用于语音输入、家庭自动化及语音控制等场合的语音识别技术;对于有语言障碍的人士的无声语音识别;应用于广告、网站、产品目录的眼动跟踪技术;针对有语言和行动障碍人士开发的"意念轮椅"采用的基于脑电波的人机界面技术等。不过,人机交互有待进一步发展,有些应用需要完善,有些新技术还要继续探索。展望未来,人机交互将朝着以下方向发展。

1. 自然语言理解

自然语言理解始终是自然人机交互的最重要目标。虽然目前在语言模型、语料库、受限领域应用等方面均有进展,但是由于自然语言具有不规范性等特点,所以自然语言理解仍是计算机科学家和语言学家的一个长期研究目标。

计算机理解自然语言的核心任务是将自然语言的语句转化成机器内部的某种表示形式。这种内部表示形式应能完整地体现句子的语法、句法和语义信息，然后在这种内部表示形式的基础上进行信息加工、问题求解和向另一种自然语言过渡。目前，自然语言理解的方法有关键字匹配法、转换网络和扩充转换网络、图分析法、格文法、广义短语结构文法、基于神经网络的理解等。其中，基于神经网络的理解方法是自然语言理解的发展方向，它采用神经网络来模拟人对自然语言的理解。

近年来，自然语言理解技术取得了长足进步。自然语言理解技术在信息搜索方面得到了成功应用，比如 Google、网易等都宣布自己的搜索引擎支持自然语言搜索。

2. 情感交互

"要让计算机具有情感能力"是美国麻省理工学院的 Minsky 教授在 1985 年首先提出的。Minsky 教授是人工智能的创始人之一。他在其专著《心智社会》(*The Society of Mind*)中指出，问题不在于智能机器能否有任何情感，而在于机器实现智能时怎么能够没有情感？从此，赋予计算机情感能力并让计算机能够理解和表达情感的研究、探讨引起了许多计算机界人士的兴趣。美国麻省理工学院媒体实验室的 Picard 教授领导的研究小组做了大量的有关情感技术的研究工作。"情感计算"一词也首次由 Picard 教授提出并给出了定义，即情感计算是关于情感、情感产生以及影响情感方面的计算。

美国麻省理工学院对情感计算进行了全方位研究，目前正在开发、研究情感机器人，最终有可能实现人机融合。IBM 公司的"蓝眼计划"可使计算机知道人想干什么，例如当某人的眼瞄向电视时，它就知道此人想打开电视机，于是便发出指令打开电视机。此外，IBM 公司还开发了情感鼠标，可根据手部的血压及温度等传感器感知用户的情感。美国卡耐基梅隆大学主要研究可穿戴计算机。日本欧姆龙公司研制生产的有情感的机器玩具曾风行一时，其售价高达 4000 美元。情感计算的研究不仅具有重要的学术价值而且有巨大的应用价值。带情感的人机交互、真正的人机融合，是众多人的期待。

3. 无障碍交互

今天，计算机无处不在。将来，计算机可能不再是一个特别的物件，或许会从形体上消失(不可见)，而无处不在的是"计算"。所以，将来的人机交互也可能不可见却无处不在，就像我们时刻呼吸着的空气，看不见却可以体验到其无处不在。无所不在的计算强调把交互工具融入环境或日常工具，把计算藏于"云"中，人们的注意力则只集中在计算服务上，人机交互随时随地自然开展，如图 10-27 所示。

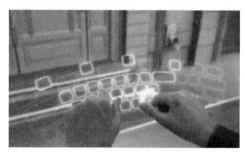

图 10-27　无处不在的人机交互

人机交互技术的目标是使计算机更易于使用,操作起来更愉快。就像科幻电影《阿凡达》中展示的那样,如图 10-28 所示,通过三维的全息影成像技术随时获得需要的三维图像;通过虚拟控制技术,做做动作就可以控制相关的机器;还可以通过意识去控制相应的物体,等等。

图 10-28　电影《阿凡达》中的人机交互

因此,关于人机交互的发展可以得到如下结论。

(1) 人机交互将呈现出多样化的特点。桌面和非桌面界面、可见和不可见界面将同时共存。网络和计算将进一步融入生活,人们可用多种简单的自然方式进行人机交互。

(2) 以不可见、可移动为特征的无所不在的计算和以三维、沉浸为特征的虚拟现实环境,将是人机交互面临的重大挑战和研究目标。

(3) 人机交互是一门综合学科,它的发展需要计算机硬件、软件、网络、认知心理学、人类工效学等多学科的共同努力。

当前物联网、云计算、虚拟现实、移动计算、普适计算等飞速发展,对人机交互技术提出了新的挑战和更高的要求,同时也提供了许多新的机遇。以人为中心、自然、高效将是新一代人机交互发展的主要目标。微软创始人比尔·盖茨说过,人类自然形成的与自然界沟通的认知习惯和形式必定是人机交互的发展方向。因此,研究者们也正在努力让未来的计算机能听、能看、能说、能感觉,其目标是研制能"听"、能"说"、能理解人类的计算机。

习题 10

一、选择题

1. 人机交互可以简写为(　　)。
   A. HCT　　　　　　B. HCI　　　　　　C. CHI　　　　　　D. ICH
2. 下列各项中,不是人机交互经历阶段的是(　　)。
   A. 命令行交互阶段　　　　　　　　B. 图形用户界面交互阶段
   C. 语音命令交互阶段　　　　　　　D. 多通道、多媒体的智能人机交互阶段
3. 下列各项中,不是人机交互输入设备的是(　　)。
   A. 鼠标　　　　　B. 摄像头　　　　　C. 话筒　　　　　D. 立体眼镜
4. 下列各项中,不是人机交互输出设备的是(　　)。
   A. 显示器　　　　B. 头戴式显示器　　C. 眼动跟踪器　　D. 立体眼镜
5. 下列关于 Windows 操作系统的命令提示符的说法中,不正确的是(　　)。

A. 可以通过"开始"菜单→"Windows 系统"→"命令提示符"打开"命令提示符"窗口。

B. 可以通过"开始"菜单→"运行",输入"CMD"的方式打开"命令提示符"窗口。

C. 可以在"命令提示符"窗口输入一些命令来查看计算机的某些情况。

D. 通过"命令提示符"窗口操作比通过鼠标操作简单。

6. Windows 10 操作系统的桌面上一般会有一些常用图标,其中用来浏览计算机中内容的图标是( )。

    A. 计算机   B. 文件夹   C. 回收站   D. 网络

7. 在 Windows 操作系统中,鼠标是重要的输入工具,而键盘( )。

    A. 无法起作用

    B. 通常配合鼠标,在输入时起作用,如输入字符

    C. 仅能在菜单操作中使用,不能在窗口的其他地方操作

    D. 也能完成所有操作

8. 在 Windows 10 操作系统的桌面上右击,将弹出一个( )。

    A. 窗口   B. 任务栏   C. 快捷菜单   D. 工具栏

9. 在 Windows 操作系统中,( )桌面上的程序图标即可启动一个程序。

    A. 单击   B. 右击   C. 双击   D. 拖动

10. 在 Windows 操作系统中,右击某对象将弹出( ),可用于该对象的常规操作。

    A. 图标   B. 快捷菜单   C. 按钮   D. 菜单

11. 图形用户界面又称( )界面,由窗口、图标、菜单、指点设备四位一体形成桌面。

    A. WIMP   B. Windows   C. menu   D. icons

12. 下列设备中,不是图像输入设备的是( )。

    A. 照相机   B. 鼠标   C. 扫描仪   D. 数字摄像机

13. Windows 操作系统中,不能启动应用程序的是( )。

    A. 双击应用程序图标   B. 通过"开始"菜单

    C. 通过快捷方式   D. 单击应用程序图标

14. Windows 10 操作系统中,不能删除文件的操作是( )。

    A. 使用菜单的"删除"命令   B. 通过 Del 键

    C. 用鼠标将其拖到回收站   D. 用鼠标将其拖出本窗口

15. Windows 操作系统中,"剪切"一个文件后,该文件被( )。

    A. 删除   B. 临时存放在桌面上

    C. 放到回收站   D. 临时存放在剪贴板上

16. 将文件直接拖入"回收站"中,文件( )。

    A. 被彻底删除并不能被还原   B. 被删除但还可以还原

    C. 没被删除   D. 被更改文件名

17. Windows 10 操作系统中,若要一次性选择不连续的几个文件或文件夹,正确的操作是( )。

    A. 单击窗口"主页"选项卡中的"全部选定"按钮

    B. 单击第一个文件,然后按住 Shift 键单击最后一个文件

C. 单击第一个文件,然后按住 Ctrl 键单击要选择的多个文件

D. 按住 Shift 键,单击最后一个文件

18. 下列各项中,属于立体显示设备的是(　　)。

A. 数据手套

B. 跟踪器

C. 谷歌 CardBoard

D. 三维鼠标

19. 下列各项中,不影响手写识别用户体验的是(　　)。

A. 识别准确率

B. 识别速度

C. 能否用鼠标书写

D. 输入连贯性

20. 下列各项中,不是多通道用户界面所要达到的目标的是(　　)。

A. 交互的可靠性

B. 交互的自然性

C. 交互的高效性

D. 与传统用户界面的兼容性

21. 下列各项中,不是人机交互发展方向的是(　　)。

A. 自然语言理解

B. 无所不在的计算

C. 情感计算

D. 未来计算机能控制人类

22. 如图 10-29 所示,该用户手机上呈现的纪念碑实际中是不存在的,因此该用户最有可能在使用(　　)系统。

A. 增强虚拟　　　 B. 虚拟现实　　　 C. 增强现实　　　 D. 虚拟环境

图 10-29　用户手机上呈现的纪念碑

二、判断题

1. VR 是 Virtual Reality 的英文缩写,即虚拟现实,也叫虚拟环境。(　　)

2. 早期的计算机不需要人机交流,只有使用智能计算机,人与计算机之间才需要交流互动。(　　)

3. 人与计算机之间通过人机交互技术互相交流。(　　)

4. 建立友好的人机交互界面的目的就是使用户更容易使用计算机。(　　)

5. 在命令行界面的交互方式中,用户输入文本命令,系统也以文本的形式输出,表示对命令的响应。 (　　)

6. 图像输入是人与计算机交互最主要的方式。(　　)

7. 虚拟现实融合了数字图像处理、计算机图形学、多媒体技术、传感器技术等多个信息技术分支,从而大大推动了计算机技术的发展。(　　)

8. 语音识别为文本输入提供了更加自然、方便的交互手段。(　　)

9. 触摸屏提供了一种简单、方便、自然的人机交互方式，可以完全代替鼠标或键盘。（   ）

10. 图形用户界面引入了鼠标、按钮和滚动条技术，可以大大减少键盘输入，提高了交互效率。（   ）

三、简答题

1. 什么是人机交互？

2. 目前人机交互的方式有哪些？你最喜欢哪种人机交互方式？

3. 人机交互的发展方向是什么？

第11章

千里传"信"与信息共享

互联网的普及使各种信息、资源得以在全球范围内流动共享,给人们的生活带来了极大的便利,真正实现了"秀才不出门,便知天下事"。现在,人们可以在任何时间、任何地点,通过互联网获得即时的、切合需要的信息服务,计算机网络已经融入人们生活、工作的各个方面,正在各行各业发挥着越来越重要的作用,并对社会产生了深刻的影响。本章主要介绍计算机网络的基础知识,分析互联网时代的互联网思维。

11.1　基于计算机网络的信息传递与交换

作为社会性动物,人永远离不开信息交流。但是,距离给人们的交流带来了诸多遗憾,一首古诗"我住长江头,君住长江尾,日日思君不见君,共饮长江水",把古代人们渴望交流而又无可奈何的心情表达得淋漓尽致。于是,人们发明了烽火台、信鸽、信号灯、电话、互联网等手段,使人们之间的信息交流越来越便利。

今天,计算机网络已成为人们生活中不可或缺的一部分,正在各行各业发挥着越来越重要的作用。计算机网络使人与人之间的沟通更加方便,使人与人之间的关系更为密切,使人与人之间的距离越来越小。人们可以在世界的任何地方、任何时间向全球的互联网用户发送文字、图片、音频、视频等信息,并能迅速传播到世界各地,还可与分散在世界各地的人进行视频会议。研究人员可以快速进行论文、报告、计算机源程序等的交换。用户可以自由、高速地检索出分布于不同网络上的信息,还可以使用连接于互联网上的软、硬件资源,例如使用网络打印机、"云"上的各种服务等。

世界因网络而精彩,生活因网络而丰富。现在人们足不出户就可以聊天交友、读书看报、看电影电视、查资料学习、求医问药、买票购物等,这些都得益于发达的计算机网络。网络可以"千里传信",不管对方远在天涯还是异国他乡,通过网络聊天,也如同坐在对面;网络购物可以实现在家"逛商店",订货不受时间、地点的限制,可以买到当地没有的各种各样的商品;通过网络远程教育,可以"将名师请进自己家",可以在家中学到各科知识。网络为人类提供了交流互动的平台,给人类生活带来了前所未有的便利。

现在的计算机网络是20世纪60年代诞生的。1969年,为了应对苏联的军事威胁,美国国防部高级研究计划管理局(Advanced Research Projects Agency)开始建立ARPAnet。人们通常认为ARPAnet是Internet的雏形,标志着Internet的诞生。1986年,美国国家科学基金会(NSF)利用 ARPAnet 发展出来 TCP/IP 通信协议,在 5 个科研教育服务超级计算机中心的基础上建立了 NSFnet 广域网。由于美国国家科学基金会的鼓励和资助,很多大学、政府资助的研究机构,甚至私营的研究机构纷纷把自己的局域网并入 NSFnet 中,NSFnet 成为 Internet 中进行科研和教育的主干部分,代替了 ARPAnet 的骨干地位。1989年,MILNET(由 ARPAnet 分离出来)实现了与 NSFnet 的连接后,就开始采用 Internet 这个名称。

随着接入主机数量的增加,越来越多的人把 Internet 作为通信和交流的工具。一些公司还陆续基于 Internet 开展商业活动。随着 Internet 的商业化,其在通信、信息检索、客户服务等方面的巨大潜力被挖掘出来,使 Internet 有了质的飞跃,并最终在世界范围内得到广泛应用。

目前,移动互联网、云计算、物联网技术已经得到广泛应用,并且正在与传统互联网融合,一个万物互联的信息网络正在形成。基于网络的信息传递与交换必将进入一个新时代,人们将享受到更加完善的信息服务。

11.2 计算机网络基础

1. 计算机网络的概念

计算机网络的发展经历了一个从简单到复杂、从单机到多机的发展过程,在计算机网络发展的不同阶段,人们对计算机网络做出了不同的定义,反映了当时计算机网络的发展水平,以及人们当时对计算机网络的认识程度。

(1) 第一阶段:诞生阶段(计算机终端网络)。

20 世纪 60 年代中期之前的第一代计算机网络是以单台计算机为中心的远程联机系统。1946 年,世界上第一台电子计算机问世,之后的十多年时间内,由于价格很昂贵,计算机数量极少,早期所谓的计算机网络主要是为了解决这一矛盾而产生的,其形式是将一台计算机经过通信线路与若干台终端直接连接,人们把这种方式看成局域网雏形。当时,人们把计算机网络定义为以传输信息为目的而连接起来,实现远程信息处理或进一步达到资源共享的系统,这样的通信系统已具备网络的雏形。

(2) 第二阶段:形成阶段(计算机通信网络)。

20 世纪 60 年代中期至 70 年代的第二代计算机网络是将多个主机通过通信线路互联起来,为用户提供服务。主机之间不是直接用线路相连,而是由接口报文处理机(IMP)转接后互联的。这个时期的网络是指以能够互相共享资源为目的互联起来的具有独立功能的计算机集合体。ARPAnet 是当时的典型代表。

(3) 第三阶段:互联互通阶段(开放式的标准化计算机网络)。

20 世纪 70 年代末至 90 年代的第三代计算机网络是具有统一的网络体系结构并遵守国际标准的开放式和标准化的网络。ARPAnet 兴起后,计算机网络发展迅猛,各大计算机公司相继推出自己的网络体系结构及实现这些结构的软、硬件产品。由于没有统一的标准,不同厂商的产品之间互联很困难,人们迫切需要一种开放的标准化实用网络环境。这样,两种著名国际标准 TCP/IP(Transmission Control Protocol/Internet Protocol)体系结构和

OSI(Open System Interconnection)体系结构应运而生,互联网得到快速发展。

（4）第四阶段：高速网络技术阶段（新一代计算机网络）。

20世纪90年代至今的第四代计算机网络,网络技术进一步成熟,网络资源极大丰富,传统的电视网、电话网与互联网不断融合,新生力量物联网、云计算强势加入,一个无所不能、无处不在的高速信息网已经形成。

从目前的网络特点来看,计算机网络是指将地理位置不同的具有独立功能的多台计算机及其外部设备,通过通信线路连接起来,在网络操作系统、网络管理软件及网络通信协议的管理和协调下,实现资源共享和信息传递的信息系统。计算机网络是计算机技术和通信技术紧密结合的产物。

2. 计算机网络的特性

计算机网络的特性主要体现在信息传输、资源共享、分布式处理等方面。

（1）信息传输。信息传输是计算机网络最基本的功能,计算机网络为分布在各地的用户提供了强有力的通信手段,分布在不同地区的计算机系统可以通过网络及时、高速地传递信息和交换数据,使人们之间的联系更加紧密。在信息化社会,每时每刻都产生并处理大量的信息,这些信息可能是文字、数字、图像、声音、视频等,通过网络可以快速收集、处理并传输这些信息。

网络传输跨越时空距离,使人与人之间的交流成本趋近于零,使人与人之间可以无障碍地沟通交流。网络信息的传播速度更是惊人,一个社会小角落发生的事件可以通过网络在几分钟之内传遍全球,速度之快,影响之大,令人震惊。计算机网络为人们提供了最快捷、最经济的数据传输和信息交换的手段,计算机网络信息传输具有快速性、广泛性和多样性。

（2）资源共享。所谓资源共享,是指网络用户无论身在何处,也无论所访问的资源在何处,均能像使用本地资源一样,方便、灵活地使用网内被授权的资源。资源共享是计算机网络的主要目的。

可以在网络中共享的资源包括硬件、软件和数据资源。在全网范围内硬件资源的共享,尤其是一些昂贵的设备,如大型机、高分辨率打印机、大容量外存等,可节省投资并便于集中管理。而软件和数据资源的共享允许互联网上的用户远程访问各类大型数据库,可以得到网络文件传送服务、远地进程管理服务和远程文件访问服务,从而避免软件研发上的重复劳动以及数据资源的重复存储,避免了在软件方面的重复投资,使网络中的资源能够互通有无、分工协作,从而大大提高系统资源的利用率。如果不能实现资源共享,各地区都需要有一套完整的软件、硬件及数据资源,则将大大地增加全系统的投资费用。"云"服务就是让所有的"云"用户共享"云中心"的资源。

（3）分布式处理。网络中某一台计算机负荷过重时,可以将某些任务通过网络传送到其他计算机进行处理,这样处理能均衡各计算机的负载。对于大型综合性问题,可将问题各部分交给不同的计算机分头处理,由网络中的计算机共同完成复杂任务,这就是分布式运算的基本原理。一台计算机的计算能力是有限的,如果将无数台计算机连接成一个计算机网络,就能大大提高计算能力。当前流行的云计算的基本原理就是如此。

3. 计算机网络的组成

（1）计算机网络的逻辑组成。计算机网络首先是一个通信网络，各个计算机之间通过媒介、通信设备进行数据通信，在此基础上各计算机可以通过网络软件共享其他计算机上的硬件资源、软件资源和数据资源。也就是说，计算机网络中必然既有实现通信功能的部分，又有提供共享资源的部分。所以，常常把计算机网络按照逻辑功能划分为通信子网和资源子网两部分，如图 11-1 所示。

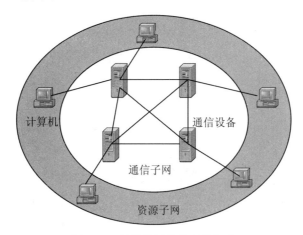

图 11-1　计算机网络的逻辑组成

计算机网络中实现网络通信功能的设备及其软件的集合称为网络的通信子网，由用于信息交换的网络结点处理机和通信链路组成，主要负责数据传输、加工、转发和变换等。

计算机网络中实现资源共享功能的设备及其软件的集合称为资源子网，主要包括独立工作的计算机及其外围设备、软件资源和整个网络的共享数据。资源子网是计算机网络中面向用户的部分，负责数据处理工作。

（2）计算机网络的物理组成。计算机网络按照网络的物理组成可以分为网络硬件和网络软件两部分，如图 11-2 所示。网络硬件是网络运行的实体，对网络性能起决定作用。而网络软件是支持网络运行、提高效益和开发网络资源的工具。

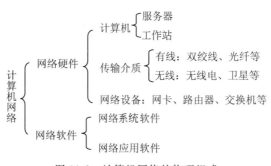

图 11-2　计算机网络的物理组成

（3）计算机网络硬件系统。计算机网络是通过网络设备和通信线路将不同地点的计算机及其外围设备在物理上实现连接的系统。因此，计算机网络的硬件主要由可独立工作的计算机、传输介质和网络互联设备等组成。

① 计算机。计算机网络中最核心的组成部分是计算机。根据用途不同,可以将网络中的计算机分为服务器和工作站。

服务器是计算机网络中向其他计算机或网络设备提供某种服务的计算机,并按提供的服务被冠以不同的名称,如数据库服务器、邮件服务器等。服务器直接影响网络的整体性能,一般由高性能计算机承担。

工作站也叫客户机,是具有独立处理能力的计算机,它是用户向服务器申请服务的终端设备。用户可以在工作站上处理日常工作,并随时向服务器索取各种信息及数据,请求服务器提供各种服务。

② 传输介质。网络传输介质是指在网络中承担信息传输任务的载体,它是网络中发送方与接收方之间的物理通路。通信介质按其特征可分为有线通信介质和无线通信介质,有线通信介质包括双绞线、同轴电缆、光缆等,如图 11-3 所示;无线通信介质包括无线电、微波、红外线、卫星等。

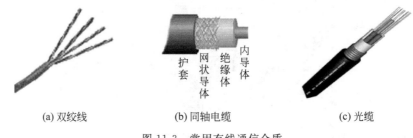

(a) 双绞线　　　　　　(b) 同轴电缆　　　　　　(c) 光缆

图 11-3　常用有线通信介质

双绞线是一种价格低廉、易于连接的传输介质。虽然传输距离一般只有数百米,但它非常适合局域网的连接,尤其适合在一座办公楼范围内使用。

同轴电缆由绕在同一轴线上的两个导体组成,具有抗干扰能力强、连接简单等特点,信息传输速度可达每秒几百兆位,是中、高档局域网的首选传输介质。

光纤又称光缆或光导纤维,由光导纤维纤芯、玻璃网层和能吸收光线的外壳组成。具有不受外界电磁场的影响、近乎无限的带宽等特点,尺寸小、重量轻,数据可传送几百千米,是较为理想的通信介质,但价格较贵。

③ 网络互联设备。在计算机网络中,除了计算机和通信介质外,还需要一些用于实现计算机之间、网络与网络之间的连接的设备,这些设备称为网络互联设备。常用的网络互联设备包括网络适配器、调制解调器、中继器、集线器、路由器、交换机、网关等。

网络适配器也叫网卡,如图 11-4 所示,是局域网中连接计算机和传输介质的接口,是计算机与网络之间通信必经的关口。网卡插在计算机主板插槽中,负责网络数据的收发,收发过程中还涉及编码转换、数据缓存等。调制解调器俗称"猫",如图 11-5 所示,是一种实现数字信号和模拟信号在通信过程中相互转换的设备。早期采用电话线上网时,调制解调器是必备设备。

中继器也称转发器,用于延伸一个局域网或连接两个同类型的局域网。当一个局域网的距离超过了线路的规定长度时,传输信号的质量会随之下降,为了保证网络信号的正确性,就要用中继器对局域网进行延伸。中继器收到一个网络的信号后,也可以将其放大发送到另一个网络,从而起到连接两个同类型局域网的作用。

图 11-4　网卡

图 11-5　调制解调器

集线器相当于一个多口的中继器,它将一个端口接收的信号向所有端口分发出去,每个输出端口相互独立,某个输出端口出现故障不会影响其他输出端口。集线器是组建星状结构以太网的重要网络连接设备。

路由器是用于连接不同技术网络的网络连接设备,它为不同网络之间的用户提供最佳的通信路径,具有判断网络地址和选择路径的功能。另外,它还有滤波、存储转发、路径选择、流量控制、介质转换等功能。全球最大的互联网 Internet 就是通过成千上万台路由器把世界各地的网络连接起来,使人们可以方便地开展各种业务、获取信息等。

互联网中随处都可见到各种级别的路由器,如图 11-6 所示。骨干级路由器是实现Internet 互联、企业级网络互联的关键设备,大的网络服务提供商通常通过骨干级路由器构建骨干网络,它数据吞吐量较大,对骨干级路由器的基本性能要求是高速度和高可靠性。企业级路由器连接许多终端系统,连接对象较多,适用于大企业或园区(校园)网络,但系统相对简单,数据流量相对较小,对这类路由器的要求是以尽量便宜的方法实现尽可能多的端点互联,同时还要求能够支持不同的网络服务质量。接入级路由器主要实现小型局域网的远程互连或将其接入 Internet,主要应用于小型企业、网吧或家庭。

(a) 骨干级路由器

(b) 企业级路由器

(c) 接入级路由器

图 11-6　各种级别的路由器

交换机和集线器类似,也是一种多端口网络连接设备,其外观和接口与集线器一样,但交换机却更智能。交换机的这种智能体现在它会记忆哪些地址接在哪个端口上,并决定将数据送往何处,而不会送到其他不相关的端口,因此这些未受影响的端口可以同时向其他端口传送数据,适用于大规模局域网。

网关是最复杂的网络互联设备,可以用于广域网互联,也可以用于局域网互联。它不仅具有路由功能,而且可以实现不同网络协议之间的转换,并将数据重新分组后传送。如果两个网络不仅网络协议不一样,而且硬件和数据结构都大相径庭,那么就需要使用网关。

（4）计算机网络软件。计算机网络软件是一种在网络环境下运行、使用、控制和管理网络并实现通信双方信息交换的计算机软件，是实现网络功能不可缺少的软件环境。通常将网络软件分为网络系统软件和网络应用软件两大类。

① 网络系统软件。网络系统软件是控制和管理网络运行、提供网络通信、管理和维护共享资源的网络软件，包括网络操作系统、网络通信软件、网络协议软件、网络管理软件等。

网络操作系统是一种系统软件，实现系统资源共享，以及用户对不同资源访问的管理，是最主要的网络软件。目前常用的网络操作系统有 Windows Server、UNIX、Linux、NetWare 等。

网络通信软件用于管理各个计算机之间的信息传输。

网络协议软件是实现协议规则和功能的软件，它在网络计算机和设备中运行。

网络管理软件是用来对网络资源进行管理和对网络进行维护的软件。

② 网络应用软件。网络应用软件是为网络用户提供服务并为网络用户解决实际问题的软件。例如，网络浏览器、即时通信（如 QQ）、网络下载、视频点播、Internet 信息服务、远程教学、远程医疗、购物、订票等软件都属于网络应用软件。

4. 网络协议

要建立通信网络、开发通信网络硬件或软件，就必须首先制定协议标准。为了使不同计算机厂家生产的计算机能够相互通信，以便在更大的范围内建立计算机网络，国际标准化组织（ISO）在 1978 年提出了开放系统互连参考模型，即著名的 OSI/RM 模型（Open System Interconnection/Reference Model）。它将计算机网络体系结构的通信协议划分为七层，自下而上依次为物理层（Physical Layer）、数据链路层（Data Link Layer）、网络层（Network Layer）、传输层（Transport Layer）、会话层（Session Layer）、表示层（Presentation Layer）、应用层（Application Layer）。每一层有相应的通信协议，分别完成相应的功能。互联网中实际使用的协议对这个标准协议进行了简化，是只有四层的 TCP/IP 协议模型。

（1）TCP/IP 四层协议模型。Internet 使用的参考模型是 TCP/IP 参考模型。TCP/IP 参考模型也采用分层的网络体系结构，共分 4 层，即主机—网络层（也称为网络接口层）、网络互连层（IP 层）、传输层（TCP 层）和应用层。图 11-7 表示了 TCP/IP 参考模型和 OSI 参考模型的对应关系。

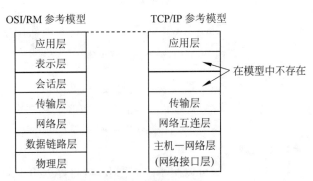

图 11-7　TCP/IP 参考模型和 OSI 参考模型的对应关系

① 主机—网络层又叫网络接口层，与 OSI 参考模型中的物理层和数据链路层相对应。

该层中所使用的协议大多是各通信子网固有的协议,如以太网 IEEE 802.3 协议、令牌环网 IEEE 802.5 协议或分组交换网 x.25 协议等。主机—网络层的作用是传输经网络互连层处理过的信息,并提供一个主机与实际网络的接口,而具体的接口关系则可以由实际网络的类型所决定。

② 网络互连层对应于 OSI 参考模型的网络层,其功能是将各种各样的通信子网互连,主要解决主机到主机的通信问题。该层运行的最重要的协议是网际协议(Internet Protocol,IP)。

③ 传输层与 OSI 参考模型中的传输层功能类似,负责应用进程之间的端—端通信。该层定义了两个主要的协议:传输控制协议(TCP)和用户数据报协议(UDP)。TCP 协议提供的是一种可靠的、面向连接的数据传输服务;而 UDP 协议提供的是不可靠的、无连接的数据传输服务。

④ 应用层主要是向用户提供各种服务,如远程登录服务 Telnet、文件传输服务 FTP、简单邮件传输服务 SMTP 等。

Internet 的通信协议有很多种,TCP 和 IP 是 Internet 最基本、最核心的协议,也是 Internet 国际互联网的基础。因此,人们将 TCP/IP 作为 Internet 协议的统称,是指整个 TCP/IP 协议栈。

TCP/IP 协议栈中,TCP 协议负责发现传输的问题,一旦有问题就发出信号,要求重新传输,直到所有数据安全、正确地传输到目的地。而 IP 协议是给 Internet 中的每台联网设备规定一个地址。IP 层接收由更低层(网络接口层,例如以太网设备驱动程序)发来的数据包,并把该数据包发送到更高层——TCP 或 UDP 层;相反,IP 层也把从 TCP 或 UDP 层接收来的数据包传送到更低层。IP 数据包中含有发送它的主机的地址(源 IP 地址)和接收它的主机的地址(目的 IP 地址)。接入 Internet 的各个计算机之间要想能够正确通信,每台计算机必须有一个唯一的地址,IP 地址就是给每个连接在 Internet 上的计算机分配的地址,它具有唯一性,IP 协议就是使用 IP 地址在计算机之间传递信息的。

(2)IP 地址。当前的 IP 协议有 IPv4 和 IPv6 两个版本。

① IPv4。在 IPv4 中,IP 地址是一个 32 位的二进制数,用 4B 来表示,并将它们分为 4 组,每组 1B(8 位),各组之间用“.”隔开。例如 10101100.10101000.00001001.01001111 就是一个 IPv4 地址。为了方便记忆,该 IPv4 地址用十进制表示为 172.168.9.79,IPv4 地址的这种表示法称为点分十进制表示法。由于每一组长度为 8 位,所以每一组的取值范围是 0～255。

Internet 是由各种大大小小的网络组成的,每个网络中的主机数目是不同的。IPv4 中,为了使 IP 地址适用于各种不同规模的网络,对 IPv4 地址进行了分类,分为 A、B、C、D 和 E 共 5 类,A、B、C 类 IP 地址的组成如图 11-8 所示。一个 IPv4 地址由网络号和主机号两部分组成,网络号用于标识在 Internet 上互连的各个网络,主机号用于区分一个网络中的不同主机。

- A 类地址以 0 开头,首字节作为网络号,地址范围为 0.0.0.0～127.255.255.255。
- B 类地址以 10 开头,前两字节作为网络号,地址范围是 128.0.0.0～191.255.255.255。
- C 类地址以 110 开头,前三字节作为网络号,地址范围是 192.0.0.0～223.255.255.255。

图 11-8　A、B、C 类 IP 地址的组成

- D 类地址以 1110 开头,地址范围是 224.0.0.0～239.255.255.255,一般作为广播地址(一对多的通信)。
- E 类地址以 1111 开头,地址范围是 240.0.0.0～255.255.255.255,一般为保留地址,供以后使用。

注:只有 A、B、C 类地址有网络号和主机号之分,D 类地址和 E 类地址没有划分网络号和主机号。

需要说明的是,IPv4 将全 1 解释为"所有",将全 0 解释为"本地",即全 1 为广播地址,全 0 为当前地址。Internet 保留所有的全 0 和全 1 地址,这就是为什么 A 类地址最多只能有 126 个,而不是 128 个的原因。

在实际组网时,IP 地址是不可以随意分配的,必须遵守以下规则:在同一个局域网内,网络地址必须相同,主机地址必须不同。例如,如果给第一台计算机分配的 IP 地址为 192.168.0.3,可以看出这是一个 C 类 IP 地址,其网络地址部分占前 3B,因此在给其他计算机分配 IP 地址时,必须保证前 3B 内容相同,最后 1B 内容不同,例如,192.168.0.6 就是一个合法的 IP 地址。

② IPv6。IPv4 地址是用一个 32 位二进制的数表示一个地址,但 32 位地址资源有限,随着 Internet 的迅速发展,IPv4 定义的有限地址空间将被耗尽,为了解决此问题,互联网工程任务组(IETF)提出了一种新的 IP 协议,即 IPv6。

IPv6 具有比 IPv4 大得多的地址编码空间,这是因为 IPv6 采用 128 位地址长度,能提供 2^{128} 个 IPv6 地址,以地球人口 70 亿人计算,每人平均可分得约 486 117 667×1020 个 IPv6 地址,所以 IPv6 地址足够在可以预测的未来使用。

IPv6 为 128 位的二进制长度,以 16 位为一组,一共被分为 8 组,每组以冒号":"隔开,每组以 4 位十六进制数表示。例如,2001:0db8:85a3:08d3:1319:8a2e:0370:7344 就是一个合法的 IPv6 地址。同时,IPv6 中,每组数据中的前导位 0 可以不写,在同一个地址中,一组 0 或多组连续的 0 可以简写为双冒号"::",但只能出现一次双冒号。例如,下面的三个 IPv6 地址是相同的:2031:0000:130f:0000:0000:09c0:876a:130b、2031:0:130f:0:0:9c0:876a:130b、2031:0:130f::09c0:876a:130b,但此 IPv6 地址不能写成 2031::130f::09c0:876a:130b,因为双冒号出现两次,这样会造成无法推断省略前的 IPv6 地址的后果。

在涉及 IPv4 和 IPv6 结点混合的结点环境时,IPv6 有时需要采用另一种表达方式,以方便将 IPv4 地址转化为 IPv6 地址,例如 IPv4 地址 135.75.43.52(0x874B2B34)转化为 IPv6 地址的形式为 0000:0000:0000:0000:0000:ffff:874B:2B34 或者::ffff:874B:

2B34,还可以使用混合符号表示为::ffff：135.75.43.52。

相对于 IPv4,IPv6 的特点包括扩展了路由和寻址的能力,简化了报头格式,对可选项更大的支持,QoS(服务质量)的功能、身份验证和保密能力等。

我们必须在 IPv4 地址用完以前转到 IPv6,实现 IPv4 向 IPv6 过渡的技术有双栈技术、隧道技术、翻译技术等。尽管目前 IPv6 还属于试验性网络,但近阶段相当数量的互联网用户和其使用的网络已经转换成 IPv6。IPv6 部署的步伐正在迅速加快。

③ 配置 IP 地址。每一台上网的计算机都必须有一个全球唯一的 IP 地址,一般设置计算机上网时自动获取网络连接的 IP 地址,但也可以为它指定一个固定的 IP 地址,设置方法如下(以 Windows 10 为例)。

右击桌面上的网络图标,在弹出的快捷菜单中选择属性项,打开"网络和共享中心"对话框。然后单击该对话框左侧的"更改适配器设置"超链接,打开"网络连接"窗口,右击"本地连接",在弹出的快捷菜单中选择"属性"命令,打开"本地连接 属性"对话框,如图 11-9 所示。

图 11-9 "本地连接 属性"对话框

然后,选择相应的 Internet 协议版本,单击属性按钮,在打开的"Internet4 协议(TCP/IPv4)属性"对话框中,可以设置为自动获取 IP 地址,也可以为计算机指定固定的 IP 地址,如图 11-10 所示。

设置好网络连接以后,可以查看本计算机的 IP 地址。ipconfig 是调试计算机网络的常用命令,在 Windows 10 系统中借助 ipconfig 命令可以获取计算机地址,具体方法是在"开

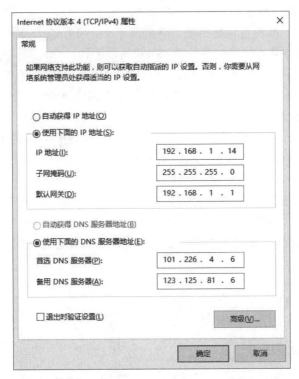

图 11-10 "Internet 协议 4(TCP/IPv4)属性"对话框

始"菜单中打开"命令提示符"窗口,然后在窗口中输入并执行 ipconfig 命令,就可以看到非常详细的 IP 地址信息,如图 11-11 所示。如果输入 ipconfig /all 命令,则显示更完整的 TCP/IP 配置信息。

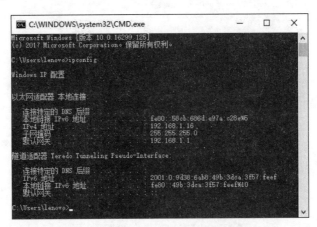

图 11-11 在"命令提示符"窗口查看 IP 地址

（3）域名。IP 地址是纯数字的形式,不便于记忆,因此互联网引入了域名系统（Domain Name System,DNS）。

① 域名系统。所谓域名系统,就是一种字符型的网络主机命名系统。域名像 IP 地址一样是网络计算机的一种标识,具有唯一性。显然域名与 IP 地址有对应关系,DNS 服务器

提供主机域名和 IP 地址之间的转换服务。所以,访问一个网站时既可以通过其域名进行,也可以通过其 IP 地址进行。比如,要访问百度的网站,可以在浏览器地址栏中输入域名 www.baidu.com,也可以在浏览器地址栏中输入 IP 地址 111.13.100.91。只不过在使用域名访问网站时要经过一个把域名转换成 IP 地址的过程(首先由 DNS 服务器在后台把域名转换成 IP 地址,然后再通过 IP 地址访问网站),而使用 IP 地址访问网站更加直接。

域名由多个部分组成,每个部分用圆点隔开。各部分的级别是不同的,最右边的部分级别最高,称为顶级域名,越靠左级别越低,分别是二级域名、三级域名。比如,域名 www.baidu.com 的顶级域名是 com,二级域名是 baidu,三级域名是 www(说明是一个 Web 服务器)。

② 顶级域名。顶级域名由美国商业部授权的互联网名称与数字地址分配机构(ICANN)负责注册和管理。顶级域名分为两种:国家或地区的域名名称和组织机构的类型域名。国家或地区的域名名称由两个英文字母组成,表 11-1 列出了常用的国家的域名。国家顶级域名只能由该国申请,并由所在国负责管理和注册。

表 11-1　常用的国家的域名

域　　名	国　　家	域　　名	国　　家
au	澳大利亚	fr	法国
ca	加拿大	gb	英国
cn	中国	jp	日本
de	德国	sg	新加坡
es	西班牙	us	美国

表 11-2 列出了常用的组织机构的域名。其中,com、net、org 是通用顶级域名,任何国家的用户都可以申请注册它们的二级域名;而 edu、gov、mil 只向美国专门机构开放。

表 11-2　常用组织机构的域名

域　　名	组 织 机 构	域　　名	组 织 机 构
com	商业类	int	国际机构
edu	教育类	mil	军事类
gov	政府部门	net	网络机构
info	信息服务	org	非营利组织

③ 中国的域名。中国的域名是由中国互联网络管理中心(CNNIC)负责注册和管理的。中国互联网络域名体系的顶级域名是 cn。采用两个字母表示中国的各省、自治区和直辖市,例如 bj 表示北京,sh 表示上海等。

5. 网络发展

互联网的发展和普及引发了信息革命和产业革命,深刻影响着世界经济、政治、文化的发展。近十年来,在技术创新和应用需求的双重驱动下,移动互联网技术迅速发展,成为众多行业的支撑,并成为新的经济增长点。云计算、物联网、大数据、人工智能、机器学习、区块链等众多新技术正在快速进入应用领域,互联网内容不断丰富。传统互联网将发展为万物互联的广义互联网。

在这场深刻的变革中,交通、医疗、便民等领域与互联网深度融合。现在出门只需带一部手机,通过一部手机就能查到通往目的地的所有公交线路,还能精准掌握车辆到站时间;大部分公交车都已经开通了手机支付功能,不用刷卡或支付现金;下了公交车之后,还能通过手机扫码骑上共享自行车。能够实现这样的智慧交通,要归功于物联网技术的深度覆盖和应用。

同样的模式复制到医疗领域,实现的是智慧医疗。到医院看病不用排长队挂号,就能直奔对应科室,目前很多医院已经实现了这种便捷的就医方式。通过网上预约挂号,然后在约定时间段到医院直接取号看病,除了诊疗流程必须线下完成,其他所有流程都能在移动端进行。另外,部分地区的市民卡还提供诊间结算服务,就诊者在医生诊室就可以结算付费,减少了因缴费而产生的院内往返时间。

手机支付、手机缴费、智能停车等都已广泛应用。万物互联将推动社会各领域不断变革和发展,推动各管理部门提供更高效、智能的服务。物联网技术将互联网应用从个人消费领域扩展到工业生产领域,工业互联网的影响更为深远、广泛。相信在不久的将来,全世界的人、机器设备、交通工具、住宅、工厂、公共安全服务、动物、植物等都会接入互联网,真正实现万物互联,如图 11-12 所示。

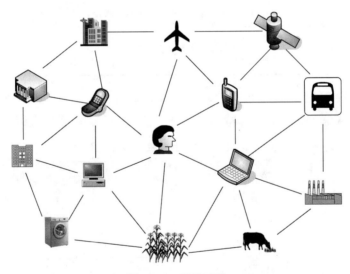

图 11-12　万物互联

互联网的发展势不可挡,给我们的生活带来无限的可能。未来将是什么样子,应该不会是昨天的样子,只会比今天更好。

11.3　互联网思维

20 世纪 90 年代以来,互联网在世界范围内迅速普及,逐渐成为人类社会的基础设施,对人类社会的进步和发展产生了广泛而深远的影响,渗透到了政治、经济、文化、娱乐、大众媒体、人际交往等各个领域,使互联网成为社会不可或缺的重要组成部分。当前,以互联网为代表的信息技术日新月异,引领着社会新变革,创造着人类生活新空间。

在互联网的浪潮中,所有的新生事物都充满着机遇和挑战。因此,具有互联网思维是一件非常重要的事情。所谓互联网思维,就是在"互联网+"、大数据、云计算等技术不断发展的背景下,对市场、用户、产品、企业价值链乃至对整个商业生态进行重新审视的思考方式。过去几年,由互联网掀起的变革在各个行业中不断上演,同时也对很多传统行业的旧格局带来巨大的冲击,互联网技术正在改变人类的生产和生活方式。

1. 众创内容——自媒体

随着互联网技术的不断成熟,以及移动互联网的发展,任何传统行业都可以与互联网深度融合,利用互联网技术、平台优势、用户基础来实现进一步的发展。在"互联网+"的影响下,中国已经进入大众创业的时代,只要有想法、有能力,都可以利用互联网来实现自己的梦想,互联网越来越呈现出一种大众化、平民化的发展路线,互联网巨头带来的理念革新和颠覆性产品正在给人们提供更多的机会。

伴随互联网的飞速发展,衍生出许多专有名词和新兴产业,自媒体便是其中之一。正如其字面含义一样,自媒体又称公民媒体或个人媒体,是指私人化、平民化、普泛化、自主化的传播者,以现代化、电子化的手段,向不特定的大多数或者特定的单个人传递规范性及非规范性信息的新媒体的总称。作为当今舆论传播的途径之一,自媒体虽起步较晚,却依靠传播快、范围广等优势迅速发展,造成的影响力与威信力毫不逊色于主流媒体。

目前,自媒体平台包括博客、微博、微信、论坛和新兴的视频网站等。常见的自媒体平台有微信公众平台、百家号、头条号、企鹅媒体平台、大鱼号、一点资讯、搜狐公众平台、网易、新浪微博、简书、知乎、QQ公众平台、快手、抖音等,如图11-13所示。自媒体之所以爆发出如此大的能量,从根本上来说取决于其传播主体的多样化、平民化和普泛化。

图 11-13 常见的自媒体平台

(1)多样化。自媒体的传播主体来自各行各业,声音来自四面八方,与传统媒体从业人员相比,自媒体从业人员的知识覆盖面更广。在一定程度上,他们对于新闻事件的综合把握可以更具体、更清楚、更切合实际。

(2)平民化。自媒体的传播主体来自社会底层,自媒体的传播者因此被定义为"草根阶层"。相对于传统媒体的从业人员来说,这些业余的新闻爱好者体现出更强烈的无功利性,他们的参与带有更少的预设立场和偏见，他们对新闻事件的判断往往更客观、更公正。

（3）普泛化。自媒体最重要的作用是授话语权给草根阶层，给普通民众，它张扬自我、助力个性成长，铸就个体价值，体现了民意。这种普泛化的特点使"自我"的表达成为一种趋势。伴随自媒体主体普泛化程度的日益提高，自媒体的力量越来越强。

自媒体已成为信息传播途径的重要组成部分，由于表达形式具有多样化，更具有亲切感，因此也更容易被公众接受。在移动互联网时代，人人都是自媒体，每个人都拥有发声的权利，每个企业都能有自己的产品发布会。自媒体的内容构成也很特别，没有既定的核心，如图 11-14 所示，只要觉得有价值的东西就可以分享出来。一些优秀的自媒体文章十分独特、有趣，他们给用户留下的印象就是有个性。

图 11-14　自媒体内容

自媒体的快速发展固然带来了信息传播的丰富性、便捷性、多样性，但恶意侵权、过度营销、诱导分享、低俗内容、故意欺诈等乱象也反复出现，国家对自媒体账号存在的一系列乱象、问题开展集中清理、整治专项行动，对一些自媒体平台及账号进行约谈、整改、封停、追责等监管。自媒体管理已经纳入法治化、规范化、制度化轨道，绝不允许自媒体成为某些人、某些企业违法违规牟取暴利的手段。所以，自媒体人要提高自己的法律意识，做到自律、谨慎、规范化操作，营造良好的舆论氛围。对于广大网友来说，使用自媒体获取信息时要学会辨别信息的真伪，不能让自己成为谣言和低俗内容的传播者。

2. 百科全书

百科全书是人类各种知识的汇总，囊括了各方面的知识，被誉为"没有围墙的大学"，科学权威的百科全书是人类一生成长过程中必不可少的良师益友。在没有互联网以前，人们多从纸质书籍中获取知识，在各国的大学中，图书馆是最佳的百科全书汇集点。然而，随着互联网的普及和数字技术的日益发展，知识的更新速度越来越快，人们的阅读方式和教育方式已经产生了巨大变革，一套百科全书的出版周期相当漫长，在知识更新如此之快的年代，一套百科全书刚刚出版，就已经有很多的内容显得过时了。

互联网时代的百科全书——"网络百科"应运而生。网络百科是一个内容开放、自由的信息收集和查询平台。与传统的百科全书需要权威专家编著不同，网络百科强调用户参与，充分调动互联网用户的力量，汇聚众人的智慧，所以其内容不仅可以得到及时更新而且具有很高的可靠性和权威性。于是，人人可以写百科全书，人人可以是专家，是这个互联网时代的特征之一。

目前，网络百科已经成为网民最常用的互联网工具之一，与问答类产品相比，百科的权威性、便捷性在移动互联网上更具优势。百科知识有多好，海量知识网上找。互联网丰富了人们获取信息的途径，改变了人们获取信息和解决问题的方式。网络百科继承了传统百科全书的优点，而且突破了纸质图书出版在篇幅、检索、价格、时效性等方面的限制。与去图书馆查询相比，通过网络百科查询的方式更加快捷、方便，它以一种智能、高效的方式，帮助人们在互联网巨大的信息库中搜索出想要的知识,使互联网的这种海量信息特征真正被人们所利用。

目前的网络百科种类众多,令人眼花缭乱,综合性的有百度百科、维基百科、大英百科、搜狗百科、生活百科等,专业性的有育儿百科、女性百科、果蔬百科等,真是无所不有、无所不包。下面对几个比较著名的网络百科进行简单介绍。

(1)百度百科。百度百科是一部内容开放、自由的网络百科全书,旨在创造一个涵盖所有领域知识,服务所有互联网用户的中文知识性百科全书,如图11-15所示。百度百科以平等、协作、分享、自由的互联网精神,提倡网络面前人人平等,所有人共同协作编写,让知识在一定的技术规则和文化脉络下不断地组合与拓展。

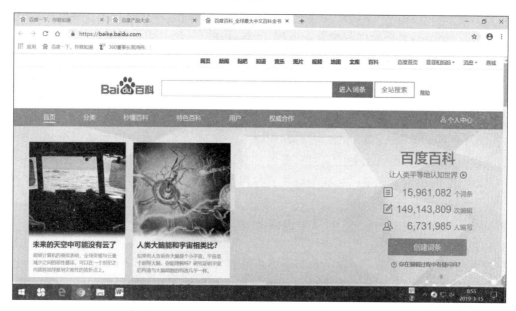

图 11-15　百度百科

百度百科强调用户的参与和奉献精神,充分调动互联网用户的力量,汇聚上亿用户的头脑智慧,积极进行交流和分享,同时实现与搜索引擎的完美结合,从各个不同层次上满足用户对信息的需求。截至2019年3月,百度百科已经收录了超过1596万词条,参与词条编辑的网友超过673万人,几乎涵盖了所有已知的知识领域。百度百科的词条创建、修改、删除等均要通过百度官方的严格审核,以确保百度百科词条的权威性和可参考性。

(2)维基百科。维基百科(Wikipedia,WP)是一个任何人都可以随时编辑和添加条目和内容的开放性的百科全书,内容集成量非常大,是一个国际性的百科全书,其目标是为这个星球上的每一个人自由地提供知识和信息。维基百科由维基媒体基金会负责。同时,维基百科也是一部用不同语言写成的百科全书。目前,维基百科收录了超过3000万篇条目,其中英语维基百科以超过450万篇条目在数量上位居首位。

在维基页面上,每个人都可浏览、创建、更改文本,系统可以对不同版本的内容进行有效控制和管理,所有的修改记录都被保存下来,不仅可事后查验,还能追踪、恢复。这也就意味着每个人都可以很方便地对同一主题进行写作、修改、扩展。同一维基网站的写作作者自然构成了一个社群,维基系统为这个社群提供简单的交流工具。每天都有来自世界各地的许多参与者进行条目的编辑和创建。

(3) 大英百科全书。《不列颠百科全书》(*Encyclopedia Britannica*,又称《大英百科全书》),被认为是当今世界上最知名也是最权威的百科全书,是英语世界俗称的 ABC 百科全书之一。大英百科全书的条目是由大约 100 名全职编辑及超过 4000 名专家为受过教育的成年读者所编写而成。它被普遍认为是学术性最强的百科全书。网址为 https://www.britannica.com/的网站就是大英百科全书的在线版本。

(4) 搜狗百科。搜狗百科是搜狗为广大用户提供的一部共享的百科全书,旨在打造一个涵盖所有知识领域,服务于全部互联网用户的高质量内容平台,并通过与搜索引擎及其他内容型平台的结合,满足互联网用户的不同层次的信息需求。搜狗百科是一部内容开放、自由的网络百科全书,其词条内容涵盖了人物、影视、旅游、科技等知识领域。

(5) 互动百科。互动百科是一部由全体网民共同撰写的网络百科全书。互动百科以词条为核心,与图片、文章等其他产品共同构筑一个完整的知识搜索体系。每个人都可以自由访问并参与撰写和编辑,分享自己的知识。

自 2005 年创建以来,互动百科受到了众多网民的追捧,词条数量一直处于飞速增长之中,互动百科系统中每天都产生大量新词,同时系统发现的不合规范的词条也会随时删除。随着互动百科影响力的增加和民众对科普的重新认识,很多专家、学者也开始参与百科词条的编写,创建词条、编辑词条已经成为众多百科网友的生活方式。

3. 免费软件现象

互联网所带来的影响已经随处可见,软件产业也不例外。在互联网诞生之前,软件行业的主流商业模式是收费的,例如,Windows、Office、Photoshop、Adobe Reader 等都是收费软件;而在今天的互联网上,软件行业的主流商业模式却变成了免费,从 Facebook 到谷歌,从腾讯到百度,我们随处可以看到免费软件,如图 11-16 所示。现如今免费软件数不清,并且

图 11-16　网站上提供的免费软件下载

一些功能非常强大的软件也同样免费,如微信、QQ、360杀毒、高德地图等,免费软件是互联网时代再普通不过的概念。

传统的软件收费的商业模式并不是偶然形成的,而是某种意义上的必然结果,主要因为当时的软件公司缺乏两个重要的能力,而今天的互联网公司借助高度发达的互联网拥有了这两个核心能力。

(1)触达用户的能力。互联网诞生之前,软件公司和用户之间就是"一锤子买卖",软件卖出之后,公司和用户之间的联系就断了,公司和用户并没有建立实时的连接,即公司没有触达用户的能力,而这个触达用户的能力正好就是今天互联网公司的核心能力。

互联网不仅让公司具备了触达用户的能力,而且具备了个性化精准触达的能力,这种能力释放的威力是巨大的,它对于广告而言是一种革命,因为有了低成本精准触达广大用户的能力,就可以为企业做广告,就可以获得广告费。例如,有的软件每月触达的活跃用户有几亿,这为广告主们提供了非常大的用户覆盖范围,为广告主实现大规模精准广告投放提供了基础。软件公司也可以获得相应的广告费,这是之前的软件公司所不能实现的。

(2)获取数据的能力。互联网诞生之前,公司卖一件产品给用户,交易结束,用户除了给公司贡献营收之外并没有任何其他贡献。而互联网诞生之后,每增加一个用户,这个用户就会和系统里的其他用户建立联系,同时能贡献数据。例如,每一个微信用户对于腾讯公司而言不是成本而是收益,因为由于每一个微信号的存在,自己的朋友也会用微信;当使用百度等搜索引擎的时候,每一次点击都会成为搜索模型的一次数据训练。例如搜索"耐克"这个关键词,然后单击了耐克公司的天猫旗舰店而没有单击耐克公司官网的时候,机器就知道了至少有一个用户认为耐克的天猫旗舰店比耐克的官网更加有价值。

因此,互联网诞生之前,当微软、Adobe公司等没有这两个能力的时候,它们就没办法从其他地方挣到钱,于是对软件本身收费就变成了它们唯一可行的商业模式。而互联网公司拥有的这两种能力直接对应了最主流的两种赢利模式——前向收费和后向收费。前向收费就是对一部分用户收费,即增值业务,腾讯公司的各种游戏就属于这种业务;后向收费就是对企业收费,即人们通常说的广告模式,百度、头条就属于这类业务。

"免费"软件是一种商业模式,它所代表的正是互联网和大数据时代的商业未来。"羊毛出在猪身上"是新时代互联网思维的基本特征。腾讯、盛大、阿里巴巴、巨人网络等公司都在利用"免费"盘活自身增值业务,从而开辟了第三营利空间。越来越多的传统企业开始理解并采纳"免费"模式,或者称为互联网模式。"免费"是互联网的精髓之一,也是营销的精髓,"免费"并不是真正意义上的免费,"免费"背后往往隐藏着多条价值链。

4. 不卖产品卖服务

互联网的本质就是去中心化,挑战传统权威;去产品化,不卖产品卖服务;去中介化,打破信息不对称。因此,不卖产品卖服务是互联网时代的又一个特征。

云计算是一种典型的不卖产品卖服务。云计算提供的三类服务 IaaS、PaaS 和 SaaS 都是按需购买,按费提供服务,不卖硬件也不卖软件。云计算的服务模式实际上就是卖"计算机"的不卖"机",改卖"计算"了;卖"存储器"的不卖"器",改卖"存储"了;IT 厂商们不卖"服务器",改卖"服务"了。

阿里云提供全国最强大的电商平台(淘宝、天猫、菜鸟等),但阿里自己不开店,什么也不卖,只收服务费。类似的还有智慧医疗平台、网约车平台、在线教育平台等都是不卖产品卖服务的典型代表。

未来,网络安全也会是一种服务,因为网络安全不是采购一大堆不同公司的防火墙、软硬件设备就安全了,必须承认,网络安全其实最终是服务业。在系统正常的时候,网络安全公司需要通过不断模拟攻击来修补漏洞,在真正遇到攻击的时候,以最快的响应、最快的封堵,把损害降到最低,这时就需要大量的专业人员和一支安全团队,他们可以向不同的部门提供专业的安全服务。比如,他们可以和银行签订协议,通过模拟攻击的方式发现安全漏洞,银行遭到攻击时及时修补。所以,网络安全产业要从卖软件、硬件变成卖服务,未来这个产业的发展潜力也很大。

Windows 10 之后,微软也不卖软件改卖服务了。Windows 10 之后,微软将不会再发布新版本的 Windows 系统,而是尽快做好重要的更新,所有重大更新均会立即、自动、直接地推送到系统,而不需要完全重装。微软打算采取一系列措施来突出 Windows 的服务性质,而以往的版本概念将被淡化,这也意味着 Windows 将由"一次性套装软件销售"转为"在线应用服务"。

互联网的兴起正是人类"连接"思维觉醒的开始,人们创造了搜索,连接人与信息;创造了电子商务,连接人与交易;创造了社交工具,连接人与人。互联网会成为人们提供信息与服务的"高速网络",连接现实世界的一切。人们可以全天候在线,永远与网络捆绑在一起。由于互联网的信息沟通,社群会越来越多、越来越大,未来的互联网绝对是以服务来赢得市场的。

5. 共享经济

信息技术和网络技术的普及,给人类生活带来了极大的便利,同时带来了生活方式的改变。共享经济是伴随移动互联网、云计算、大数据等信息技术的发展创新而兴起的。在互联网技术不断进步的推动下,社交网络生态的日益成熟也赋予了共享经济崛起的通道。网络支付方式和基于云端的网络搜索、识别核实、移动定位等网络技术的流行,也大大降低了人们进行资源共享的交易成本。共享经济在互联网蓬勃发展的背景下如鱼得水,在民宿领域和出行领域更是独树一帜。

在共享经济领域,大家最熟悉的应该就是共享单车了,如图 11-17 所示。共享单车提供自行车共享服务,是一种分时租赁模式。有了共享单车,人们自己不用买一辆车,可以随时随地使用自行车,不论是上班还是逛街,不论在哪个城市,出门扫个码,花上一两块钱就可以骑上共享单车到达目的地,共享单车的出现给人们的出行带来了极大的方便,成功地解决出行"最后一公里"的问题。大家都可以看到共享单车上面有一把锁,而这把锁就是整个共享单车的灵魂。离开这把锁,共享单车就是一辆普通的单车,这把锁每天都要回馈大量的数据信息流,而且还要负责定位、收集数据,得给用户开锁、关锁,所有这些都离不开网络的支撑。

图 11-17　共享单车

继共享单车之后又出现了共享汽车,如图 11-18 所示。用户不用花钱买汽车,想用汽车的时候,拿出手机预约一下,就能开走一辆小汽车。放假了想去周边游玩,租辆车就可以出发。

图 11-18　共享汽车

现在东风出行、立刻出行、联动云租车、盼达租车、北汽摩范出行等多家公司都推出了共享汽车服务。

除了共享单车和共享汽车,共享系列还有网约车、顺风车、共享床位、共享充电宝,共享雨伞等。需要租车的时候,可以通过互联网平台叫车,方便、快捷、随叫随到、经济实惠;在大型商场购物,发现手机快要没电了,随手就可以借个充电宝,按小时收费,不足一小时不收费;碰上突然下大雨,交点租金就能拿到雨伞缓解燃眉之急。另外,互联网上还有很多类型丰富的共享资源,如视频公开课、网上百科全书、数字图书馆、学习网站等。

共享经济一开始就是鼓励大众参与的,任何人有闲置资源就可以提供出来。它不仅能够简单连接供应源及市场,而且能精确地配置闲置资源的供需双方,实现闲置资源使用权交易,同时减少资源浪费,提高了资源使用率与循环率。共享经济模式不仅能起到节能减排、保护环境的作用,而且可以带来一定的经济效益。例如,滴滴快车提供的顺风车服务的价格是出租车价格的 40%,实现了绿色出行,车主分摊了出行成本,乘客降低了乘车成本,实现了所有参与方共赢。互联网平台的介入让共享模式成为常态。共享经济便利了人的生活,被越来越多的人所热爱。

互联网的发展改变了传统的经营模式,扩宽了销售渠道。表面看是形式的改变,实质上则是源于信息技术创新的商业模式的改变。随着互联网技术的推广、社交网络生态的日益成熟,共享经济这一全新的商业潮流已初露端倪,众多的共享网站亦如雨后春笋般涌现。目前,共享经济的商业模式已广泛渗入从消费到生产的各类产业,有力地推动了产业创新与转型升级。"互联网+"时代,移动终端、物联网和云计算的发展为共享模式创新与应用提供了更多可能,战略性新兴产业如何充分应用共享模式进行商业模式创新,将具有重要的战略价值。

共享经济是一种互联网思维,是一种新的生活方式。相信共享经济会给更多人带来便利,会给更多行业带来经济效益,共享经济会更加繁荣。

6. 电子商务

电子商务是以信息网络技术为手段,以商品交换为中心的商务活动。互联网的发展极大地推动了电子商务的发展。传统的商业贸易有非常大的局限性与区域性,而电子商务依托互联网打破了传统交易的局限性与区域性。大家对电子商务最直观的感觉就是网上购物。今天，人们对网上购物的感觉是可以在任何地方、任何时候，购买需要的任何商家的任何商品。以前，许多商品都没办法流通，例如过去外出旅游的时候都会带特产回来，因为这些特产不能够大面积流通。而现在可以在许多电商平台购买到全国各地的特产，因为企业具备了互联网思维，利用互联网把商品销售到全国各地。原先只能卖给 1000 个客人，现在能够卖给 10 万个客人。收益的提高带来的就是技术升级和产业扩大。这就是互联网带给人们的消费升级。

电子商务存在的价值就是让消费者通过网络在网上购物，节省了客户与企业的时间，大大提高了交易效率。今天，消费者可以通过网络渠道，足不出户即可全面了解商品信息，选择价廉物美的商品，享受购物乐趣。对于商家来说，网上销售库存压力较小、经营成本低、经营规模不受场地限制等。可以相信，将来会有更多的企业选择网上销售，根据互联网对市场信息的及时反馈适时调整经营战略，以提高企业的经济效益和参与国际竞争的能力。

目前，国内的网络购物平台有很多，比较著名的有淘宝网（如图 11-19 所示）、京东、天猫、当当网、苏宁易购、唯品会、拼多多、小红书、易趣、网易考拉等。可以在网上购买的物品品种非常多，只有你想不到的，没有你买不到的，几乎一切物品都可以实现网购。

图 11-19　淘宝网

随着互联网技术的进一步发展，电子商务无论在规模、形式、内容上，还是服务体验上，都将进一步发展、完善。电子商务必将成为人们生活的基本组成部分。

7. 移动支付

移动支付又称手机支付，是指允许移动用户使用其移动终端（通常是指手机）对所消费的商品或服务进行账务支付的一种服务方式。继银行卡类支付、网络支付后,移动支付俨然成为新宠。移动支付已经深度融入个人生活,现在我们出门完全可以不带现金,只需要带一部能够支付的智能手机即可。如图 11-20 所示,购物、吃饭、娱乐、出行交通等越来越多的项目支持移动支付,大到商场、公司,小到小吃店、摊贩,无不支持移动支付。目前使用最多的手机支付是支付宝和微信。

图 11-20　移动支付

继开发了个人消费服务领域之后,移动支付进一步向公共服务领域延伸,已由早期水、电、气等生活类缴费逐步扩展到公共交通、高速收费、医疗等领域。在互联网技术广泛应用的背景下,我国移动支付用户的规模持续扩大,用户使用习惯进一步巩固,并且移动支付加速向农村地区网民群体和老龄网民群体渗透。移动支付已经深入各个领域,如图 11-21所示。

图 11-21　移动支付的应用领域

8. 网络舆情与网络暴力

互联网已经成为人们生活的一部分,人们随时随地都可以关注网络上的事件并发表个人的观点和意见,这样就诞生了网络舆情。网络舆情是指在互联网上流行的对社会问题持不同看法的网络舆论,是社会舆论的一种表现形式,是通过互联网传播的公众对现实生活中某些热点、焦点问题所持的有较强影响力、倾向性的言论和观点。一般情况下,网络舆情代表了民意,受到世界各国政府机构、政治人物和商业人士的重视。很多国家都建立了专门的网络舆情监测与管理机构。"网络民调"已经成为社会管理的一种重要形式。在我国,网络反腐、网络维权的成功案例已经为数不少。

然而,任何事物都有两面性,网络舆情也可能发展为网络暴力。2018年,南京发生的"童某事件"就是一个典型的网络暴力事件的简要经过如下。

2018年6月18日,端午节,南京的童某一家人在自己开的饭店里过节。期间,孩子的姨妈将两岁的宝宝带到店门口散步。对面是一家鸭脖店,鸭脖店的老板平时都会把一条泰迪犬拴在店门口,两家店的关系原本不错。可就在姨妈接电话的时候,孩子被泰迪犬咬破了手。

闻讯赶来的童某和鸭脖店店主陈女士进行交涉,双方发生争执。因当天童某喝了半斤多白酒,并且当时两岁的儿子哇哇大哭,童某的火一下子就上来了,借着酒劲,他拎起咬人的泰迪犬,狠狠地摔在了地上。

小狗被摔死,事后童某也很后悔。后来,在民警的调解下,双方和解,陈女士不要求赔偿泰迪犬,而童某也不索赔医药费,这场纠纷得以结束。

本来事情就这样结束了,不过这却是系列悲剧的开始。有目击者想通过网络表达自己的看法,就将这件事情发到百度贴吧。于是又有人通过美团外卖等方式搜索到童某的手机号码,并四处扩散。接下来的几天,童某手机被打爆,来自全国各地的电话骚扰、短信诅咒如雪片般涌来。6月21日晚,从没想过自己会上电视的童某主动通过江苏城市频道《零距离》节目向公众表示了歉意。事情到此还没结束,有人指名道姓地说要搞他们15岁的大儿子,并公布了大儿子学校和班级的信息。巨大的恐惧感让夫妻俩喘不过气来。6月22日上午,童某的爱人王艳艳在绝望中选择了割腕自杀,因抢救及时保住了性命。

应该说,泰迪犬是一种可爱的、小型的、温顺的动物,对人的安全没有多少威胁,童某把泰迪犬摔死,是应当受到谴责的不理智行为。但是,也应该看到,童某不是无缘无故地把泰迪犬摔死。他是因为两岁大的宝宝被泰迪犬咬伤,在与泰迪犬主人争执的过程中,因酒精的刺激才发生这种伤害动物的行为。所以说,不能过度地放大童某冲动之举的责任。此事在民警的调解下,双方已经和解,童某又在电视媒体上公开做了道歉。在这种情况下,还有很多人对他发送诸如"全家去死""人不如狗"的谩骂与攻击信息,实在是太不应该了。

网络暴力不仅仅出现在中国,已经成为社会难以承受之痛!

网络暴力是一种危害严重、影响恶劣的暴力形式,它是一类在网络上发表具有伤害性、侮辱性和煽动性的言语、图片、视频的行为现象。网络暴力能对当事人造成名誉损害,而且它已经打破了道德底线,往往也伴随着侵权行为和违法犯罪行为。

网络暴力是网民在网络上的暴力行为,是社会暴力在网络上的延伸。网络暴力不同于现实生活中拳脚相加、血肉相搏的暴力行为,而是借助网络的虚拟空间用语言文字对人进行伤害与诬蔑。这些恶语相向的言论、图片、视频的发表者,往往是一定规模和数量的网民们。这些语言、文字、图片、视频都具有恶毒、尖酸刻薄、残忍凶暴等基本特点,已经超出了对于这些事件正常的评论范围,不仅对事件当事人进行人身攻击、恶意诋毁,更将这种伤害行为从虚拟网络转移到现实社会中,对事件当事人进行"人肉搜索",将其真实身份、姓名、照片、生活细节等个人隐私公布于众。这些评论与做法不仅严重地影响了事件当事人的精神状态,更破坏了当事人的工作、学习和生活秩序,甚至造成严重的后果。

很多情况下,网民习惯性地站到自认为正义的一方,以道德的力量审判他人,殊不知,在这个过程中,自己由于不能对事件加以客观分析与判断,而充当了"刽子手"。网民对童某一家人"施暴"的理由是保护动物,大家都认为自己保护动物、充满爱心、道德高尚,而童某残忍。2017 年曾发生了对李某某的"网络暴力"事件,理由也很"充分",认为他侵犯未成年人。后来案件告破,嫌疑人是 18 岁的段某某,只是与李某某长得比较像。

网络暴力对人的危害可见一斑,不要因为法不责众,就随着跟随网络媒体制造的舆论导向跟风发声。若冷眼旁观,不妄下论断,则惩恶扬善;若难辨真伪,则应不恶意揣测,让心安。社会要通过行之有效的宣传教育,提高网民特别是广大青少年的道德自律意识,增强分辨能力、选择能力和对低俗文化的免疫力,培养健康的心态和健全的人格,在全社会倡导文明的、负责的网络行为。相关职能部门会加强对个人信息保护的立法研究,加大依法惩治的力度,通过法律手段规范人们的网络行为,净化网络环境。

习题 11

一、选择题

1. 局域网的拓扑结构主要有(　　)、环状、总线和树状四种。
   A. 星状　　　　　　B. T 状　　　　　　C. 链状　　　　　　D. 关系

2. 根据(　　)可将网络划分为广域网、城域网和局域网。
   A. 接入的计算机多少　　　　　　B. 接入的计算机类型
   C. 拓扑类型　　　　　　D. 接入的计算机距离

3. 计算机网络最突出的优点之一是(　　)。
   A. 安全保密性好　　B. 信息传递速度快　C. 存储容量大　　D. 共享资源

4. Web 上的信息是由(　　)语言来组织的。
   A. C　　　　　　B. Basic　　　　　　C. Java　　　　　　D. HTML

5. 超文本与一般文档的最大区别是有(　　)。
   A. 声音　　　　　　B. 图像　　　　　　C. 链接　　　　　　D. 都不是

6. IPv4 的地址长度为(　　)字节。
   A. 1　　　　　　B. 2　　　　　　C. 3　　　　　　D. 4

7. Internet 上,已分配的 IP 地址所对应的域名可以是(　　)。
   A. 1 个　　　　　　B. 2 个　　　　　　C. 3 个以内　　　　　　D. 多个

8. 电子邮件是(　　)。

A. 网络信息检索服务

B. 通过 Web 网页发布的公告信息

C. 通过网络实时交互的信息传递方式

D. 一种利用网络交换信息的非交互式服务

9. 下列各项中,符合 IPv4 地址格式的是(　　)。

    A. 202.115.116.59　　　　　　　　　　B. 202,84,13,5

    C. 202.117.276.75　　　　　　　　　　D. 202：84：101：66

10. 下列各项中(　　)服务不是 Internet 所提供的。

    A. E-mail　　　　　B. WWW　　　　　C. Web　　　　　D. MAG

11. 下列各项中,(　　)不是搜索引擎。

    A. Baidu　　　　　B. Yahoo!　　　　C. Sogou　　　　D. Foxmail

12. 最直接、最快速地从互联网获取信息的方式是(　　)。

    A. 数字图书馆　　B. 搜索引擎　　　C. 网络数据库　　D. 专业网站

13. IP 地址能唯一地确定 Internet 上每台计算机的 (　　)。

    A. 距离　　　　　B. 费用　　　　　C. 位置　　　　　D. 时间

14. 用户想在网上查询 WWW 信息,必须安装并运行一个被称为(　　)的软件。

    A. 适配器　　　　B. 浏览器　　　　C. Yahoo!　　　　D. FTP

15. 下列各项中,(　　)不是邮件地址的组成部分。

    A. 用户名　　　　B. 主机域名　　　C. @　　　　　　D. 口令

16. Internet 中,IPv4 地址由(　　)组成。

    A. 国家代号和国内电话号码　　　　　B. 国家代号和主机号

    C. 网络号和邮政代码　　　　　　　　D. 网络号和主机号

17. 下列关于校园网的说法中,错误的(　　)。

    A. 校园网一般都是局域网

    B. 校园网的资源与校园网外的资源"内外有别"

    C. 校园网是局域网,不能上互联网

    D. 学生可以用手机接入校园网

18. 在 IE 浏览器中要保存一个网址可以使用浏览器的(　　)功能。

    A. 历史　　　　　B. 搜索　　　　　C. 收藏　　　　　D. 转移

19. 一般来说,域名 www.abc.net 表示(　　)。

    A. 中国的教育界　B. 中国的工商界　C. 工商界　　　　D. 网络机构

20. 某人的 E-mail 地址是 lee@sohu.com,则邮件服务器地址是(　　)。

    A. lee　　　　　　B. lee@　　　　　C. sohu.com　　　D. lee@sohu.com

21. 一台计算机接入计算机网络后,该计算机(　　)。

    A. 运行速度会加快　　　　　　　　　B. 可以共享网络中的资源

    C. 内存容量变大　　　　　　　　　　D. 运行精度会提高

22. 电子邮件所包含的信息(　　)。

    A. 只能是文字信息　　　　　　　　　B. 只能是文字与图形图像信息

    C. 只能是文字与声音信息　　　　　　D. 可以是文字、声音和图形图像信息

23. 出现互联网以后,许多青少年由于各种各样的原因和目的,在网上非法攻击别人,其中许多人越陷越深,走上了犯罪的道路,这说明(　　　)。

    A. 互联网上可以放任自流　　　　　　B. 互联网上没有道德可言

    C. 在互联网上也需要进行道德教育　　D. 互联网无法控制非法行为

24. (　　　)围绕 Internet 搜索创建了一种超动力商业模式。如今,它们又以应用托管、企业搜索以及其他更多形式向企业开放了它们的"云"。

    A. Google   B. Salesforce   C. Microsoft   D. Amazon

25. 与 SaaS 不同,(　　　)把开发环境或者运行平台也作为一种服务提供给用户。

    A. 软件即服务　　　　　　　　　　　B. 基于平台的服务

    C. 基于 Web 的服务　　　　　　　　　D. 基于管理的服务

26. 下列各项中,不属于自媒体的是(　　　)。

    A. 微博   B. 微信   C. 报纸   D. 抖音

27. 下列各项中,不属于互联网提供的出行服务的是(　　　)。

    A. 旅行预订   B. 网约车   C. 共享单车   D. 定外卖

28. 下列各项中,属于移动支付的是(　　　)。

    A. 微信扫码支付　　　　　　　　　　B. 刷支付宝乘公交

    C. 高速路不停车收费系统　　　　　　D. 以上都是

29. 下列关于网络百科全书的说法中,不正确的一项是(　　　)。

    A. 网络百科全书的词条主要是由网络用户创建的,对创建者的身份没有限制

    B. 网络百科全书的词条需要通过官方审核

    C. 网络百科全书是动态开放的,网络用户可以随时对其中的词条进行编辑和修改

    D. 网络百科全书不追求知识的权威性,所以对词条的解释不一定准确和完整

二、判断题

1. 万维网(WWW)是一种局域网。(　　　)

2. 迅雷属于网络系统软件。(　　　)

3. 网址中的.cn 代表教育网。(　　　)

4. 计算机网络最本质的功能是实现数据通信和资源共享。(　　　)

5. 当发电子邮件时,收件方可以不在线上。(　　　)

6. Internet 是由 Internet 公司所组建的网络。(　　　)

7. 网络一定要依赖协议才能可靠地传输数据。(　　　)

8. 使用 QQ 不仅可以进行文字聊天,还可以进行语音、视频聊天。(　　　)

9. 微博是自媒体时代的重要工具。(　　　)

10. 互联网改变了人们思维的空间维度,带来了社会各领域的变化。(　　　)

第12章

数据中有什么

有人说现在是智能时代,有人说现在是信息时代,还有人说现在是数字经济时代,这些都说明了一个事实,那就是现代社会是以数据为核心的。数据为什么如此重要呢?因为数据中包含了人们需要的信息。本章首先阐述数据与信息的关系,然后重点介绍从数据中获取有用信息的方法。

12.1　数据与信息

自从人类有了文字和数字,数据就开始出现了。在现代社会,数据与每一个人都息息相关,人们都习惯了"用数据说话"。

数据是人们对客观事物的性质、状态及相互关系等进行记载的物理符号或这些物理符号的组合,是可识别的、抽象的符号。数据不仅指狭义上的数字,也可以是具有一定意义的文字、字母、数字符号的组合,还可以是图形、图像、视频、音频等。例如,阿拉伯数字 0、1、2 等以及由此组合而成的各种数量数据,描述气象的阴、雨、晴、气压、气温数据,学生成绩单、员工工资册、病例、工作报告等档案数据。

在计算机科学中,数据是指所有能输入到计算机并被计算机程序处理的符号的介质的总称,是用于输入计算机进行处理,具有一定意义的数字、字母、符号和模拟量等的通称。现在计算机存储和处理的对象十分广泛,可以是光、电、磁、温度、湿度、压力、重力、体积等,表示这些对象的数据也随之变得越来越丰富。

为什么数据非常重要呢?因为数据中隐藏着人们需要的信息。

在信息科学中,普遍采用香农对信息做出的定义,即信息是用来消除随机不确定性的东西。人们认识世界的过程就是不断地降低世界不确定性的过程,也就是不断获取信息、得到知识的过程。

如何计算信息量的多少? 在日常生活中,极少发生的事件一旦发生最容易引起人们的关注,而司空见惯的事一般不会引起注意,也就是说,极少见的事件发生所带来的信息量较多。如果用统计学的术语来描述,就是出现概率小的事件包含的信息量较多。因此,事件出现的概率越小,信息量越大,常用公式 $H(x) = -\log_a P(x)$ 进行计算,其中 $H(x)$ 表示事件 x 包含的信息量,$P(x)$ 表示事件 x 发生的概率,$a=2$ 时得到的信息量单位为比特(b)。

现代计算机中普遍采用二进制通信。通常假设 0 或 1 的发生概率相等,都为 0.5,所以可以认为一个二进制的 0 或 1 携带了 1b 信息。

成千上万的二进制符号,依据一定的规则,形成了多种多样的数据(字符、声音、图像及其聚合体)。这些数据是当今社会存在的基础,与我们每一个人的生活、学习、工作息息相关。

信息与数据既有联系,又有区别。数据是信息的表现形式和载体,可以是符号、文字、数字、语音、图像、视频等。而信息是数据的内涵,信息是加载于数据之上,对数据做具有含义的解释。数据和信息是不可分离的,信息依赖数据来表达,数据则生动、具体地表达出信息。数据是符号,是物理性的,信息是对数据进行加工处理之后所得到的并对决策产生影响的数据,是逻辑性和观念性的;数据是信息的表现形式,信息是数据有意义的表示。数据是信息的表达、载体,信息是数据的内涵,两者是形与质的关系。数据本身没有意义,数据只有对实体行为产生影响时才成为信息。

数据分析与数据挖掘是我们从数据中获取有用信息的重要手段。

12.2 数据分析

面对大量的数据,人们如何从中获取有用信息并据此做出科学决策呢? 首先必须对数据进行分析。数据分析可以定性分析也可以定量分析,可以人工分析也可以利用计算机进行分析。数据分析的数学基础在 20 世纪早期就已确立,但直到计算机的出现才使实际操作成为可能,并使数据分析得以推广。数据分析是数学与计算机科学相结合的产物。

1. 数据分析方法

数据分析的本质就是对数据进行计算处理得出结果,并把结果友好呈现。

从数学角度来看,进行数据计算的方法有简单数学运算(Simple Math)、统计(Statistics)、快速傅里叶变换(FFT)、平滑和滤波(Smoothing and Filtering)、基线和峰值分析(Baseline and Peak Analysis)等。

友好呈现数据计算结果最常用的方法有列表法和做图法。

(1) 列表法。将实验数据按一定规律用列表方式表达出来是记录和处理实验数据最常用的方法。表格的设计要求对应关系清楚、简单明了,有利于发现相关量之间的物理关系。此外,还要求在标题栏中注明物理量名称、符号、数量级和单位等。根据需要还可以列出除原始数据以外的计算栏目和统计栏目等。最后还要写明表格名称、主要测量仪器的型号、量程和准确度等级、有关环境条件参数(如温度、湿度等)。

(2) 绘图法。绘图法可以直观地表达物理量间的变化关系。从图线上还可以简便求出实验需要的某些结果(如直线的斜率和截距值等),读出没有进行观测的对应点(内插法)或在一定条件下根据图线的规律得出测量范围以外的对应点(外推法)。此外,还可以把某些复杂的函数关系通过一定的变换用直线图表示出来。2005—2010 年,中国网民数和互联网普及率发展情况统计的结果如图 12-1 所示。可以直观地看出,2005—2010 年的 6 年间,中国网民数和互联网普及率以近似于直线的速度快速增加。

2. 数据分析步骤

一般的数据分析通常分为 3 个步骤。

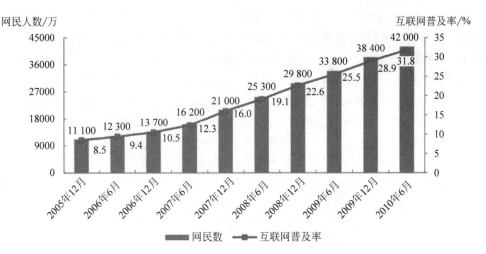

图 12-1　资料来源：2005—2010 年，中国网民数和互联网普及率发展情况统计

（1）探索性分析。当数据刚取得时，可能杂乱无章，看不出规律，此时应采用做图、造表、用各种形式的方程拟合，以及计算某些特征量等方法探索规律的可能形式，即往什么方向和用何种方式去寻找与揭示隐含在数据中的规律。

（2）模型选定分析。在探索性分析的基础上提出一类或几类可能的模型，然后通过进一步的分析从中挑选一定的模型。

（3）推断分析。通常使用数理统计方法对所选定模型的可靠程度和精确程度做出推断。

3. 数据分析工具

今天，数据分析无不是借助计算机软件进行的。数据分析工具有很多，比如通用的办公软件 Excel，通用的高级语言软件 MATLAB、Python 等，通用的数据库管理软件 SQL Server、Oracle 等，专业级的软件 SPSS、SAS 等。

Excel 作为常用的数据分析工具，可以实现基本的分析工作（Excel 的基本操作参考第 7 章）。

SPSS（Statistical Product and Service Solutions，统计产品与服务解决方案）是 IBM 公司推出的一系列用于统计学分析运算、数据挖掘、预测分析和决策支持任务的软件产品及相关服务的总称。SPSS 是世界上最早采用图形菜单驱动界面的统计软件，它将几乎所有的功能都以统一、规范的界面展现出来。SPSS 采用类似 Excel 表格的方式输入与管理数据，数据接口较为通用，能方便地从其他数据库中读入数据。其统计过程包括了常用的、较为成熟的统计过程，完全可以满足大部分的工作需要。

MATLAB 是美国 MathWorks 公司出品的商业数学软件，是用于算法开发、数据可视化、数据分析以及数值计算的高级技术计算语言和交互式环境，主要包括 MATLAB 和 Simulink 两大部分。其优点如下：

（1）高效的数值计算及符号计算功能，能把用户从繁杂的数学运算分析中解脱出来。

（2）具有完备的图形处理功能，实现计算结果和编程的可视化。

（3）友好的用户界面及接近数学表达式的自然化语言，易于用户学习和掌握。

（4）功能丰富的应用工具箱（如信号处理工具箱、通信工具箱等），为用户提供了大量方便、实用的处理工具。

MATLAB 软件的使用难度较大，在电子信息领域应用比较多，很受专业人士喜欢。

SAS（Statistical Analysis System）是北卡罗来纳州立大学于 1966 年开发的统计分析软件。经过多年的完善和发展，SAS 在国际上已被誉为统计分析的标准软件，在很多领域得到广泛应用。SAS 把数据存取、管理、分析和展现有机地融为一体，功能非常强大。SAS 是一个模块化、集成化的大型应用软件系统，由数十个专用模块构成，功能包括数据访问、数据储存及管理、应用开发、图形处理、数据分析、报告编制、运筹学方法、计量经济学与预测等。不过，使用这款软件需要具有一定的专业知识。

4. 基于 Excel 的数据分析

Excel 是 Office 办公软件的组成部分，操作简单，是人们最常用的软件之一。Excel 也是数据分析利器，在很多行业都得到广泛应用。下面以贷款计算为例说明 Excel 在经济管理中的数据分析应用。

在今天的经济生活中，贷款消费已经成为人们个人理财的重要内容，如，助学贷款、购房贷款、购车贷款等。针对人们的不同贷款需求，金融机构推出了不同种类的贷款业务。人们应如何根据自己的还款能力、金融机构贷款业务政策，以及需求情况来优选贷款方案呢？下面通过一个案例介绍相关的贷款利息计算方法和计算过程。

（1）案例描述。一名学生在入学时向银行申请了 50 000 元助学贷款。按照合同，该同学要从毕业起 10 年内分期偿还这笔贷款，每年年终偿还固定金额；贷款利率为 4.5%，从该生毕业起开始计息。要求从下面几个方面进行计算分析。

① 计算该生每年需偿还的贷款金额，以及各年偿还金额中，本金和利息各为多少。

② 学生助学贷款规定，除了按年偿还贷款还可以按月偿还贷款。如果该生选择每月月末偿还固定金额的还贷方式，计算该生每月需偿还的贷款金额，以及各月偿还金额中本金和利息各为多少。

③ 学生助学贷款还规定，学生可以根据自己的偿还能力自行选择每年还贷款的金额，只要在 10 年内还清即可。如果该生选择了从毕业起每年偿还贷款金额 10 000 元的还贷方案，为该生计算一下还款期限，并列出偿还贷款记账单。

④ 如果从该生贷款之日起开始计息，贷款利率为 4%，毕业后开始偿还贷款，偿还期限为 10 年，计算该生毕业后每年年末需要偿还的贷款额，列出该生偿还贷款记账单。

（2）计算与分析。

① 该项贷款是从学生毕业开始计算利息，上大学的 4 年间不计利息，从毕业开始计算偿还贷款时，贷款额仍然是 50 000 元。已知现值（pv＝50 000）、年利率（rate＝4.5%）、偿还贷款期限（nper＝10）、还完最后一笔贷款的余额（期末余额 fv＝0），在 Excel 中计算每期等额偿还贷款金额（PMT）、每期偿还贷款的本金（PPMT）和每期偿还贷款的利息（IPMT）。

在 Excel 中，PPMT、IPMT 都有现成的函数可以调用。每期偿还本金的计算公式为＝ABS(PPMT(rate,per,nper,pv,[fv],[type]))＝ABS(PPMT($B$4,A8,$B$5,$B$3,0,0))，每期偿还的利息＝ABS(IPMT(rate,per,nper,pv,[fv],[type]))＝ABS(IPMT($B$4,A8,

$B$5,$B$3,0,0))。计算过程如图 12-2 所示。

	A	B	C	D	E	F	G
1	计算该生每年需偿还的贷款金额、本金以及利息:						
2	贷款金额	50 000					
3	毕业时的金额	50 000					
4	年利率	4.50%					
5	偿还期限(年)	10					
6							
7	年份	偿还本金(PPMT)	偿还利息(IPMT)	本利合计(PMT)			
8	1	¥4 068.94	¥2 250.00	¥6 318.94			
9	2	¥4 252.04	¥2 066.90	¥6 318.94			
10	3	¥4 443.39	¥1 875.56	¥6 318.94			
11	4	¥4 643.34	¥1 675.60	¥6 318.94			
12	5	¥4 852.29	¥1 466.65	¥6 318.94			
13	6	¥5 070.64	¥1 248.30	¥6 318.94			
14	7	¥5 298.82	¥1 020.12	¥6 318.94			
15	8	¥5 537.27	¥781.67	¥6 318.94			
16	9	¥5 786.44	¥532.50	¥6 318.94			
17	10	¥6 046.83	¥272.11	¥6 318.94			
18	合计	¥50 000.00	¥13,189.41	¥63,189.41			

图 12-2　贷款年偿还额计算过程

利用 Excel 对学生贷款数据进行分析和处理,可以知道该生每年年末需要偿还贷款 6318.94 元,10 年共偿还贷款 63 189.41 元。

② 该生从毕业开始每月月末等额偿还固定金额,其他条件不变,计算每月偿还金额,以及每月偿还贷款的本金和利息。每月需偿还的本金和利息仍然可以用 Excel 自带的函数 PPMT 和 IPMT 来计算,其计算公式为

本金= ABS(PPMT(rate,per,nper,pv,[fv],[type]))

= ABS(PPMT($B$4/12,A8,$B$5 * 12,$B$3,0,0))

利息= ABS(IPMT(rate,per,nper,pv,[fv],[type]))

= ABS(IPMT($B$4/12,A8,$B$5 * 12,$B$3,0,0))

在 Excel 中的计算过程如图 12-3 所示。

	A	B	C	D	E	F
1	计算该生每月需偿还的贷款金额、本金以及利息:					
2	贷款金额	50 000				
3	毕业时的金额	50 000				
4	年利率	4.50%				
5	偿还期限(年)	10				
6						
7	偿还期数(月)	偿还本金(PPMT)	偿还利息(IPMT)	本利合计(PMT)		
8	1	¥330.69	¥187.50	¥518.19		
9	2	¥331.93	¥186.26	¥518.19		
10	3	¥333.18	¥185.02	¥518.19		
11	4	¥334.43	¥183.77	¥518.19		
12	5	¥335.68	¥182.51	¥518.19		
13	6	¥336.94	¥181.25	¥518.19		
14	7	¥338.20	¥179.99	¥518.19		
125	118	¥512.41	¥5.79	¥518.19		
126	119	¥514.33	¥3.86	¥518.19		
127	120	¥516.26	¥1.94	¥518.19		
128	合计	¥50 000.00	¥12 183.05	¥62 183.05		

图 12-3　贷款按月偿还计算过程

利用 Excel 进行数据分析的结果:这种还贷方式每月需偿还贷款 518.19 元,10 年共偿还贷款 62 183.05 元。

③ 学生自毕业起每年偿还贷款 10 000 元，计算需要偿还贷款的期数。还款期限可以用 NPER 函数计算，还款期限＝NPER（rate，pmt，pv，[fv]，[type]）＝NPER（B4，-B5，B3，0，0）。本期利息计算公式：利息＝年初金额×年利率。年末金额可以用 if 函数计算，如果年初金额＋本期利息－偿还金额＜0，则年末金额为 0；否则，年末金额＝年初金额＋本期利息－偿还金额。偿还金额最后一次将不足 10 000 元，所以也按照公式进行计算，计算公式为：年初金额-年末金额＋本期利息。计算结果如图 12-4 所示。

	A	B	C	D	E	F
1	如果从毕业起每年还10 000元，计算该生还款期限和记账单：					
2	贷款金额	50 000				
3	毕业时的金额	50 000				
4	年利率	4.50%				
5	每期偿还金额	10 000				
6	还款期限（年）	5.79				
7	年限	年初金额	本期利息	年末金额	偿还金额	
8	1	¥50 000.00	¥2 250.00	¥42 250.00	¥10 000.00	
9	2	¥42 250.00	¥1 901.25	¥34 151.25	¥10 000.00	
10	3	¥34 151.25	¥1 536.81	¥25 688.06	¥10 000.00	
11	4	¥25 688.06	¥1 155.96	¥16 844.02	¥10 000.00	
12	5	¥16 844.02	¥757.98	¥7 602.00	¥10 000.00	
13	6	¥7 602.00	¥342.09	¥0.00	¥7 944.09	
14	7					
15	8					
16	9					
17	10					
18	合计		¥7 944.09		¥57,944.09	

图 12-4　贷款偿还期计算过程

利用 Excel 进行数据分析可知，该同学 6 年即可还清贷款，共偿还贷款 57 944.09 元。

④ 首先计算入学时的 50 000 元贷款折算到毕业时的价值，即 4 年年末的终值（FV），根据现值、年利率、期数可计算出终值为：FV（rate，nper，pmt，pv）＝ABS（FV（B5，B3，0，B2））＝58 492.93 元，如图 12-5 所示。则计算该生毕业后还款问题，就成了现值 58 492.93 元、10 年期限、终值为 0、利率 4% 的普通年金问题。

	A	B	C	D	E	F
1	从贷款之日开始计算，则该生每年需偿还的贷款金额，并给出记账单：					
2	贷款金额	50 000				
3	读大学年限	4				
4	毕业时的金额	¥58 492.93				
5	年利率	4.00%				
6	偿还期限（年）	10				
7	每期偿还金额	¥7 211.65				
8	年份	年初金额	本期偿还本金	本期偿还利息	年末金额	
9	1	¥58 492.93	¥4 871.93	¥2 339.72	¥53 621.00	
10	2	¥53 621.00	¥5 066.81	¥2 144.84	¥48 554.19	
11	3	¥48 554.19	¥5 269.48	¥1 942.17	¥43 284.71	
12	4	¥43 284.71	¥5 480.26	¥1 731.39	¥37 804.45	
13	5	¥37 804.45	¥5 699.47	¥1 512.18	¥32 104.98	
14	6	¥32 104.98	¥5 927.45	¥1 284.20	¥26 177.53	
15	7	¥26 177.53	¥6 164.55	¥1 047.10	¥20 012.98	
16	8	¥20 012.98	¥6 411.13	¥800.52	¥13 601.85	
17	9	¥13 601.85	¥6 667.57	¥544.07	¥6 934.28	
18	10	¥6 934.28	¥6 934.28	¥277.37	¥-0.00	
19	合计		¥58 492.93	¥13 623.56		
20	期末本息合计		¥72 116.48			

图 12-5　贷款年偿还额计算过程

利用 Excel 进行数据分析可以知道，该生自毕业起每年年末偿还贷款 7211.65 元，10 年共偿还贷款 72 116.48 元，虽然降低了利率但依然是还款额最多的一种方案。

经过以上数据分析，每一种贷款方案的特点就明显展现出来，客户就可以很容易地选择适合自己的贷款方案。

5. 基于 Python 的数据分析

Python 是面向对象的、解释型的计算机程序设计语言,具有语法简洁、易于学习、功能强大、可扩展性强、跨平台等诸多优点,可以应用于 Web 开发、网络运维、科学计算、3D 游戏、图形界面开发和人工智能等领域,逐渐成为最受欢迎的程序设计语言之一。

Python 本身就具有较强的数据处理能力,再加上 Python 携带的大量数据分析包,使 Python 的数据分析能力异常卓越,在科学计算、人工智能和金融领域备受青睐。

(1) 数据相关性分析。在工作中,有时会有若干数据摆在我们面前,可这些数据之间是否存在一些联系呢? Python 就是进行数据相关性分析的能手,可以帮助我们分析数据之间是否存在相关关系。

分析数据相关性时常用相关系数表示。相关系数是最早由统计学家卡尔·皮尔森 (Karl Pearson)设计的统计指标,是研究变量之间线性相关程度的量,一般用字母 r 表示。由于研究对象的不同,相关系数有多种定义方式,较为常用的是 Pearson 相关系数,其计算公式为

$$r(X,Y) = \frac{\mathrm{Cov}(X,Y)}{\sqrt{\mathrm{Var}[X]\mathrm{Var}[Y]}}$$

其中,$\mathrm{Cov}(X,Y)$ 为 X 与 Y 的协方差,$\mathrm{Var}[X]$ 为 X 的方差,$\mathrm{Var}[Y]$ 为 Y 的方差。相关系数的绝对值越大,相关性越强。通常情况下,相关系数为 0.8~1.0 表示极强相关,0.6~0.8 表示强相关,0.4~0.6 表示中等程度相关,0.2~0.4 表示弱相关,0~0.2 表示极弱相关或无相关。

在 Python 中,利用 Numpy 库可以轻松计算 Person 相关系数。

例如,某软件公司在全国有许多代理商,为研究它的财务软件产品的广告投入与销售额的关系,统计人员随机选择 10 家代理商进行观察,收集到年广告投入费和月平均销售额的数据,并编制成相关表,如表 12-1 所示。

表 12-1　年广告费投入与月平均销售额数据　　　　单位:万元

年广告费投入	12.5	15.3	23.2	26.4	33.5	34.4	39.4	45.2	55.4	60.9
月平均销售额	21.2	23.9	32.9	34.1	42.5	43.2	49.0	52.8	59.4	63.5

下面使用 Python 计算 Person 相关系数,分析广告费投入与销售额是否相关,以便对下一年的广告投入进行决策。

本例使用的是 Python 3.6.5 并加装了 Numpy 库。启动 Python,在 IDLE 窗口中输入如下程序代码:

```
import numpy as np                                              #导入函数库 Numpy
a=np.array([12.5,15.3,23.2,26.4,33.5,34.4,39.4,45.2,55.4,60.9])
                                                                #定义变量并赋初值
b=np.array([21.2,23.9,32.9,34.1,42.5,43.2,49.0,52.8,59.4,63.5])
                                                                #定义变量并赋初值
np.corrcoef(a,b)                                                #计算 a 与 b 的相关系数
```

按 Enter 键执行程序，结果如图 12-6 所示，得到相关系数矩阵如下：

$$\text{array}\begin{pmatrix}\begin{bmatrix} 1. & 0.99419838 \\ 0.99419838 & 1. \end{bmatrix}\end{pmatrix}$$

```
Python 3.6.5 Shell
File  Edit  Shell  Debug  Options  Window  Help
Python 3.6.5 (v3.6.5:f59c0932b4, Mar 28 2018, 17:00:18) [MSC v.1900 64 bit (AMD64)] on win32
Type "copyright", "credits" or "license()" for more information.
>>> import numpy as np
>>> a=np.array([12.5, 15.3, 23.2, 26.4, 33.5, 34.4, 39.4, 45.2, 55.4, 60.9])
>>> b=np.array([21.2, 23.9, 32.9, 34.1, 42.5, 43.2, 49.0, 52.8, 59.4, 63.5])
>>> np.corrcoef(a, b)
array([[1.        , 0.99419838],
       [0.99419838, 1.        ]])
>>> |
                                                                          Ln: 9 Col: 4
```

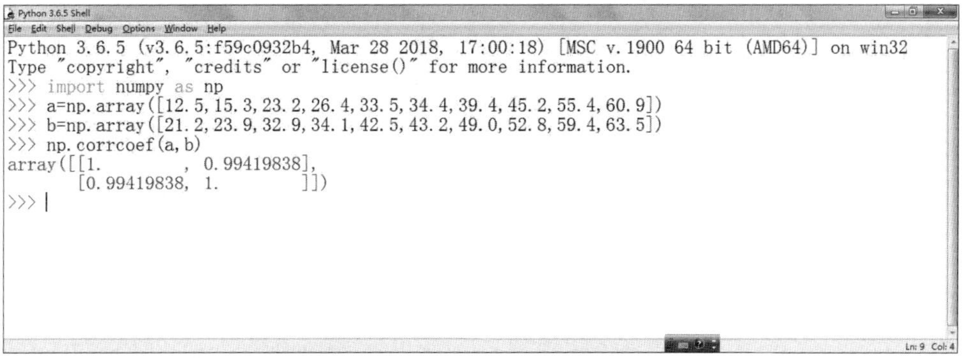

图 12-6　Python 计算两组数据的相关系数矩阵

矩阵中，第一行的 1 是 a 与 a 的相关系数，0.99 419 838 是 a 与 b 的相关系数；第二行的 0.994 198 38 是 b 与 a 的相关系数，1 是 b 与 b 的相关系数。所以，年广告费投入与月平均销售额之间的相关系数约为 0.994 2，说明广告投入费与月平均销售额之间有高度的线性正相关关系。

（2）曲线拟合。实际工作中，变量间未必都有线性关系，如服药后血中药的浓度与时间的关系、疾病疗效与疗程长短的关系、毒物剂量与致死率的关系等常呈曲线关系。曲线拟合是指选择适当的曲线类型来拟合观测数据，并用拟合的曲线方程分析两变量间的关系。科学和工程问题可以通过诸如采样、实验等方法获得若干离散的数据，我们根据这些数据，通过曲线拟合可以得到一个连续的函数（曲线）或者更加密集的离散方程，从而更好地把握数据背后隐藏的规律，甚至可以对未知数据进行预测。Python 加上 Scipy 为曲线拟合提供了便利。下面以实际中使用较多的最小二乘拟合为例，介绍在 Python 中进行数据拟合的方法。

假设有一组实验数据 $(x[i], y[i])$，$i = 1 \sim m$，它们之间的函数关系是 $y = f(x)$，通过这些已知信息可以确定函数中的一些参数。如果将这些参数用 p 表示，那么最小二乘拟合就是努力找到一组 p 值使 S 函数值最小：

$$S(p) = \sum_{i=1}^{m} \left[y_i - f(x_i, p) \right]^2$$

Scipy 中的子库 optimize 已经提供了实现最小二乘拟合算法的 leastsq 函数。下面给出用 leastsq 进行数据拟合的一个应用。

假设真实数据是一组满足正弦规律的数据 $y_0 = A \cdot \sin(2\pi k x + \delta)$，测量时得到的实验数据包含噪声 $y_1 = y_0 + \text{randn}(x)$，能否用数据拟合的方法找到实验数据包含的规律呢？

打开 Python，建立一个名叫"曲线拟合.py"的文件，如图 12-7 所示。

文件内容如下：

```
import numpy as np
from scipy.optimize import leastsq
```

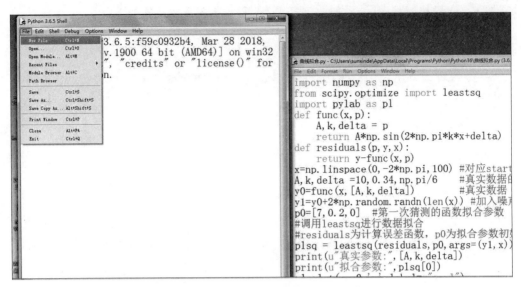

图 12-7　在 Python 中建立文件并编辑程序

```python
import pylab as pl
def func(x,p):
    A,k,delta =p
    return A * np.sin(2 * np.pi * k * x+delta)
def residuals(p,y,x):
    return y-func(x,p)
x=np.linspace(0,-2 * np.pi,100)                    #对应 start,stop,num
A,k,delta =10,0.34,np.pi/6                          #真实数据的函数参数
y0=func(x,[A,k,delta])                              #真实数据
y1=y0+2 * np.random.randn(len(x))                   #加入噪声的实验数据
p0=[7,0.2,0]                                        #第一次猜测的函数拟合参数
#调用 leastsq 进行数据拟合
#residuals 为计算误差函数,p0 为拟合参数初始值,args 是拟合数据
plsq =leastsq(residuals,p0,args= (y1,x))
print(u"真实参数:",[A,k,delta])
print(u"拟合参数:",plsq[0])
pl.plot(x,y0,'-',label=u"real")
pl.plot(x,y1,label=u"noisy")
pl.plot(x,func(x,plsq[0]),':',label=u"fitting")
pl.legend()
pl.show()
```

运行程序可得到拟合曲线(正弦函数)参数及曲线图,如图 12-8 所示。

真实参数:[10,0.34,0.5235987755982988]

拟合参数:[10.208162790,341628960,52737635]

由图 12-8 可以看出,拟合的曲线(Fitting)与真实曲线(Real)非常一致,说明使用最小二乘拟合的方法从噪声污染的实验数据(Noisy)中找出了真实规律。

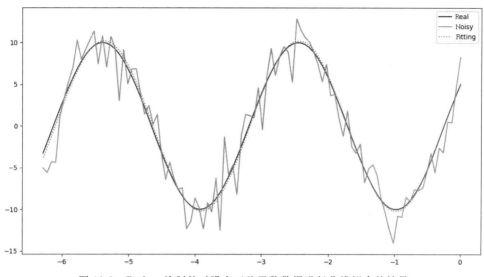

图 12-8　Python 绘制的对噪声正弦函数数据进行曲线拟合的结果

6. 数据分析应用的经典案例

（1）沃尔玛经典营销案例——啤酒与尿布。"啤酒与尿布"的故事发生在 20 世纪 90 年代的美国沃尔玛超市中，沃尔玛的超市管理人员分析销售数据时发现了一个令人难以理解的现象：在某些特定的情况下，啤酒与尿布两件看上去毫无关系的商品会经常出现在同一个购物篮中，这种独特的销售现象引起了管理人员的注意，经过后续调查发现，这种现象出现在年轻的父亲身上。

在美国有婴儿的家庭中，一般是母亲在家中照看婴儿，年轻的父亲前去超市购买尿布。父亲在购买尿布的同时，往往会顺便为自己购买啤酒，这样就会出现啤酒与尿布这两件看上去不相干的商品经常会出现在同一个购物篮中的现象。如果这个年轻的父亲只能在卖场买到两件商品之一，则他很有可能会放弃这一家商店而到另一家商店购物，直到可以同时买到啤酒与尿布为止。沃尔玛发现了这一个独特的现象，开始在卖场尝试将啤酒与尿布摆放在同一区域内，让年轻的父亲可以同时找到这两件商品，并很快地完成购物，这就是"啤酒与尿布"故事的由来。

当然，"啤酒与尿布"现象的发现必须具有技术方面的支持。1993 年，美国学者 Agrawal 提出通过分析购物篮中的商品集合，从而找出商品之间关联关系的关联算法，并根据商品之间的关系判断客户的购买行为。艾格拉沃从数学及计算机算法的角度提出了商品关联关系的计算方法——Aprior 算法。沃尔玛从 20 世纪 90 年代尝试将 Aprior 算法引入 POS 机数据分析中，并获得了成功，于是产生了"啤酒与尿布"的故事。

（2）Suncorp-Metway 使用数据分析实现智慧营销。Suncorp-Metway 是澳大利亚一家提供普通保险、银行业、寿险和理财服务的多元化金融服务集团，旗下拥有 5 个业务部门，管理着 14 类商品，由公司及共享服务部门提供支持，其在澳大利亚和新西兰的运营业务与 900 多万名客户有合作关系。

在过去十年间，该公司通过合并与收购使客户数增长了 200%，这极大地增加了客户数据管理的复杂性,如果解决不好,必将对公司利润产生负面影响。为此,IBM 公司为其提供了一套解决方案,组件包括 IBM Cognos 8 BI、IBM Initiate Master Data Service 与 IBM Unica。IBM Cognos 8 BI 是服务器集群,提供硬件平台支持;IBM Initiate Master Data Service 是数据管理软件,负责数据管理与分析;IBM Unica 是全渠道精准营销软件,可提供缜密、复杂的营销管理,可跨渠道自动执行市场营销计划,实现无缝的个性化体验,以提高客户参与度、满意度和销售额。

采用该方案后,Suncorp-Metway 公司至少在以下 3 项业务方面取得显著成效:

① 显著增加了市场份额,但没有增加营销开支;

② 每年大约能够节省 1000 万美元的集成与相关成本;

③ 避免向同一户家庭重复邮寄相同信函并且消除冗余系统,从而同时降低直接邮寄与运营成本。

由此可见,Suncorp-Metway 公司通过该方案将此前多个孤立来源的数据集成起来,实现智慧营销,对控制成本、增加利润起到非常积极的作用。

(3)美国的俄亥俄州的辛辛那提动植物园利用数据分析提高客户满意度和营收。辛辛那提动植物园成立于 1873 年,是世界上著名的动植物园之一,该园以其物种保护和保存以及高成活率繁殖饲养计划享有极高声誉。虽然它是美国国内享受公共补贴最低的动植物园,但却荣获“Zagat 十佳动物园”,并被《父母》(Parent)杂志评为最受儿童喜欢的动物园。辛辛那提动植物园名利双收的秘密武器就是大数据分析。

辛辛那提动植物园希望实现每位游客的个性化客户体验,确立其世界一流的声望。但由于游览、销售和客户行为数据保存在多个离散的系统中,难以为实现动植物园宏伟的目标提供实时分析结果。为此,辛辛那提动植物园利用 IBM 的商业智能分析解决方案将售票处、会员、食品和零售终端系统整合到企业数据库中,全面分析所有业务活动。当游客在动物园入口、出口、商店、餐厅或游览过程中刷会员卡时,智能分析系统可以实时获取并分析他们的行为,动物园则据此对所提供的服务进行相应调整以满足游客需要。

与所有户外景点一样,辛辛那提动植物园的业务与天气条件高度相关。如果下雨,游客数量会急剧下降,这将有可能造成动物园工作人员过剩、商品积压。同样,如果天气异常炎热,瓶装水和冰淇淋等商品的销售量有可能大幅上涨,造成供应短缺。为解决这一问题,辛辛那提动植物园将园区数据系统与国家海洋和大气管理局(NOAA)网站的天气预报数据传送系统集成,可在相同的天气条件下,将当前预测结果与记录的游客数量和销售数据进行对比,制订更好的决策支持人力调配和库存计划,从而提高客户满意度及财务绩效水平。

辛辛那提动植物园可通过游客刷会员卡或使用动物园积分卡而收集用户行为数据。这些数据与会员记录、地理分布和天气预报等其他信息相结合得出的实时分析结果可在管理团队决策者之间共享,这将有助于动植物园优化运营,提供更加个性化的体验。

大数据解决方案强大的收集和处理能力、互联能力、分析能力,以及随之而来的洞察力,为辛辛那提动植物园带来丰厚收益。

① 帮助动植物园了解每个客户的浏览、使用和消费模式,根据时间和地理分布情况采取相应的措施改善游客体验,同时实现营业收入最大化。

② 根据消费和游览行为对动植物园游客进行细分,针对每一类细分游客开展营销和促

销活动,显著提高忠诚度和客户保有量。

③ 识别消费支出低的游客,针对他们发送具有针对性的直寄广告,同时通过具有创意的营销和激励计划奖励忠诚客户。

④ 全方位了解客户行为,优化营销决策,实施解决方案后第一年就节省了至少 4 万美元营销成本,同时强化了可测量的结果。

⑤ 采用地理分析显示大量未实现预期结果的促销和折扣计划,重新部署资源支持产出率更高的业务活动,每年为动植物园节省了至少 10 万美元。

辛辛那提动植物园已取得引人注目的成就,但管理团队认为,这只是应用商业数据分析的开始。他们将保持创新力,继续努力为游客提供更好的体验。

12.3　数据挖掘

随着计算机网络应用的普及,数据量越来越大,而数据集也不再是单一类型的数据,这时的数据集包含的信息量也急剧增加,传统的数据分析方法已不堪重任。数据挖掘技术应运而生。

数据挖掘是数据库知识发现技术的一种,一般是指从大量的数据中通过算法搜索隐藏于其中的信息的过程。数据挖掘与数据分析很相似,两者都是通过分析从数据中提取一些有价值的信息。一般认为,数据分析是初级阶段,可以发现一些表面的、直观的信息;数据挖掘是高级阶段,可以发现深藏的、难以预测的信息。

数据挖掘算法是根据数据创建数据挖掘模型的一组试探方法和计算方法,常分为监督学习和非监督学习。数据挖掘是一个复杂过程,既要利用来自统计学的抽样、估计和假设检验思想,又要利用人工智能、模式识别和机器学习的搜索算法、建模技术和学习理论,还会用到最优化、进化计算、信息论、信号处理、可视化和信息检索的思想,并需要高性能的计算机系统提供支撑。比较著名的算法有决策树、贝叶斯分类、聚类、逻辑回归、关联分析、异常检测、随机森林、支持向量机、神经网络等。

数据挖掘技术已经广泛运用在电子商务、生物医药、金融等领域。例如,可以收集不同类型的花的特征,得到萼片宽度、萼片长度、花瓣长度、花瓣宽度的数据,运用聚类算法,发现紧密相关的观测值组群,这样就可以实现对收集到的花进行自动分类;可以运用关联分析算法对客户购物信息数据进行挖掘,以发现各类商品中可能存在的交叉销售商机;可以运用分类算法,通过分析信用卡持卡人的年龄、学历、工作种类、存款金额、还款历史等多种信息数据,对客户进行自动分类,以制定个性化、针对性的服务策略。

1. 决策树算法的应用

决策树是在已知各种情况发生概率的基础上,通过构建决策树来求取净现值的期望值大于或等于零的概率,评价项目风险、判断可行性的方法,是直观运用概率分析的一种图解法。决策树是一个预测模型,是一种有监督的学习算法。

假设一家高尔夫球俱乐部想通过天气预报来预测什么时候人们会打高尔夫球,以实时调整雇员数量,节省人力成本。于是该俱乐部记录了一些关于天气状况和顾客是否光顾的数据,如表 12-2 所示。

表 12-2　天气状况与顾客是否光顾的记录

序号	天气	气温/℃	相对湿度/%	风	打球
1	晴	29.4	85	无	No
2	晴	26.7	90	有	No
3	多云	28.3	78	无	Yes
4	雨	21.1	96	无	Yes
5	雨	20	80	无	Yes
6	雨	18.3	70	有	No
7	多云	17.8	65	有	Yes
8	晴	22.2	95	无	No
9	晴	20.6	70	无	Yes
10	雨	23.9	80	无	Yes
11	晴	23.9	70	有	Yes
12	多云	22.2	90	有	Yes
13	多云	27.2	75	无	Yes
14	雨	21.7	80	有	No

针对记录数据，我们可以建立一个决策树，如图 12-9 所示。根据决策树可以得到一些有用结论：

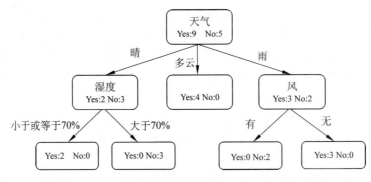

图 12-9　决策树示意图

（1）如果天气是多云，人们总是选择打高尔夫球；

（2）如果天气是晴天，但湿度大于 70%，人们倾向于不打高尔夫球；

（3）如果天气是雨天，只要无风，人们还是会选择打高尔夫球。

2. 聚类算法在网络安全中的应用

随着经济全球化和信息全球化的迅速发展，人们在享受互联网所带来的便捷性的同时，也面临着日益严重的网络安全威胁。网络入侵检测作为一种主动的安全防护技术，已经成为网络安全防护中必不可少的一部分。在网络入侵检测中，由于正常网络连接内部具有较强的相似性，而入侵行为与正常连接数据之间存在较大的差异性，可以将异常检测与误用检测相结合,采用基于聚类的模式挖掘方法,分别对正常和异常连接数据进行类别划分以获得辨识度较高的特征模式库,再通过模式匹配等方法实现入侵报警。

刘金平等提出一种基于模糊粗糙集属性约简(FRS-AR)和 GMM-LDA 最优聚类簇特征学习(GMM-LDA-OCFL)的自适应网络入侵检测(ANID)方法,如图 12-10 所示。

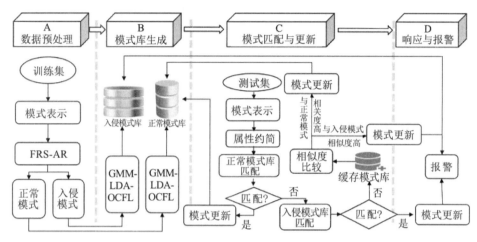

图 12-10　基于聚类和神经网络的自适应网络入侵检测方法流程

在 KDD99 数据集上和 Nidsbench 网络虚拟仿真平台上进行的大量实验结果表明,基于这种方法构建的网络入侵检测系统能自适应网络环境的变化,无论是针对已知的入侵类型还是未知入侵类型,均具有较高的检测率和较低的误报率。

21 世纪是一个用数据说话的时代,也是一个依靠数据竞争的时代。目前,世界 500 强企业中,有 90% 以上都建立了数据分析部门。IBM、微软、Google 等知名公司都积极投资数据业务,建立数据部门,培养数据分析团队。各国政府和越来越多的企业意识到数据和信息已经成为企业的智力资产和资源,数据的分析和处理能力正在成为各企业日益倚重的技术手段。从事数据收集、整理、分析,并依据数据进行研究、评估和预测的专业人员称为数据分析师。

如何成为一名出色的数据分析师?我们应该从以下几个方面做准备。

① 懂业务。从事数据分析工作的前提就是需要懂业务,即熟悉行业知识、公司业务及流程,最好有自己独到的见解,若脱离行业认知和公司业务背景,分析的结果就像脱了线的风筝,没有太大的使用价值。

② 懂管理。懂管理包括两方面的内容:一方面要了解搭建数据分析框架的要求,比如确定分析思路就需要用到营销、管理等理论知识,如果不熟悉管理理论,就很难搭建数据分析的框架,后续的数据分析也很难进行;另一方面要能够针对数据分析结论提出有指导意义的建议。

③ 懂分析。懂分析是指掌握数据分析基本原理与一些有效的数据分析方法,并能将其灵活运用到实践工作中,以便有效地开展数据分析。基本的分析方法有对比分析法、分组分析法、交叉分析法、结构分析法、漏斗图分析法、综合评价分析法、因素分析法、矩阵关联分析法等。高级的分析方法有相关分析法、回归分析法、聚类分析法、判别分析法、主成分分析法、因子分析法、对应分析法、时间序列等。

④ 懂工具。懂工具是指掌握数据分析相关的常用工具。数据分析方法是理论，而数据分析工具就是实现数据分析方法理论的工具，面对越来越庞大的数据，我们不能仅依靠计算器进行分析，还要依靠数据分析工具帮助我们完成数据分析工作。

⑤ 懂设计。懂设计是指运用图表有效表达数据分析师的分析观点，使分析结果一目了然。图表的设计是一门大学问，如图形的选择、版式的设计、颜色的搭配等，都需要掌握一定的设计原则。

习题 12

一、简答题

1. 信息与数据有什么关系？
2. 试列举出几种数据分析软件工具。想一想，你准备掌握哪一种？
3. 数据挖掘与数据分析有什么不同？试举出一个使用数据挖掘的例子。

二、选择题

1. 数据是对事物客观属性的记录，是（　　　）的载体和具体表现形式。
   A. 数据　　　　　　B. 信息　　　　　　C. 知识　　　　　　D. 信息技术
2. 下列关于信息的描述中，正确的是（　　　）。
   A. 电视机是信息　　　　　　　　　　B. 一本杂志是信息
   C. 报纸上刊登的赛事消息是信息　　　D. 一张报纸是信息
3. （　　　）是直接获取信息的渠道。
   A. 做调查问卷　　　　　　　　　　　B. 查找文献资料
   C. 从网上资源下载　　　　　　　　　D. 从媒体中获取
4. 科学家对收集的天文数据进行整理分析，得出的天体运动规律属于（　　　）。
   A. 数据　　　　　　B. 信息　　　　　　C. 圆周运动　　　　D. 椭圆运动
5. 下列各项中，（　　　）是数据的表现形式。
   ①文字　②数字　③图像　④音频　⑤视频
   A. 只有①②　　　　B. 只有①②③　　　C. 只有③④⑤　　　D. 全部是

第13章

大数据有多"大"

随着网络与电子设备的日益发达,产生和积累的数据越来越多。当数据量非常大时,无论是数据管理还是数据分析都面临新的挑战,大数据应运而生。大数据既是一种概念又是一种技术。本章首先介绍大数据的概念、基本特征和重要性,然后介绍大数据的应用以及大数据给我们带来的影响。

13.1 大数据概述

1. 大数据的概念

虽然近几年大数据是热门的研究领域,但是作为一个专业术语,其历史要久远得多。

据资料显示,1987年美国学者泽莱尼(Zeleny)在其论文《管理支持系统:迈向集成知识管理》(*Management support systems: towards integrated knowledge management*)中首次提出了大数据(Big Data)概念。不过,泽莱尼提及的大数据主要指数据的价值大而非体积庞大。

1997年,英特尔公司的迈克尔·考克斯(Michael Cox)提出了现代意义的大数据概念,指出大数据存在的两类问题:第一类,大数据的收集。由于数据呈海量增长趋势,数据必然分布于不同的物理结点上,而且格式也可能不同,如何汇集、管理它们成为一个亟待解决的问题。第二类,大数据本身的处理。即使大数据的汇集和管理不成问题,但基于当前软硬件标准而设计的算法和处理模式,可能会因为数据过于庞大而失效,这也是一个急需解决的问题。

1998年,伦敦帝国学院教授Tony Cass在《科学》(*Science*)杂志上发表文章《大数据的管理者》(*A handler for Big Data*),大数据的概念首次出现在世界顶级学术期刊中。

21世纪,特别是2004年以后,各种移动设备日益普及,物联网、云计算等技术日渐成熟,社交媒体得到"井喷"式应用,大量的短信、微信、微博、评论、照片、视频都是数据产品,人人都变成了数据的生产者,这时现代意义的大数据正式走入我们的生活。2008年9月,《自然》(*Nature*)杂志出版"大数据"专刊,大数据研究逐渐在学术界得到认可和推广。研究人员开始从互联网经济、大规模计算、生物医药、物理学等多方面、多角度,关注大数据带来的技术挑战以及未来的发展方向,从而掀起大数据研究热潮。

那么,到底什么是大数据呢？关于大数据,目前还没有一个统一的定义。

全球知名的 IT 研究与顾问咨询公司高德纳(Gartner)曾这样描述大数据：大数据是一种多样性的、海量的且增长率高的信息资产,其基于新的处理模式,产生强大的决策力、洞察力以及流程优化能力。

麦肯锡全球研究院认为,大数据是指其大小超出了典型数据库软件的采集、存储、管理和分析等能力的数据集。

日本智库野村综合研究所著名的研究员城田真琴认为,大数据可以狭义地定义为难以用现有的一般技术进行管理的大量数据的集合;而广义上可认为大数据是具有独特特征的数据,对这些数据进行存储、处理、分析的技术,以及通过分析这些数据获得实用意义和观点的人才和组织的综合体。

中国工程院院士李国杰从信息科学的角度给大数据下的定义是,大数据是指无法在可容忍的时间内用传统信息技术和软硬件工具对其进行感知、获取、管理、处理和服务的数据集合。

总之,大数据首先是包含各种类型数据的巨大数据集,也是新的数据处理模式和方法,还是包含人在内的具有新思想、新能力、新应用的复杂信息系统。

2. 大数据的基本特征

今天谈到的大数据,人们通常认为其具有 4V 特征,即体量大(Volume)、形态多(Variety)、速度快(Velocity)、价值大但密度低(Value),简称"大杂快值"。大数据技术描述了新一代的技术和架构,旨在通过高速地(Velocity)采集、分析,从超大容量的(Volume)、模态各异的(Variety)数据当中,以非常经济的方式提取价值(Value)。

(1) 大数据必须"大"。一般意义上说,大数据主要有 4 类：科研数据、互联网数据、企业数据和感知数据,而每一类都是当之无愧的"大"数据。

科学研究领域是最能产生大数据的地方,在大数据概念出现之前是这样,今天仍然是这样。例如,在基因学领域,位于美国马里兰州由美国国家生物技术信息中心维护的 GenBank 序列数据库,收纳了世界各地实验中心测得的 10 万种以上不同的生物基因序列。自 1982 年建库以来,其容量以指数级的速度增长,平均每 18 个月翻一番,其容量增长速度完全媲美 IT 领域的摩尔定律。另一个例子是坐落于瑞士日内瓦的欧洲核子研究中心的大型强子对撞机(LHC),LHC 于 2008 年正式启用,为科学研究宇宙起源和寻找新粒子提供了强有力的支持。在 LHC 第一次运行期间,尽管已经过滤掉了大部分数据,但库存数据还是以每年 15PB 的速度激增,而当 2015 年重启时每年产生的数据则达 30PB。

"中国天眼"FAST 于 2016 年投入使用,截至 2018 年共发现 59 颗优质候选体、44 颗脉冲星,这样骄人的科学发现成绩单背后是大数据的支持,观测时峰值数据率每秒可以达到 38GB,已经积累约 2.8PB 的数据,正在建设的数据中心将为 FAST 提供 100PB 的存储容量。

无处不在的摄像头不仅为百姓生活提供了方便,也为人们生活提供了安全保障。根据咨询公司 IHS Markit 2016 年的数据,中国共装有 1.76 亿个监控摄像头。假如每个摄像头每天产生的数据为 10GB,则 1.76 亿个摄像头一天产生的数据量将超过 1000PB。

互联网也是产生大数据的地方。据报道,互联网搜索巨头百度 2013 年拥有的数据量接近 EB 级别,而阿里巴巴、腾讯公司也声明自己存储的数据总量都达到了 100PB 以上。

麦肯锡全球研究院(MGI)预测,到 2020 年,全球数据使用量将达到 35ZB。而 Intel 预测,到 2020 年,全球数据量将会达到 44ZB,而中国产生的数据量将达到 8ZB,也就是说中国产生的数据量将会占到全球的五分之一。这么多的数据应如何管理? 如何发挥其效能?

一方面,大数据的"大"是动态的。怎么描述这个"大"? 21 世纪初,一般太字节(TB)级的数据就算大数据了。21 世纪第二个十年开始后,移动互联技术迅速发展,人人都是数据的生产者。百度每天要接受至少 60 亿人次的查询指令,爬虫程序要收集数千亿个网页。微信大约有 10 亿活动用户,不断地发送信息。此时,像百度、阿里巴巴、腾讯等互联网巨头公司,任何一家公司拥有的数据都能达到拍字节(PB)级。到 2020 年,全球数据量将只能用泽字节(ZB)表示。有人预测,到 2050 年数据量将达 1×10^6 ZB,人们想到用尧字节(YB)描述。然后,数据再继续增加,怎么描述呢?

另一方面,"大"的数据是现实,是表象,若停止于此,将失去意义。探索大数据的真正意义在于:通过数据的整合、分析和开发发现新知识、创造新价值,从而为社会、为企业带来"大知识""大科技""大利润"和"大智能"。

(2) 大数据"五彩缤纷"。一般情况下,传统的科研数据、商业数据都是类型单一并结构化的,常用关系数据库来管理与应用。而大数据时代,一切都发生了变化,此时的数据是多样化的、非结构化的。大数据为什么会呈现多样性呢?

首先,大数据的形态是多样的。

目前,大数据的主要来源是互联网和物联网,每天都产生着大量的非结构化数据。这些数据类型包括但不限于电子邮件、PDF 文档、Word 文档、视频、图片、音频、跟帖、动态、留言、聊天记录,还有无数传感器产生的诸如位置、速度、温度、湿度、强度等数据。这些非结构化数据不能被传统的关系数据库处理,所以需要非结构化数据库。据统计,目前已经出现了 200 种以上的非结构化数据库。

其次,大数据的来源与用途是多样的。

随着互联网、物联网、车载网等的发展,大到百度、阿里的数据中心,小到用户的手机、平板计算机、个人计算机以及遍布地球各个角落的传感器,无一不承载和产生着数据。

通常,不同来源的数据会有不同的用途。以卫生保健数据为例,可分为药理数据、临床数据、个人情感和行为数据、就诊记录、开销记录等。通过分析病人的临床和行为数据可以制定预防保健方案,充分整合临床大数据,减少过度治疗、错误治疗和重复治疗,从而降低成本、提高效率、提升质量。

最后,大数据的多样性还体现在数据之间的联系性强、交互频繁等方面。

数据显性或隐性的网络化存在,使数据之间的关系非常复杂。为了从数据中抽取出有意义的知识,就必须把不同来源的数据连接起来,形成深入的数据洞察力。例如,在旅途中,用户上传的照片和发表的博客就与旅客的位置、行程信息存在很高的关联性。大数据时代之前,数据之间也会有一定的关联性,但大数据时代数据的关联性更加重要。通过数据的关联性,我们能够比以前更容易、更便捷、更清楚地分析事物的来龙去脉,可以对即将发生的事情进行预测。

(3) 大数据唯"快"不破。"天下武功,唯快不破",大数据也要讲究"快"。大数据的快速性反映在数据的快速产生及数据变更的频率上,主要体现在以下四个方面。

① 数据生产速度快。工业革命后,以文字为载体的信息量大约每 10 年翻一番;1970 年后,信息量大约每 3 年翻一番;1980 年以后,数据量每两年就翻一番;而自 2002 年以来,数据呈爆炸性增长。1986—2007 年,全球信息存储容量变化情况如图 13-1 所示。

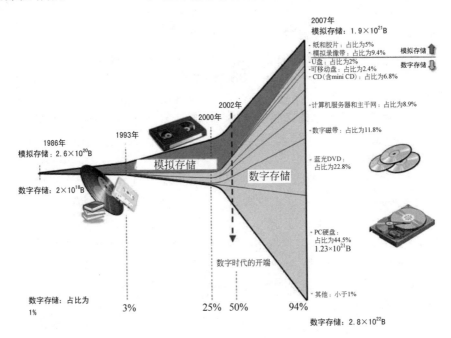

图 13-1　1986—2007 年,全球信息存储容量变化情况

资料来源:www.martinhilbert.net

② 数据处理必须快。对于生成速度快的大数据,就要处理得快。数据自身的状态与价值往往随时间变化而发生演变。面临同样大小的数据矿山,"挖矿"效率高就是竞争优势。《哈佛商业评论》(*Harvard Business Review*)的一篇报告称,早在 2012 年,谷歌公司每天就要处理 20PB 的数据。美国著名购物网站 Shopzilla 在全球拥有 4000 万消费者用户群,通过升级其数据库,为用户提供了接近于实时的信息,并为向 Shopzilla 按点击率支付报酬的成千上万零售商传递更有针对性的线索来增加收入,当 Shopzilla 把自己的网站加载用时从 7s 减少到 2s 后,其页面浏览量增加了 25%,销售额增加了 7%～12%。

时间是数据的敌人。等量数据在不同时间点上的价值不等。大数据时代,最关键的技术问题不是拥有大数据,而是如何快速处理大数据,包括在线事务和实时分析。假如你在京东商城订购一部华为手机,这条交易信息数据对于你本人和京东都非常有价值,过一段时间后,你收到了手机并且使用满意,则该条交易信息数据对买家和京东的价值就不太大了,就是说数据的个性价值已经大打折扣。这次交易过了较长时间(例如 12 个月)以后,买家可能已经忘记了交易信息数据,而京东可以利用数据库把成千上万条这样的数据汇集起来并分析挖掘,为京东的营销提供帮助。也就是说,数据个体价值随着时间流逝不断下降,而数据汇集的价值通常是逐渐上升的。

③ 数据存在时效性。与金融和新闻行业一样,数据的时效性也比较强。尤其是今天,

数据的时效性更加明显。新闻可视为呈现给读者的数据。美国《纽约时报》(*The New York Times*)前副主编罗伯特·莱斯特(Robert Lester)说:"如果第二次世界大战前,新闻界普遍认为最没有生命力的东西莫过于昨天的报纸,那么今天的看法是最没有生命力的东西莫过于几个小时以前发生的新闻。"自从微博、微信朋友圈等自媒体流行以来,"迟到了"几分钟甚至几秒钟的新闻恐怕就没有价值可言了。

熟悉股市的人都知道,证券交易所为一些散户提供免费炒股软件,但免费实际上也是有成本的——时间成本。证券交易所呈现给免费版用户的数据通常有十几秒的延迟,而这十几秒就成为庄家"宰割"散户的机会。为了抓住机会,现在很多炒股者都使用计算机完成自动交易。

每到节假日,尤其是春运期间,火车票常常是一票难求,此时也是抢票软件活跃的时候(抢票软件是违规的,但屡禁不止)。抢票软件"抢票"的原理就是通过程序不停地刷新车票信息数据,一旦铁路公司有新票投放或者有人退票,抢票软件可以在第一时间订购。抢票软件的存在说明在众多用户集中于12306网站购票时,车票信息数据有很强的时效性。

今天,传感器广泛使用,传感器数据也有很强的时效性,比如导弹、无人飞机、无人驾驶汽车等的"视觉"数据。再如海啸预报,借助大量的地震实时数据和超级计算机的计算,目前可在地震发生后的几分钟内计算出海啸发生的可能性,不过几分钟时间对于瞬间被海浪吞噬的生命来说,还是太长了。

④ 大数据也有"链接"的快速性。大数据的连接性是指数据集之间的相互影响与聚集。例如,一个微博"大V"的一个话题可能会立即引起众多粉丝的评论与转载,从而引发大量社交数据诞生。大数据的这种"链接"的快速性已经受到各方面的重视。实际上,网络舆情监控与分析的主要内容就是这种数据事件。

(4) 大数据价"值"无限。2012年1月,瑞士达沃斯经济论坛发布了《大数据、大影响:国际发展的新机会》(*Big Data,Big Impact:New Possibilities for International Development*)的报告。报告指出,数据就像货币和黄金一样,已经成为一种新的经济资源。从那以后,大数据更是"声名鹊起",无数公司、机构都想从大数据中"榨取"价值。

大数据是一种解决问题的方法。通过收集、整理方方面面的数据,经过分析挖掘,获得洞察力,从而形成有意义的决策。当前,很多公司都通过网络媒体圈客户、赚眼球,他们的目的就是获取客户信息大数据。商业公司可以通过客户信息数据挖掘用户的习惯和喜好,开发出更符合用户兴趣和习惯的产品与服务,或者对已有产品与服务进行有针对性的调整和优化。

大数据的价值还体现在预测方面。印第安纳大学的研究人员发现,通过分析Twitter信息中人们的情绪可以准确预测股市的涨跌;谷歌利用网民搜索信息预测流感疫情传播状况;奥巴马竞选团队利用大数据预测(了解)选民的投票倾向;交通部门可以利用交通大数据对交通状况进行预测;气象部门可以利用气象数据对空气质量变化进行预测。

大数据价值无限,已经得到社会广泛认可,所以也就产生了大数据技术人才的短缺。如图13-2所示,我国开设大数据本科专业的高校数量逐年增加。

大数据价值无限,但其价值是隐藏的,并非显而易见的。大数据本身并无价值,可能是增加存储成本的"垃圾",只有采用正确的方法进行"深加工"(清洗、建模、分析、交易等)才能发现其价值。要从数据中获取价值,拥有数据的人必须有大数据思维。

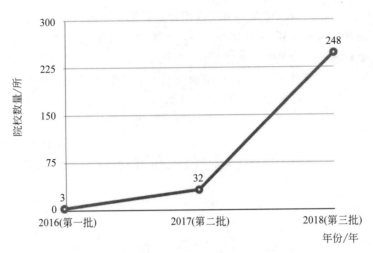

图 13-2　开设大数据本科专业的高校数量逐年增加

从大数据中挖掘价值"宝藏"时还要注意,大数据是"贫矿",其价值密度很低。例如,安全监控是全天候开启并记录的,每天都会产生大量数据,但当需要查询取证时,可能有用的就是几秒的视频。所以,构建大数据系统必须考虑成本,量力而行。大数据挖掘犹如沙里淘金,必须付出艰苦的努力。

3. 大数据的重要性

近几年,由于大数据中隐含着巨大的经济、社会、科研价值,已经引起科技界、企业界以及各国政府的高度重视。如果能有效地组织和使用大数据,必然会对社会经济和科学研究产生巨大的推动作用,同时也将带来前所未有的机遇。

(1) 大数据是新时代的生产资料。世界著名的咨询机构麦肯锡公司在 2011 年发布的报告中指出,数据已经成为可以与物质资料和人力资本相提并论的生产要素。2014 年,阿里巴巴集团董事局主席马云给出了从 IT(Information Technology)走向 DT(Data Technology)的论断。从 IT 到 DT 不仅是技术升级,还是思想、文化、社会环境等方面的巨大改变。马云表示,"绝大部分的人今天站在 IT 的角度看待世界。IT 是以我为主,方便我管理。而 DT 则是以别人为主,只有别人成功,你才会成功。这是一个巨大的思想转变,由这个思想转变产生技术转变。"马云先生的理念与国际数据公司(International Data Corporation,IDC)提出的"数据即服务"(Data as a Service,DaaS)有异曲同工之妙。

生产力是指认识世界和改造世界的能力。构成生产力的基本要素包括以生产工具为主的劳动资料,引入生产过程的劳动对象,具有一定生产经验和劳动技能的劳动者。也就是说,生产力的基本要素包括劳动工具、劳动对象和劳动者。在 DT 时代,这 3 个要素都要发生巨大变化。

① 关于劳动工具。IT 时代,工具主要体现在"软件+硬件"上。无论软件还是硬件,通常都由用户自己购买并拥有,这是用户的竞争优势,也是用户摆脱不掉的负担。DT 时代,工具主要表现为"云计算+大数据"。云计算通过专业化、规模化的优势,提供了诸如水、电一般的基础性的、触手可及的计算能力。专业的大数据处理工具让数据的共享性"链接"成为核心,让数据的开放、分享和互动成为基本原则。

② 关于劳动对象。IT 时代,劳动对象的范围开始泛化,知识已成为重要的生产要素和经济增长因素,知识通过软件实现了流程化,出现了资本代替劳动力的进步,由于只有少量的、封闭分散的、结构化的数据得到了有效利用,所以这还远远不够。DT 时代,信息经济发展升级,劳动对象开始集中于数据本身。开放、流动、结构多样及海量的数据成为应用焦点。大数据分析形成新知识,数据的利用率显著提升,使数据技术与传统的机械技术、能源技术等一起驱动整个经济的增长,形成数字经济时代。

③ 关于劳动者。IT 时代,劳动者通常依附于庞大的工业体系和复杂的生产流程,很多个性化的创新被"磨平殆尽"。DT 时代,云计算、互联网、终端等众多基础设施向公众开放,数据资源作为新的生产力要素得到充分运用。数据被松绑,通过流通、交换带来新价值。劳动者之间的竞争更加公平、协同更加便利,人的价值可以得到更加充分的发挥。

我国掀起的"互联网+"大潮,就是要构建以大数据为基础的经济生态环境,而互联网将仅是一个工具。不远的将来,纯粹的互联网公司可能将不复存在,取而代之的将是一些数据科技公司,而目前的一些互联网巨头将成为综合性科技公司。

2015 年,Google 宣布成立 Alphabet 母公司,而 Google Calico(从事医疗保健的公司)、Google Ventures(从事风险投资的公司)、Google X(从事大突破技术研究的公司)、Nest(从事智能家居的公司)等,则一起成为 Alphabet 的独立经营的子公司。Alphabet 旗下的子公司如图 13-3 所示。

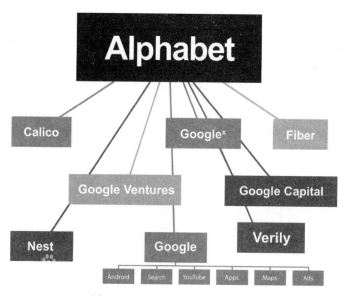

图 13-3　Alphabet 旗下的子公司

(2) 数据是数字经济的核心。数字经济的概念最早出现在 1996 年 Don Tapscott 撰写的《数字经济:智力互联时代的希望与风险》上,1998 年,美国商务部发布了《新兴的数字经济》报告,"数字经济"的提法正式成型。发展数字经济不仅指互联网经济,更多的是指发展"信息化"的经济。在我国,数字经济的概念出现后,近年正在努力加快数字经济的延伸与发展,这具有重要的战略意义。2017 年 5 月 14 日,国家主席习近平在"一带一路"国际合作高峰论坛开幕式上发表主旨演讲称,中国将加强与沿线各国在数字经济、人工智能、纳米技术、量子计算机等前沿领域的合作,推动大数据、云计算、智慧城市建设,连接成 21 世纪的数字丝绸之路。这足见数字经济在我国经济领域的重要性。

数字经济的本质在于信息化,其具有 3 个基本特征:第一,数字经济是大数据经济;第二,数字经济是在对已有海量数据进行计算的基础上,按照人类指定或依据算法逻辑,由人造器物替代人的一部分功能的经济,即经济社会的智能化;第三,数字经济的基础设施是数字或数据的采集、传输、处理、分析、利用、存储的能力、设施与设备,包括互联网(尤其是移动互联网)、物联网、云计算与存储能力、计算机(尤其是移动智能终端),以及将其联结在一起的软件平台。

数字经济的支撑就是数据,更确切地说,是大数据。借助于大数据,未来数字经济的竞争,将不再是劳动生产率的竞争,而是知识生产率的竞争。

(3) 大数据——学术界青睐的对象。在这样一个信息爆炸、数据井喷的时代,数据的采集、存储、组织管理及合理利用,已经成为科学研究关注的焦点。

2008 年 9 月,《自然》杂志推出“大数据”特刊专门讨论大数据。2011 年 2 月,《科学》期刊推出“处理数据”专刊,讨论了与数据迅速增长有关的各种问题。

在中国,大数据的科学研究与应用也得到高度重视。中国计算机学会在 2012 年 6 月成立了“大数据专家委员会”。2013 年,中国计算机学会发布了《中国大数据技术与产业发展白皮书》,反映了我国大数据学术界和产业界达成的共识。

打开中国知网数据库(CNKI),搜索一下名称中包含“大数据”的论文,可以发现 2012—2017 年与大数据相关的研究论文犹如雨后春笋般涌现,如图 13-4 所示。可以看出,中国学术界对大数据确实是异常青睐。

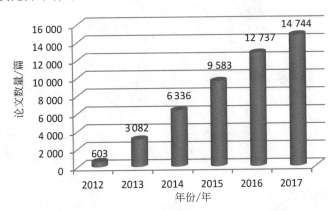

图 13-4　2012—2017 年,中国知网收录的有关大数据的论文数量递增情况

(4) 大数据——政府层面的重视。在政府层面,大数据也得到了高度重视。2012 年 3 月,美国政府宣布启动“大数据研究和发展计划”(Big Data Research and Development Initiative)。中国政府也高度重视大数据,2015 年 8 月,国务院印发了《促进大数据发展行动纲要》,明确提出促进大数据发展的三大任务和十项工程。三大任务之首就是加快政府数据开放共享,推动资源整合。十项工程包括“政府数据资源共享开放工程”“国家大数据资源统筹发展工程”“政府治理大数据工程”“公共服务大数据工程”等。我国政府还非常重视大数据人才培养,教育部从 2016 年开始批建的大数据本科专业点超过 200 个,从本科阶段就开始大量培养大数据人才。

（5）大数据——工商界的热捧。今天，工商界对大数据的热情是最高的，可以说是"言必称大数据"，原因就在于大数据隐含着巨大的经济利益。在一定程度上可以说，大数据的科学价值不过是商业利益挟裹而来的副产品。国外的 IBM、Google、Amazon、Facebook、eBay 等跨国巨头公司，国内的阿里巴巴、百度、腾讯等公司，无不对大数据情有独钟，都投入大量人力、物力进行研发。

2005 年，IBM 投资 160 亿美元进行了 30 次与大数据业务有关的收购，促使其业绩稳定高速增长。eBay 通过数据挖掘可以精确计算出广告中每一个关键字为公司带来的回报。阿里巴巴的服务器上积攒了 100PB 的数据，可以为国家、各类商业机构和研究机构提供客户数据信息服务，涉及经济形势预测、消费者行为分析、商品市场调研等众多领域。

4. 大数据时代的思考

大数据必将对人们的固有理念形成冲击，因此必须进行深入思考，未雨绸缪。

（1）大数据时代的"三大思维转变"。舍恩伯格（Schonberger）在其著作《大数据时代》中指出，大数据将带来三大思维转变：第一，要分析与某事物相关的所有数据，而非仅分析少量的数据样本；第二，接收数据的纷繁复杂，而不再追求精确性；第三，不再追寻难以捉摸的因果律，转而专注事物的相关性。

第一大思维转变的核心思想就是"要全体，不要抽样"。抽样是数理统计的基本概念，是现代测量领域的主要手段。由于收集和分析全数据通常是不可行的，所以才有了随机抽样理论的发展。抽样就是以局部代替全部，虽然统计学研究出了很多好的抽样方法，但是其固有缺陷难以避免。大数据时代的数据通常由传感器自动、连续采集得到，数据量大而全，这就为我们分析全数据提供了可能。一个典型应用是"全数据为叶诗文抱不平"。

叶诗文是我国游泳运动员，2012 年 7 月 28 日在伦敦奥运会上夺得混合泳金牌，且以 4 分 28 秒 43 的成绩打破该项目的世界纪录。对这一纪录，西方一些媒体以及美国著名游泳教练约翰·伦纳德（John Leonard）都发出质疑。2012 年 8 月 1 日，《自然》（Nature）官方新闻版上发表了文章《超凡奥运成绩为何引发质疑》，显然是想用数据分析的手段证明叶诗文成绩不可信。想为叶诗文抱不平，最有力的做法就是"以子之矛攻子之盾"，也就是同样用数据说话，推翻这篇文章的结论。

"性能分析"是大家熟知的一种基于数据分析的兴奋剂检测辅助手段，基本思想就是跟踪运动员的赛场成绩，对运动员个人实施纵向成绩分析，检测成绩是否异常。《自然》刊登的这篇文章，客观地说也是尊重数据、尊重科学之作，但是却暴露了"小样本代替全数据"的固有缺陷，因为作者仅使用了 2012 年伦敦奥运会决赛的男女 400 米混合泳决赛的运动员成绩数据，样本总数只有 31 个。人们可以利用大数据（全数据）分析得出正确结论。

美国堪萨斯大学信息与通信技术中心的浣军（Jun Huan）和罗勃（Bo Luo）收集了 2007—2012 年游泳运动员的相关数据。这个大数据集包括 2600 名运动员、超过 500 场不同的赛事、超过 4000 名运动员不同赛段的成绩。他们的研究表明，叶诗文伦敦奥运成绩的大幅度提升和最后 50m 的赛段成绩属于正常，因为类似的案例在年轻的游泳运动员身上存在普遍性。最后，相关人和媒体都进行了道歉。

可见，全数据可以弱化抽样的有偏性，从而带来更为正确的大视野，但这就意味着可以不要抽样吗？

第二大思维转变的核心是"接纳混杂，不要精确"。大数据时代，数据量大且样多，若"遇事较真"可能会"误入歧途"，最终不得其解。但若痴迷于这个观点因此放弃精确求解，只求大概，是不是也不可取？

例如，在本科教育方面，有的人提出，鉴于已经进入大数据时代，大学本科课程不应该再开设"高等数学"，有"线性代数"和"概率论"就够了。这种观点是不是太激进了呢？

在大数据分析中，人们很容易放弃对精确的追求，而接受混杂，但对混杂的过度放纵，就会造成样本集合边界的无意识混淆，这是应该必须提防的。假如有一位司机，平时兢兢业业，千次出车无事故，某天故友相聚，酒趣盎然，酒后兴奋异常，坚持自己开车回家，理由是今天自己开车回家出事故的概率也就千分之一吧。但酒驾与非酒驾是不同样本空间的数据，是不能放在一起进行分析、评价的。

第三大思维转变的核心思想是"要相关，不要因果"。因果律是指所有事物之间最重要、最直接（可以间接）的关系，表示任何一种现象或事物都必然有其原因，即"物有本末，事有终始""种瓜得瓜，种豆得豆"。人们通常认为，因果律是基本规律，因果关系是一种非常可靠的逻辑。相关是一个统计学概念，相关性是指两个变量的关联程度。大数据的意义在于从海量的数据里寻找出一定的相关性，然后推演出行为方式的可能性。在大数据时代，随着存储和计算能力的不断提高，能够被数据化的东西也越来越多，所以利用统计学研究各种数据之间的相关关系，最终可以成为我们决策的依据，大大提升我们的管理效率或者处理事情的能力。

很多大数据应用案例都说明了相关分析的重要性。所以，舍恩伯格提出大数据时代"要相关，不要因果"有其合理性。但是，很多人承认大数据相关分析的有效性和重要性，反对丢掉因果性。大数据只是观察世界的数字表征形式，相关或不相关只是现象，其内部一定存在有待人们发现的因果律。

因果律是坚不可破的吗？其实很早就有人提出异议，休谟是其代表性人物。休谟是著名哲学家，在其著作《人性论》中，他反驳了"因果关系"具有真实性和必然性的理论。他说，我们相信因果关系只是因为我们养成的心理习惯。休谟提出的"无因果——只有经常性联结"的学说，和今天大数据学者倡导的"要相关、不要因果"几乎同出一辙。

（2）少数服从多数还是多数服从少数。与小数据相比，大数据更加客观，因为数据基数大，有利于"降噪"，或者说易于剔除"少数另类"。大数据比小数据更加客观还在于大数据等于全数据，允许"所有人发声"，这恰好符合"少数服从多数"的民主原则。在信息不发达、不透明的时代，某些"社会精英"就可以轻易利用自己的巨大影响力和话语权，以一当千；而老百姓人微言轻，只能被"社会精英"的意见所代表。而大数据时代，借助网络平台，人人都是自媒体，人人都可发声，虽然个人声微，但汇集起来就是强大的社会舆论，这种汇集起来的力量绝不亚于某些"社会精英"。现在经常见到的网络民调、网络反腐、网络舆情分析等，都是大数据应用和社会进步的表现。但是，要谨防"多数人暴政"。真正的社会精英，有超凡的洞察力和预判力，很多时候，真理就掌握在这些少数人手里。还有一种情况，虽然是少数人，但因其事件特殊，于是言辞激昂，使结果意见相反或不同的人望而却步，做了沉默的"大多数"。基于这种情况的大数据统计结果恐怕要慎用。

（3）"替人消灾"式的认识能免责吗？大数据时代，人类认识世界的层次也将发生根本性变化。数据成为人们思维的资料、认识的源泉，人们对世界的解释转变为对数据的解读。

当我们觉得有所发现、有所感悟时,只不过是找到一些数据之间的关联罢了。此时,认识的主体可能发生分裂,认识的意向方与认识的实施方可以一分为二。

例如,一个企业老板想通过海量的消费者留言了解包含提升产品质量的用户反馈信息。这时,认识的主体是老板,有认识的意愿,但他可能不是数据科学专业人士,不会数据分析,不过他可以支付一定的费用把数据分析任务委托给一个专业的信息咨询公司,由他们实施雇主希望完成的认识意愿。到此,认识的主体便发生了分裂,分为认识的意愿方(雇主,即委托方)和认识的实施方(咨询公司,即被委托方)。由于咨询公司不是数据利益相关方,对数据的分析、处理可能更加客观,结论也就更加可靠。这种模式已经被社会普遍认可,所以非常流行。

认识的主体进行分离,虽然有可取的一面,但也会带来新问题:被委托方如何判断委托方委托事项的合理性。认识的实施方因为不是本来的认识主体,是否应该因此而免责呢?如果认识实施方依照"拿人钱财,替人消灾"的逻辑为认识意愿方完成了任务,而对认识的客体造成"灭顶之灾",认识的实施方是否对认识的后果(哪怕是道义上的)承担责任呢?

13.2 大数据的应用

大数据可应用于各个行业,包括金融、汽车、餐饮、电信、能源、娱乐等在内的社会各行各业。

制造业:利用工业大数据提升制造业水平,包括产品故障诊断与预测、分析工艺流程、改进生产工艺、优化生产过程能耗、工业供应链分析与优化、生产计划与排程。

金融业:大数据在高频交易、社交情绪分析和信贷风险分析三大金融创新领域发挥重大作用。

汽车行业:利用大数据和物联网技术的无人驾驶汽车,在不远的未来将走入我们的日常生活。

互联网行业:借助大数据技术分析用户行为,进行商品推荐和有针对性的广告投放。

餐饮行业:利用大数据实现餐饮 O2O(Online To Offline,线上到线下)模式,彻底改变传统餐饮的经营方式。

电信行业:利用大数据技术实现客户离网分析,及时掌握客户离网倾向,出台客户挽留措施。

能源行业:随着智能电网的发展,电力公司可以掌握海量的用户用电信息,利用大数据技术分析用户用电模式,可以改进电网运行,合理设计电力需求响应系统,确保电网运行安全。

物流行业:利用大数据优化物流网络,提高物流效率,降低物流成本。

城市管理:利用大数据实现智能交通、环保监测、城市规划和智能安防。

生物医学:大数据可以帮助我们实现流行病预测、智慧医疗、健康管理,同时还可以帮助我们解读 DNA、了解更多的生命奥秘。

公共安全领域:政府利用大数据技术构建强大的国家安全保障体系,公共安全领域的大数据分析应用是反恐维稳与各类案件分析的信息化手段,可以借助大数据预防犯罪。

个人生活:大数据还可以应用于个人生活,利用与每个人相关联的个人大数据,分析个人生活行为轨迹,为其提供更加周到的个性化服务。

大数据的价值远不止于此,大数据对各行各业的渗透是推动社会生产和生活的核心要素。

下面介绍几个成功应用大数据的实例。

1. 山西省应用大数据平台为企业服务

山西省中小企业产业信息大数据应用服务平台依托大数据、云计算和垂直搜索引擎等技术,为全省中小企业提供产业动态、供需情报、会展情报、行业龙头、投资情报、专利情报、海关情报、招投标情报、行业研报、行业数据等基础性情报信息,还可以根据企业的不同需求提供包括消费者情报、竞争者情报、合作者情报、生产类情报、销售类情报等个性化订制情报,为中小微企业全面提升竞争力提供数据信息支持。

山西省中小企业公共服务平台网络架构如图 13-5 所示。

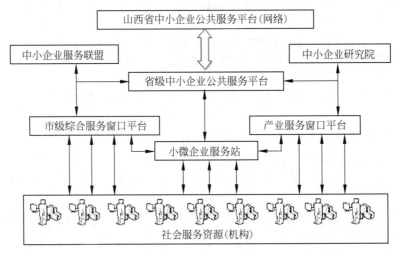

图 13-5　山西省中小企业公共服务平台网络架构图

2. 大数据助力杭州"治堵"

2016 年 10 月,杭州市政府联合阿里云公布了一项计划:为这座城市安装一个人工智能中枢——杭州城市数据大脑。城市数据大脑的内核将采用阿里云 ET 人工智能技术,可以对整个城市进行全局实时分析,自动调配公共资源,修正城市运行中的问题,并最终进化成为能够治理城市的超级人工智能。缓解交通堵塞是城市数据大脑的首个尝试,并已在萧山区市心路投入使用,部分路段的车辆通行速度提升了 11%。

3. 徐州市教育局利用大数据改善教学体验

徐州市教育局实施"教育大数据分析研究",旨在应用数据挖掘和学习分析工具,在网络学习和面对面学习融合的混合式学习方式下,实现教育大数据的获取、存储、管理和分析,构建全新的教师教学评价体系,改善教与学的体验。此项工作需要在前期工作的基础上,利用中央电化教育馆掌握的数据资料、指标体系和分析工具进行数据挖掘和分析,构建统一的教学行为数据仓库,对目前的教学行为趋势进行预测,为徐州市信息技术支持下的学讲课堂提供高水平的服务,并能为教学改革提供持续更新完善的系统和应用服务。

4. 大数据助力上海市浦东新区卫生局管理服务智能化

作为上海市公共卫生的主导部门,浦东新区卫生局积极利用大数据,推动卫生医疗信息化走上新的高度:公共卫生部门可通过覆盖区域的居民健康档案和电子病历数据库快速检测传染病,进行全面的疫情监测,并通过集成疾病监测和响应程序快速进行响应。与此同时,得益于非结构化数据分析能力的日益加强,大数据分析技术也使临床决策支持系统更智能。

5. 环保部用大数据预测雾霾

微软公司在利用城市计算预测空气质量方面已推出 Urban Air 系统,通过大数据来监测和预报细粒度空气质量,该服务在中国覆盖的城市已超过 300 个,并被中国环境保护部采用。同时,微软公司也已经和部分其他中国政府机构签约,为不同的城市和地区提供所需的服务。该技术可以对京津冀、长三角、珠三角、成渝城市群,以及单独的城市进行未来 48h 的空气质量预测。与传统模拟空气质量不同,大数据预测空气质量依靠的是基于多源数据融合的机器学习方法,也就是说,空气质量的预测不仅仅看空气质量数据,还要看与之相关的气象数据、交通流量数据、厂矿数据、城市路网结构等不同领域的数据,不同领域的数据互相叠加,相互补强,从而预测空气质量状况。

6. 山东省用旅游大数据带动农村经济发展

山东省将省内公安系统、交通系统、统计系统、环保系统、通信系统等涉旅行业部门联合起来,整合全省旅游行业的要素数据,开发完成旅游产业运行监测管理服务平台。通过管理分析旅游大数据,提升景区管理水平,挖掘省内旅游资源,开发更多符合游客需求的景点以及"农家乐"等乡村旅游服务,进而带动景区特别是农村地区的经济发展。

7. 农夫山泉用大数据卖矿泉水获得了好的收益

在没有数据实时支撑时,农夫山泉仅在物流领域就花了很多冤枉钱。例如某个小品相的产品(350ml 饮用水),在某个城市的销量预测不到位时,公司通常的做法是通过大区间的调运来弥补终端货源的不足。华北往华南运,运到半道的时候,发现华东实际有富余,从华东调运更便宜。但很快发现对华南的预测有偏差,华北短缺更为严重,又开始从华东往华北运。此时如果太湖突发一次污染事件,很可能华东又出现短缺。过去这种"没头苍蝇"的状况让农夫山泉头疼不已。

在采购、仓储、配送方面,农夫山泉特别希望构建一个系统解决 3 个顽症。首先,解决生产和销售的不平衡,准确获知该产多少、该送多少;其次,让 400 家办事处、30 个配送中心能够纳入到体系中来,形成一个动态网状结构,而非简单的树状结构;最后,让退货、残次品等问题与生产基地实时连接起来。也就是说,销售的最前端成为一个个神经末梢,它的任何一个痛点,大脑都能快速感知到。

2003 年,农夫山泉与世界著名软件公司 SAP 合作对公司业务流程进行改造。SAP 团队和农夫山泉团队共同开发数据系统,纳入了很多数据:高速公路的收费、道路等级、天气、配送中心辐射半径、季节性变化、不同市场的售价、不同渠道的费用、各地的人力成本,甚至突发性的需求(比如某城市召开一次大型运动会)。公司经营取得了良好效果。但在日常运营中,像销售、市场费用、物流、生产、财务等数据都是通过工具定时抽取到 SAP BW 或 Oracle DM,再通过 Business Object 展现。这个过程长达 24 小时,导致农夫山泉每个月的财务结算都要推迟一天。公司的决策者们要靠数据来验证以往的决策是否正确,或者对已出现的问题做出纠正,仍旧无法预测未来。2011 年,农夫山泉进一步启用了 SAP 推出的新的数据库平台 SAP Hana(High-Performance Analytic Appliance,企业大数据创新平台),使计算速度从过去的 24h 缩短到了 0.67s,几乎可以做到实时计算结果,这让很多不可能的事情变为可能。

有了强大的数据分析能力做支持后,农夫山泉近年的年增长率达 30%~40%,在饮用水领域快速超越了原先的三甲:娃哈哈、乐百氏和可口可乐。根据国家统计局公布的数据,饮用水领域,农夫山泉、康师傅、娃哈哈、可口可乐冰露的市场份额分别为 34.8%、16.1%、14.3%、4.7%,农夫山泉几乎是另外三家之和。

13.3　计算机中的数据管理思维

数据管理(包括数据分析处理)是计算机科学研究的核心任务。计算机数据管理也是一种计算思维。计算思维的基本过程是抽象化、符号化和自动化,计算机数据管理的基本过程也是如此,如图 13-6 所示。

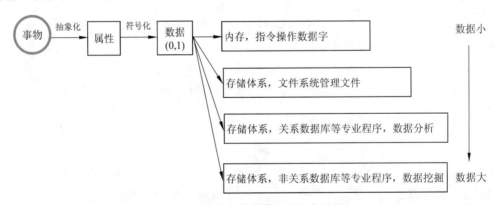

图 13-6　计算机数据管理的基本过程

(1) 抽象化,对形形色色的世间万物抽象化就是找出其本质属性,采用特征参数对其描述,这是计算机计算万物的基础。例如,我们用一个苹果的形状和颜色可以描述出一个苹果的图像,进一步可对这个苹果进行计算。

(2) 符号化,现代数字计算机用二进制数表示各种特征参数,得到计算机数据。

(3) 数据量小的时候,采用计算机内存来存储数据,程序运行时一个字一个字地处理数据,此时数据是分类型的。

(4) 随着计算机性能提高、数据量增大、数据类型多样化,计算机的数据管理开始专业化,即由计算机操作系统来管理数据。数据操作开始以文件为单位,存储数据则采用了包括内存和外存的存储系统。存储系统由单机存储发展到网络存储、云存储。基于程序(软件)的数据处理、数据分析日趋普遍。

(5) 大量的结构化数据管理催生了关系型数据库。基于数据库的应用软件大量出现，数据处理、数据分析、数据挖掘等被广泛应用。

(6) 大量非结构数据出现，暴露了关系数据库和传统数据分析方法的局限性，开始进入大数据时代。

数据化思维的关键是首先将数据聚集起来，实现数据的积累；其次是对积累的数据进行分析与应用，实现数据积累的效益。当数据积累能够由部分到全部，由小规模到大规模时，思维方式与决策能力将会发生重大变化，即进入大数据时代。

习题 13

一、选择题

1. 当前大数据技术的基础是由(　　　)公司提出的。
   A. 微软　　　　　B. 百度　　　　　C. 谷歌　　　　　D. 阿里巴巴
2. 大数据的起源是(　　　)。
   A. 金融　　　　　B. 电信　　　　　C. 互联网　　　　D. 公共管理
3. 下列关于大数据的分析中，错误的是(　　　)。
   A. 在数据基础上倾向于全体数据而不是抽样数据
   B. 在分析方法上更注重相关分析而不是因果分析
   C. 在分析效果上更追求效率而不是绝对精确
   D. 在数据规模上强调相对数据而不是绝对数据
4. 智慧城市建设内容不包括(　　　)。
   A. 大数据　　　　B. 物联网　　　　C. 云计算　　　　D. 治理交通拥堵
5. 大数据分析人才应该具备(　　　)。
   A. 数学与统计基础　　　　　　　　B. 计算机科学基础
   C. 专业领域基础　　　　　　　　　D. 沟通与合作能力

二、简答题

1. 什么是大数据？简述大数据的 4V 特征的内容。
2. 每一个人都应该认识或掌握大数据吗？

第14章

克服软件危机

计算机应用的普及与深入使计算机软件的复杂度越来越高,如何保证软件质量,如何避免软件开发中的错误,是令人头疼而又必须解决的问题。本章将介绍软件危机概念,分析软件危机发生的原因,介绍解决软件危机的方法。

14.1 软件危机概述

1. 与软件相关的概念

(1) 软件与程序。通过前面的学习,我们知道软件是计算机系统的重要组成部分,是计算机发挥功能的关键。软件的核心是程序,有一个经典公式就是"软件＝程序＋文档"。软件的种类很多,应用很广,如何编制一款符合应用要求的软件呢？这就涉及软件设计与软件开发。

(2) 软件设计。软件设计是从软件需求规格说明书出发,根据需求分析阶段确定的功能,设计软件系统的整体结构、划分功能模块、确定每个模块的实现算法,以及编写具体的代码,形成软件的具体设计方案。

(3) 软件开发。软件开发是根据用户要求建造出软件系统或者系统中的软件部分的过程。软件开发是一项包括需求捕捉、需求分析、设计、实现和测试的系统工程。软件一般是用某种程序设计语言来实现的,通常采用软件开发工具进行开发。

2. 软件危机

(1) 背景。早期的软件开发通常只是为了一个特定的应用而在指定的机器上采用一种程序设计语言,由程序员凭借个人技巧编写程序。受到硬件的制约,编写程序时要想方设法去节省几条指令、几个二进制位。此时,软件的规模比较小,文档资料通常也不存在,很少使用系统化的开发方法,设计软件往往等同于编制程序,基本上是个人设计、个人使用、个人操作、自给自足的私人化的软件生产方式。

随着大容量、高速度计算机的出现,计算机的应用范围迅速扩大,软件规模不断增大,软件开发开始要求团队合作。出现了对数据结构、程序结构的研究,并以此为工具,规范和协调程序员们的合作编程过程。20世纪70年代以后,软件规模和复杂度猛增,大型软件系统开发遇到前所未有的困难,错误频出,进度难以保证,费用剧增,人们把这种现象称为软件危机,下面介绍几个软件危机案例。

① 20 世纪 60 年代,为了满足当时的软件应用需求,IBM 公司决定开发 IBM OS/360 操作系统。然而,复杂的需求以及当时软件开发水平的低下使 OS/360 的开发工作陷入了历史以来最可怕的"软件开发泥潭":交付延期、费用超预算、交付的系统完全不符合计划而且包含很多错误。项目负责人弗雷德里克·布鲁克斯是当时的计算机精英(世界首批计算机学科博士毕业),曾获美国国家技术奖以及图灵奖。

② Therac-25 是一种利用辐射进行治疗的机器,由于其软件设计时的瑕疵导致偶发性超剂量辐射,结果在 1985 年 6 月—1987 年 1 月,发生了多起严重医疗事故,致患者死亡或严重辐射灼伤。事后调查发现,整个软件系统没有经过充分的测试,而最初所做的 Therac-25 全分析报告中有关系统安全分析只考虑了系统硬件,没有把计算机故障(包括软件)所造成的隐患考虑在内。

③ 1990 年 1 月,AT&T 公司的长途电话网瘫痪了 9h,问题出现在 100 万行编码中的一条语句上,一个函数接收了一个错误参数。

④ 1996 年 6 月,欧洲空间局发射的火箭升空 40s 后爆炸,原因是把一个本该是 64 位的浮点数错误地转换成了 16 位的整数。

⑤ 1999 年 9 月,美国发射的火星探测仪在接近火星时被烧毁,原因是混淆了英国计量单位和国际计量单位,使飞船进入火星大气层的位置变化了 100km。

(2) 软件危机的概念和典型表现。软件危机是指计算机软件的开发和维护过程中遇到的一系列严重问题,其典型表现如下:

① 软件开发成本和进度无法预测;

② 用户对已完成的软件系统不满意;

③ 软件可靠性没有保证;

④ 软件没有适当的文档资料;

⑤ 软件维护费用不断上升。

(3) 软件危机产生的原因。软件危机不是程序员自身原因造成,而是软件开发技术、方法不能适应软件开发新要求所致。软件开发的过程是将思想转化为计算机程序的过程,是人类所做的最具智力挑战的活动之一。软件开发的复杂性表现在以下几个方面。

① 开发环境的复杂性。将要开发的软件面向的用户的内部结构以及外部环境可能十分复杂,软件开发者必须深刻理解用户的内外环境以及发展趋势,必须综合考虑管理体制、管理思想、管理方法和管理手段的相互配合,才能开发出高质量的软件。

② 用户需求的多样性。软件的最终用户是各级各类管理人员,满足这些用户的信息需求,支持他们的日常管理及决策工作,是系统开发的直接目的。然而,当组织内部结构复杂时,各级各类的用户需求往往多种多样,有的可能十分模糊,有的可能相互矛盾,有的还会发生变化,同时满足这些需求极具挑战性。

对用户需求没有完整、准确地理解就匆忙着手编写程序是许多软件项目失败的主要原因之一。

③ 技术手段的综合性。为了满足复杂软件开发的需求,常常需要综合使用计算机硬件和软件技术、数据通信与网络技术、数据采集与存储技术、多媒体技术等当代最先进的技术。

如何跟踪、掌握并综合使用这些新技术，是软件开发者面临的主要任务之一。

④ 软件的不可见性。软件的逻辑部件具有不可见性，在运行之前很难评价软件质量，因此管理和控制软件开发过程相当困难。

⑤ 无法保证软件的正确性。程序的正确性证明至今未得到圆满解决，软件测试不可能检测出程序中的所有错误，而这种错误在某种使用环境中可能会暴露出来。

（4）克服软件危机策略。在软件危机发生的年代，工业制造技术已经十分发达，人们可以造高质量的摩天大楼，可以造性能优异的万吨舰船，能否把工业工程中的系统控制、工程管理方法应用到软件开发过程呢？1968 年，北大西洋公约组织（NATO）召开的学术会上提出了"软件工程"的概念。此后，软件工程的思想、方法和工具不断被提出，软件工程逐渐发展成为一门独立的学科。

软件工程是研究和应用如何以系统性的、规范化的、可定量的过程化方法去开发和维护软件，以及如何把经过时间考验而证明正确的管理技术和当前能够得到的最好的技术方法结合起来，以提高软件质量并降低软件开发成本。简单地说，软件工程就是研究如何用工程化的方法开发软件。

14.2　软件工程的内容

软件工程是一门研究用工程化方法构建和维护有效的、实用的和高质量的软件的学科。它的内容涉及程序设计语言、数据库、系统平台、标准、设计模式等方面。软件工程的内容分为 3 个方面：方法、工具和过程，称为软件工程三要素。

1. 方法

软件工程的方法是指完成软件开发各项任务的技术方法。为了同时提高软件效率和质量，软件开发方法不断革新。经过几十年的研究和应用，人们总结出了很多有效的方法，其中结构化方法和面向对象方法是两种主流的方法。

（1）结构化方法。结构化方法是一种传统的软件开发方法，它由结构化分析、结构化设计、结构化程序设计 3 个部分组成。

结构化方法的基本思想是"自顶向下，逐步求精"，即从问题的总体开始，将问题划分为一些功能相对独立的模块，各个模块可以独立设计，模块之间定义调用接口。

采用结构化方法进行软件开发的过程常包含以下几个阶段。

① 系统规划阶段。系统规划阶段的工作就是确定软件的发展战略，明确用户总的需求，制订系统建设总计划。

② 系统分析阶段。系统分析阶段的任务是分析用户业务流程、数据与数据流程、功能与数据之间的关系，并提出新系统逻辑方案。

③ 系统设计阶段。系统设计阶段的任务包括总体结构设计、代码设计、数据库/文件设计、输入输出设计和模块结构与功能设计。与此同时，还要根据总体设计的要求购置与安装设备。

④ 系统实施阶段。系统实施阶段的任务是按照系统设计成果组织人员编程，并进行人员培训、数据准备和试运行等工作。

⑤ 系统运行阶段。系统运行阶段的任务包括系统的日常运行管理、评价、监理审计 3 部分工作。在运行的过程中，系统难免会出现修改、调整和维护，如果出现了不可调和的大问题（这种情况一般是若干年后，系统运行的环境已经发生了根本的变化时才可能出现），则用户将会进一步提出开发新系统的要求，这标志着原系统生命的结束、新系统的诞生。

结构化方法的特点是严格按照软件系统开发的阶段性开展设计工作，每个阶段都产生一定的设计成果，通过评估后再进入下一阶段的开发工作。结构化方法因其开发工作的顺序性、阶段性，所以适合初学者参与软件的开发。结构化方法的阶段性评估可以减少开发工作的重复性并提高开发的成功率。结构化方法有利于提高系统开发的正确性、可靠性和可维护性。结构化方法具有完整的开发质量保证措施，具有完整的开发文档标准体系。结构化方法存在的不足主要是开发周期太长，文档编写工作量过大或过于烦琐，无法发挥开发人员的个性化开发能力。一般来说，结构化方法主要适用于组织规模较大、组织结构相对稳定的企业，这些大型企业往往业务处理过程规范、信息系统数据需求非常明确，在一定时期内需求变化不大。

（2）面向对象方法。面向对象方法（Object-Oriented Method）是一种把面向对象的思想应用于软件开发过程中、指导开发活动的系统方法，简称 OO 方法。面向对象方法是计算机学科中的重要方法之一。从 20 世纪 90 年代开始，面向对象方法成为软件开发方法的主流。今天，面向对象的概念和应用已经超越了程序设计和软件开发，扩展到数据库系统、交互式界面、应用结构、应用平台、分布式系统、网络管理结构、CAD 技术及人工智能等领域。

面向对象方法的核心是面向对象的思想。下面是与面向对象方法有关的基本概念。

① 对象，指要研究的任何事物。从一本书到一家图书馆，从单个数字到数据庞大的数据库、极其复杂的自动化工厂、航天飞机都可看作对象，它不仅能表示有形的实体，也能表示无形的（抽象的）规则、计划或事件。每一个对象都有唯一的名字。对象由数据（描述事物的属性）和作用于数据的操作（体现事物的行为）构成一个独立的整体。一个对象请求另一个对象为其服务是通过发送消息实现的。

② 类，是对一组有相同数据和相同操作的对象的定义，一个类所包含的方法和数据描述一组对象的共同行为和属性。类是在对象之上的抽象，对象则是类的具体化，是类的实例。类可有其子类，也可有其他类，形成类的层次结构。

③ 抽象，是从众多的事物中抽取出共同的、本质性的特征，而舍弃其非本质的特征。例如苹果、香蕉、梨、葡萄、桃子等，它们共同的特征就是水果。可以把水果作为类，而苹果、香蕉等是对象。

④ 消息，是对象之间进行通信的一种规格说明，一般由 3 个部分组成：接收消息的对象、消息名及实际变元。

⑤ 继承，表示类之间的层次关系，这种关系使某类对象可以获取另外一类对象的特征和能力。继承又可分为单继承和多继承，单继承是子类只从一个父类继承，而多继承中的子类可以从多个父类继承。

⑥ 封装，是将相关的概念组成一个单元，然后通过一个名称来引用它。面向对象封装是将数据和基于数据的操作封装成一个整体对象，对数据的访问或修改只能通过对象对外提供的接口进行。例如银行账户，作为对象具有取款和存款的行为特征，但实现细节对于客户而言并不可见，所以在进行 ATM 提款交易的过程中，我们并不知道交易如何进行，也不

了解对应账户是如何保存状态的,这就体现了对象的封装。

面向对象软件开发的基本思想是"自底向上",即先把空间划分为一系列对象,再将对象进行分类,抽象为类,采用继承来建立这些类之间的联系,每个类的内部结构仍采用"自顶向下,逐步求精"的方法设计。一般步骤如下:

① 分析、确定在问题空间和解空间出现的全部对象及其属性;

② 确定应施加于每个对象的操作,即对象固有的处理能力;

③ 分析对象间的联系,确定对象彼此间传递的消息;

④ 设计对象的消息模式,消息模式和处理能力共同构成对象的外部特性;

⑤ 分析各个对象的外部特性,将具有相同外部特性的对象归为一类,从而确定所需要的类;

⑥ 确定类间的继承关系,将各对象的公共性质放在较上层的类中描述,通过继承来共享对公共性质的描述;

⑦ 设计每个类关于对象外部特性的描述;

⑧ 设计每个类的内部实现(数据结构和方法);

⑨ 创建所需的对象(类的实例),实现对象间应有的联系(发消息)。

面向对象的软件开发方法有如下特点:

① 强调从现实世界中客观存在的事物(对象)出发来认识问题域和构造系统,这就使系统开发者大大降低了对问题域的理解难度,从而使系统能更准确地反映问题域;

② 运用人类日常的思维方法和原则(体现于抽象、分类、继承、封装、消息通信等基本原则)进行系统开发,有益于发挥人类的思维能力,并有效地控制了系统复杂性;

③ 对象的概念贯穿于开发过程的始终,使各个开发阶段的系统成分具有良好的对应,从而显著地提高了系统的开发效率与质量,并大大降低系统维护的难度;

④ 对象概念的一致性,使参与系统开发的各类人员在开发的各阶段具有共同语言,有效地改善了人员之间的交流和协作;

⑤ 对象的相对稳定性和对易变因素隔离,增强了系统的应变能力;

⑥ 对象类之间的继承关系和对象的相对独立性,对软件复用提供了强有力的支持。

软件开发的方法还有很多,如面向数据结构方法、问题分析法、可视化开发方法、基于构件的开发方法等。无论什么方法,其目的都是解决日益突出的软件危机。从直接开发到结构化方法,再到面向对象方法,软件构件的独立性和重用性不断增强,分析层、设计层和代码层关联性减少,这些都有利于开发人员更加关注功能本身,有利于提高软件质量。硬件性能的提高会使计算机的使用越来越广泛,软件工作的环境更加复杂,软件的功能更加丰富,软件的性能更需提高,对软件开发方法也就提出了更多的要求,也就必然会涌现出更高层次的新的方法。我们进行软件开发时,要依据需求分析和系统要求,选择使用最合适的一种或几种方法。

2. 工具

工具是用来辅助软件开发的软件,能在软件开发的各个阶段为开发人员提供帮助,有助于提高软件开发的质量和效率。

软件工具包括项目管理工具、配置管理工具、分析和设计工具、编码工具、测试工具、维护工具等。例如 E-R 图绘制工具"亿图图示专家"等，编码工具 Java、VC ++ 、SQL Server 等，测试工具 WinRunner、Rational Robot 等。

3. 过程

过程是为了获得高质量的软件所需要的一系列任务框架，它定义了运用方法的顺序、应该交付的文档资料、管理措施和软件开发阶段任务完成标识等。管理者在软件开发过程中要能够对软件开发的质量、进度、成本等进行评估和管理。为了获得高质量的软件产品，必须采用科学、合理的软件开发过程，而且越是开发大型软件，过程就显得越重要。

（1）软件生命周期。软件生命周期是软件工程中最基本的概念，是指一个软件从提出开发要求到使用结束的整个时期。软件生命周期有两个要点：分阶段和文档。

① 分阶段。从时间进程的角度，整个软件生命周期被划分为若干个阶段，每个阶段都有明确的目标和任务，要确定完成任务的方法和工具，要有检查和审核的手段，要规定每个阶段的成果标志（一般表现为文档、程序和数据）。

软件生命周期一般包括软件定义、软件开发和软件维护 3 个阶段。

软件定义阶段主要解决"做什么"，也就是要确定软件的处理对象，软件与外界的接口，软件的功能、性能和界面，并对资源分配、进度安排等做出合理的计划。可以将软件定义阶段进一步划分为问题定义、项目计划、需求分析等阶段。

软件开发阶段主要解决"怎么做"，也就是把软件定义阶段得到的需求转变为符合成本和质量要求的系统实现方案，用某种程序设计语言将软件设计转变为程序，进行软件测试，发现软件中的错误并加以修正，最终得到可交付的软件产品。可将软件开发阶段进一步细化为软件设计、编码、软件测试等阶段。

软件维护阶段的任务是在软件交付使用期间，为了适应外界环境的变化、扩充功能和改善质量而对软件进行修改。一个软件的使用时间可能有几年或几十年，在整个使用期间可能都需要进行软件维护，软件维护的代价是很大的，因此如何提高软件维护效率、降低软件维护的代价是一个很重要的问题。

② 文档。文档是指以某种可读形式存在的技术资料和管理资料。文档是在软件开发过程中产生的，应该是与交付使用的软件代码一致的。软件组织和管理人员可把文档作为阶段检查标志，来管理软件开发过程。软件开发人员可以利用文档作为通信工具，在软件开发过程中准确地交流信息。软件维护人员可以利用文档资料理解被维护的软件。

（2）软件开发模型。在软件开发过程中，为了从宏观上管理软件的开发和维护，必须对软件的开发过程从总体上进行描述，即对软件过程建模。软件开发模型能够清晰、直观地表达软件开发全过程，明确规定要完成的主要活动和任务，是软件开发工作的基础。下面介绍几个常用的软件开发模型。

① 瀑布模型。瀑布模型强调软件生命周期各个阶段的固定顺序，上一阶段完成后才能进入下一阶段，整个过程就像流水泻下，故称为瀑布模型。这种模型中不允许回溯，因此每个阶段完成后都要进行严格评审，以免最终交付的产品不符合用户的真正需要。

② 快速原型模型。快速原型模型是通过快速构建一个可运行的原型（试验性软件）系统，让用户试用并收集用户的反馈意见，获取用户的真实需求，从而减少需求不明给开发工作带来的风险。这种模型非常适合事先不能完整定义需求的软件开发项目。

③ 软件统一过程(Rational Unified Process,RUP)。软件统一过程是 Rational 公司提出的一个软件开发过程产品,可为软件开发过程提供完整的解决方案,是面向对象且基于网络的软件开发方法论。它以统一建模语言 UML 为主要工具,以渐增和迭代的方式进行软件生命周期的各种活动,开发过程完备,风险控制和进度管理都有质量保证,但因其管理过程比较复杂,主要适用于规模比较大、团队成员比较多的项目。

(3) 软件质量特性。软件质量是指软件与明确叙述的功能和性能要求、明确描述的开发标准及隐含特征相一致的程度。软件质量难以定量度量,但可以软件质量特性来评价。软件质量特性通常包含 6 个方面:功能性、可靠性、可用性、有效性、可维护性和可移植性。

① 功能性:系统满足规格说明和用户目标的程度。例如,能否得到正确结果,能否实现规定的功能,能否避免对程序及数据的非授权访问,等等。

② 可靠性:在规定的时间内和规定的条件下,软件维持其性能的能力。例如,能否避免软件故障引起的系统失效,能否在故障发生后重新建立其性能水平并恢复受影响的数据等。

③ 可用性:系统在完成预定功能时令人满意的程度。例如,理解和使用该系统的容易程度、用户界面的易用程度等。

④ 有效性:为了完成预定的功能,系统需要多少计算机资源。例如,系统的响应和处理时间,软件执行其功能时的数据吞吐量,软件执行时消耗的计算机资源等。

⑤ 可维护性:修改或改进正在运行的系统需要多少工作量。

⑥ 可移植性:把程序从一种计算机环境(硬件配置或软件环境)转移到另一种计算机环境下,需要多少工作量。例如,系统是否容易安装、系统是否容易升级等。

由于软件的复杂性,到目前为止,计算机科学家还没有研究出有效的软件质量保证手段,还没有足够的可靠性保证理论和可靠、实用的软件开发技术,对软件开发理论、技术和工具的研究依然是未来的重要课题。

(4) 软件测试。软件测试的目标是尽可能多地发现并排除软件中潜藏的错误,最终把一个高质量的软件系统交给用户。统计资料表明,软件测试工作量通常占软件开发总工作量的 40% 以上。软件测试是保证软件质量的关键步骤,是对软件规格说明、设计和编码的最终审核。

软件测试包括单元测试和集成测试两个阶段。在每一个模块编写完成即进行的对该模块的测试称为单元测试。一般情况下,模块的测试者与编写者为同一人。软件系统完成后进行的各种综合测试称为集成测试。集成测试通常由专门的测试人员来完成。

经过计算机软件界多年努力和来自其他工程技术的启发,现今已经确立了软件工程学的一些基本原则,提出了许多实用的方法和工具,制定了软件开发应该遵循的标准规范。但是,软件工程尚未构成坚实的基础理论体系,大部分的软件特性仍然无法定量测量,软件产品质量仍然无法保证,还未能彻底地解决软件开发所面临的种种问题。软件工程科学研究工作任重道远。

14.3 软件工程中的计算思维

在基于软件工程的软件开发过程中,涉及大量的计算思维方法。例如,需求分析阶段的数据流图、实体关系图、状态转换图,设计阶段的层次结构图、算法流程图,编码阶段的程序代码,都是计算思维中对问题的抽象化和符号化表示;面向对象的需求分析过程是建立对象模型、用例模型和动态模型的过程,对象分析过程是一个典型的抽象过程;面向对象的设计和实现是在需求分析的基础上多次反复迭代的演化过程。

分层的数据流图体现了抽象和分解的关系。自上而下层层分解、层层抽象,将一个大而复杂的问题分解成若干个较小的问题(如子系统或功能),每个较小的问题又可分解成若干个更小的问题(如功能或子系统),如此自顶向下一层一层地分解下去,直到每个最底层的问题都足够简单为止,这样,一个复杂的问题也就迎刃而解了。而在每一层次上都存在抽象,即忽略低层的各种差异和复杂实现,只关注与外界的联系,向高层提供一个统一的平台或接口。在生活中,这种分解与抽象的概念也革新了我们的思维习惯。面对一个问题,我们现在的习惯是把它化成一个个小的个体分而治之,再归纳总结,找出其中的共性;或者先从一个基本内核做起,再层层抽象扩展,最终达到自己的目标。

项目管理是软件工程学科的核心内容。项目管理的目标就是以最小的代价(成本和资源)最大限度地满足软件用户或客户的需求和期望,也就是协调好质量、任务、成本和进度等要素之间的冲突,获取平衡。一个项目中,任务、时间和成本之间是相互影响、相互制约和相互作用的关系。一般来说,任务、时间和成本中的某一项是确定的,其他两项是可变的。项目管理就是要控制不变项,对可变项采取措施,保证项目达到预期效果。例如,产品质量是不变的,要有足够的时间和成本投入去保证产品的质量;如果市场决定产品,时间受到严格限制,这时,要保证产品的功能得到完整的实现,就必须有足够的成本投入(人力资源、硬件资源等);如果成本也受到限制,就不得不减少功能,实现产品的主要功能。

习题 14

1. 什么是软件危机? 软件危机有哪些表现?
2. 软件工程有 3 个基本要素:方法、工具和过程,这 3 个要素之间有什么关系?
3. 软件测试人员和软件开发人员应该是同一组人员吗? 为什么?
4. 软件工程可以完全避免软件危机或者软件错误吗?

第15章

你的版权你做主

随着互联网技术和多媒体技术的快速发展,网上电子图书、音乐、电影、图片、游戏、软件等数字内容的传播越来越快、越来越多,同时,数字化作品易于修改、复制和传播的特点,也使盗版和恶意篡改越来越猖獗,版权保护和内容认证问题日趋重要。因此,必须采用技术手段保护数字产品的版权,防止盗版、侵权行为发生。

本章主要介绍有关版权保护的内容,包括数字加密技术、数字签名、数字证书、身份认证、数字水印、区块链技术等。通过这些技术,可以避免否认、伪造、冒充、篡改等情况的发生,保护数字版权。

15.1 数字版权保护

随着互联网的快速发展,尤其是移动互联网络技术的革命性进步,网络出版逐渐在出版领域异军突起,成为新时代文化传播的主力军。平板计算机、手机等成为内容传播的新载体,进一步催生了纸质出版物的数字化演变。毋庸置疑,数字出版具有一系列优势,如携带方便、更新快捷、检索查询简易、阅读效率高等。但不可否认的是,新技术的快速发展也给版权保护带来一系列挑战,例如,热播电影在电影院上映不到一天,网络上就可能已经有盗版资源流出。除了电影,在这个高度信息化的时代,原创视频、音乐、摄影、文章等版权被盗现象已经屡见不鲜。

尽管我们国家先后出台有关知识产权保护的政策与法律法规,但盗版侵权现象仍屡禁不止,给相关权利人造成巨大的经济损失,挫伤其使用互联网扩展业务的积极性,还造成没有人愿意为获取数字内容付费,从而破坏整个数字内容产业链。因此,对于现在和未来的数字内容产业来说,一个关键问题是如何通过技术手段保护数字内容免遭非法复制和传播。

数字版权保护(Digital Rights Management,DRM)技术就是通过技术手段,在作品的整个生命周期内,对包括电子书、视频、音频、图片、安全文档等在内的数字内容的知识版权进行保护,确保数字内容的合法使用和传播。数字版权保护技术已成为互联网环境下数字内容交易和传播的重要技术,数字版权保护技术的目的是从技术上防止数字内容的非法复制,或者在一定程度上使复制很困难,最终用户必须得到授权后才能使用数字内容。数字版权保护的主要功能如下。

（1）内容保护。主要是通过加密技术来实现，以防止非授权的访问。

（2）完整性保护。通常使用数字签名技术或数字水印技术，防止原作品遭到篡改。

（3）身份认证。身份认证主要通过可信赖的认证授权机构签发数字证书来实现。

（4）安全传输。可以通过加密信道来实现，或者对数字内容本身进行加密后再传输。

（5）权限管理。目前主流的实现手段是采用数字权利表达语言来对与数字资源相关的权利进行定义。这是数字版权保护技术的核心。

（6）安全支付。当前电子商务支付平台主要基于 SSL（Secure Sockets Layer，安全套接层协议层）或者 SET（Secure Electronic Transactions，安全电子交易）。SSL 内嵌于浏览器中，应用较早，但只涉及客户机、服务器双方的认证。SET 在 SSL 的基础上进行了改进，可以包含多方认证机制，同时提供对交易各方的隐私信息的保护。

下面将对这几种数字版权保护技术做详细介绍。

15.2 数据加密技术

假设小红要给小明发送一份文件，文件内容非常机密。小红不希望文件在传输的过程中被人截取而泄密。这个时候，自然想到的方法就是对文件进行加密。加密，本质上就是将一串明文，通过某种方式，转变成一串密文，使非法用户即使取得加密过的资料，也无法获取正确的资料内容。所以数据加密可以保护数据，防止监听攻击。当然除了加密外，我们还需要让小明能够解密。就像小红对文件上了锁，为了让小明能够解开，则小明必须有钥匙来对文件解锁。在信息安全或密码学中，将这种钥匙称为密钥。目前，加密方法可以分为两大类：一类是单钥加密，也称作对称加密；另一类是双钥加密，也称作非对称加密。

1. 对称加密

对称加密指加密和解密使用相同密钥的加密算法。在这种加密算法中，加密密钥和解密密钥是相同的，所以也称这种加密算法为单密钥算法。在应用该算法时，它要求发送方和接收方在安全通信之前先商定一个密钥，发送方先用该密钥加密文件，然后再将加密后的文件发送给接收方，接收方接收到文件后使用同样的密钥进行解密，获得文件的内容。

对称加密算法的安全性依赖于密钥，泄漏密钥就意味着任何人都可以对发送或接收的消息进行解密，所以密钥的保密性至关重要。对称加密有很多种算法，由于它效率很高，所以被广泛使用在很多加密协议的核心中。常见的对称加密算法有 DES、3DES、AES、RC4、RC5、IDEA 等。

对称加密的步骤如下：

（1）由消息传递双方约定密钥；

（2）消息发送方使用密钥对明文加密，并将密文发送给接收方；

（3）消息接收方使用密钥对密文解密获取明文。

例如，小明要给小红发一条消息："Hi, Xiao hong, let's go to the movies tomorrow"，他可以采用对称加密的算法将消息加密后发送给小红。这里使用一个网站提供的加密算法进行演示，使大家有宏观的认识，该网站的网址为 http://tool.chacuo.net/cryptdes，特别感谢该网站提供的加密算法。

打开该网站,如图 15-1 所示,在"加密解密工具"栏中选择 DES 对称加密算法,在"待加密、解密的文本"文本框中输入待加密的文本,在"密码"文本框中输入密钥"123456"(可根据需要设置自己的密钥),单击"DES 加密"按钮,远程服务器上的程序开始加密运算,并把加密形成的秘文"0t8hGAwW0o/cuXMFSMagOOSgoWQIWXnQs + RbAd0ZHHbg3BvU895zk/m39gmn1wIf"显示在"DES 加密、解密转换结果"文本框中。

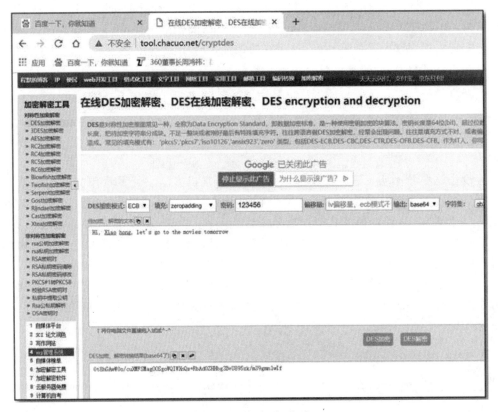

图 15-1　DES 加密、解密

小明将加密过后的密文发送给小红,小红收到后,可以采用 DES 算法进行解密,但需要知道密钥,即小明需要将密钥也告诉小红,小红有了密文和密钥,就可以使用 DES 算法解密得出正确的明文。解密过程与加密过程类似,即在图 15-1 所示的"待加密、解密的文本"文本框中输入待解密的密文,在"密码"文本框中输入密钥,单击"DES 解密"按钮,"DES 加密、解密转换结果"文本框中立刻显示出该密文经过 DES 算法解密后得到的明文。

实际上,我们经常使用对称加密技术保证文件的版权。例如,可以在使用 WinRAR 压缩文件或文件夹时加上密码,Word 文档也可以加上密码进行保护,可以参看第 7 章的介绍。

对称加密算法的特点是算法公开、计算量小、加密速度快、加密效率高。对称加密算法的缺点是加密、解密使用同一把密钥,一旦一方密钥泄露,传输的数据就存在安全风险。此外,与多方的通信需要使用不同的密钥,通信双方需要管理大量的密钥。

2. 非对称加密

非对称加密使用一对公钥(Public Key)和私钥(Private Key)来加密通信数据,也称为双密钥加密。公钥和私钥是成对出现的,通信数据使用公钥加密后,只能通过对应私钥来解密,同样使用私钥加密后也只能通过公钥来解密查看。然而,单独知道公钥或私钥却没有办法推出另一份密钥。公钥是对外公开的,外界通信方可以很容易获取到,而私钥是不公开的,必须非常小心地保存,最好加上密码。常见的非对称加密算法有 RSA、DSA、Diffie-Hellman、ECC 等。

非对称加密涉及以下 3 个过程。

(1) 生成一对公钥和私钥。

(2) 加密:公钥+明文→密文。

(3) 解密:私钥+密文→明文。

例如,小明想把一段明文通过非对称加密的方法发送给小红,小红有一对公钥和私钥,那么加密、解密的过程是,小红将她的公钥传送给小明;小明用小红的公钥加密他的消息,然后传送给小红;小红用她的私钥解密小明发送给她的消息,然后就看到了消息内容,如图 15-2 所示。这里要强调的是,只要小红的私钥不泄露,这封信就是安全的,即使落到别人手里,也无法解密。

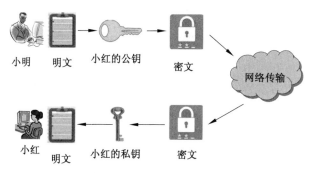

图 15-2　非对称加密示意图

下面也通过网站 http://tool.chacuo.net/cryptdes 演示一下具体的非对称加密情况。

(1) 首先生成密钥对。在网站界面的左侧选择密钥对,例如这里选择"RSA 密钥对",单击"生成密钥对(RSA)"按钮,在"非对称加密公钥"文本框中生成了公钥,如图 15-3 所示,然后我们使用记事本将生成的加密字符串保存为 pub.key 文件,该文件中保存的即为公钥。同时,在"非对称加密私钥"文本框中生成了私钥,再使用记事本将该文本框中生成的加密字符串保存为 pri.key 文件,该文件中保存的内容即为对应的私钥。

(2) 小明用公钥将明文加密,生成密文。小明在网站界面的左侧选择"RSA 公钥加密解密",在"输入加密公钥"文本框中输入刚才生成的密钥对中的公钥,也可以直接将刚才保存的 pub.key 文件拖入该文本框中,在"将加密、解密的文本"文本框中输入需要加密的明文"Hi, Xiao hong, let's go to the movies tomorrow",单击"RSA 公钥加密"按钮,即可在"RSA 公钥加密、解密转换结果"文本框中看到对应的加密后的密文"i8eqVwdRbnDCRFKk＋/IPPxIosi1qs0XS4ezx1dAkKHfJx8UlrLXDR3nZlR5mraMbd27QoaeVAv9Kuu81wf/

图 15-3　生成密钥对

JHIcpMsLavCPMbdkj ＋ bEyj ＋ LyD3 ＋ MGA6D3bKYuLyBT5ykPXtzLnfREnXx ＋ XVMLpvtMIS5AiHHuGHNk1jrtkWmOnA＝"，如图 15-4 所示。然后小明就可以将生成的密文发送给小红。

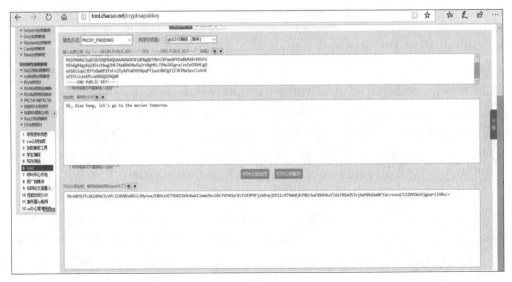

图 15-4　公钥加密

（3）小红收到密文后，用私钥解密，得到明文。小红在网站界面的左侧选择"RSA 私钥加密解密"，在"输入加密私钥"文本框中输入刚才生成的密钥对中的私钥，也可以直接将刚才保存的 pri. key 文件拖入该文本框中，在"将加密、解密的文本"文本框中输入需要解密的密文"i8eqVwdRbnDCRFKk＋/IPPxIosi1qs0XS4ez x1dAkKHfJx8UlrLXDR3nZlR5mraMbd27QoaeV-Av9Kuu81wf/JHIcpMsLavCPMbdkj＋bEyj＋LyD3＋MGA6D3bKYuLyBT5ykPXtzLnfREnXx＋XVMLpvtMIS5AiHHuGHNk1jrtkWmOnA＝"，单击"RSA 私钥解密"按钮，即可在"RSA 公钥加密、解密转换结果"文本框中生成解密后的明文"Hi，Xiao hong，let's go to the movies tomorrow"，如图 15-5 所示。

图 15-5　私钥解密

由于非对称加密算法的复杂度更高，因此非对称加密的速度远没有对称加密算法快，甚至可能比对称加密的用时增加 1000 倍，所以通常将对称加密和非对称加密结合起来使用。传递对称加密的密钥时采用非对称加密传递，传递完密钥后，在传递具体的数据内容时采用对称加密的方式。

可以看到，发布者用公钥加密数据，然后把加密数据发布出去，接收者拿到数据后用私钥解密就可以看到真实内容。即使别有用心的人截获加密数据，没有私钥就无法解密出内容。也就是说，只要私钥没有泄露，数据就是安全的，能够保证只有被授权的人才能获得文件的内容。但有种情况是可能有人拿到了公钥，虽然他不能解密数据，但可以用拿到的公钥加密伪造数据，这时候接收者拿到的就是被篡改的数据了。为了防止数据信息发布后不被篡改以及数据的完整性，就需要用到数字签名了。

15.3　数字签名技术

数字签名是指可以添加到文件中的电子安全标记。使用数字签名可以验证文件的发布者以及帮助验证文件自被数字签名后是否发生更改。数字签名应该能够在数据通信过程中识别通信双方的真实身份，保证通信的真实性以及不可抵赖性，起到与手写签名或者盖章相同的作用。如果文件没有有效的数字签名,则无法确保该文件确实来自它所声称的地方,或者无法确保它在发布后未被篡改。

数字签名就是对非对称加密算法和摘要算法的一种综合应用,非对称加密算法在前面已经介绍过,下面再来介绍一下摘要算法。摘要算法也称为哈希(Hash)算法或散列算法,它可以将任意长度的数据转换成一个定长的、不可逆的数字,即摘要,其长度通常为128~256位。摘要算法具有以下特性。

(1)用相同的摘要算法对相同的消息求两次摘要,其结果必然相同。

(2)一般地,只要输入的消息不同,对其进行摘要以后产生的摘要消息也几乎不可能相同。

(3)消息摘要函数是单向函数,即只能进行正向的信息摘要,而无法从摘要中恢复出任何的消息。

(4)无论输入的消息有多长,计算出来的消息摘要的长度总是固定的。

摘要算法用于对比信息源是否一致,因为只要信息源发生变化,得到的摘要信息必然不同,这样就保证了信息的不可更改性,通常用于校验原始内容是否被篡改。常见的摘要算法有 MD5、SHA1、MAC、CRC 等。

数字签名是发送方使用双方约定的摘要算法获得原始文件的摘要,然后使用私钥对摘要进行加密,加密后的数据就是数字签名,然后将原始文件和数字签名一起发送给接收方即可。一般来说,将原始文件和摘要密文称作对原始文件的签名结果,如图 15-6 所示。

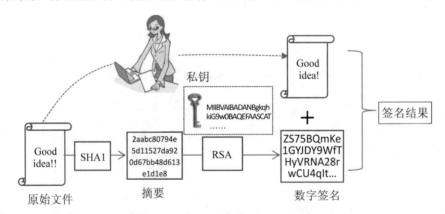

图 15-6　数字签名

接收方接收到内容后,首先取出公钥解密数字签名,获得摘要数据,然后使用相同的摘要算法计算原始文件的摘要数据,将计算的摘要与解密的摘要进行比较,若一致,则说明原始文件没有被篡改,验证过程如图 15-7 所示。

数字签名涉及以下几个过程。

(1)生成一对公钥和私钥。

(2)使用摘要算法对原始文件进行计算,得到原始文件的摘要。

(3)使用私钥对摘要进行加密,生成数字签名。

(4)将数字签名附在原始文件中一起发送给接收方。

(5)接收方完成数字签名的验证工作,验证文件内容有没有发生改变。

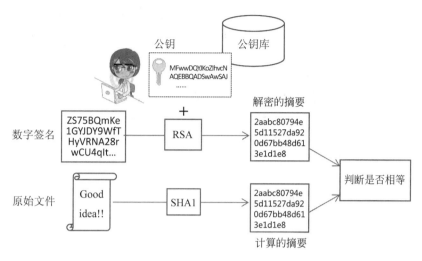

图 15-7 数字签名的验证

例如,小红给小明回信,决定采用数字签名。她写完后先用摘要算法生成信件的摘要,然后使用私钥对这个摘要加密,生成数字签名。小红将这个签名附在信件下面一起发给小明。小明收信后,取下数字签名,用小红的公钥解密,得到信件的摘要,由此证明,这封信确实是小红发出的。小明再对信件本身使用摘要算法得到摘要,并与解密得到的摘要进行对比,如果两者一致,就证明这封信未被修改过。

为什么数字签名能够在互联网中发挥作用呢?这是基于其两个特性。

(1)防篡改。再次强调摘要算法的特性,只要源数据改变,经摘要算法后得到的摘要必然不同,而且是不可逆的,不能还原反推出原始数据。如果黑客得到签名和公钥,还用公钥解密签名得到摘要,不知道摘要算法就还原不了原始数据,即使黑客解密并篡改了内容,摘要一定也会改变。如果黑客将伪造的内容和截获的签名发送出去,此时接收者计算出来的摘要签名必然跟这个签名不匹配,这就验证了是否被篡改了。

(2)防抵赖。一旦签了名,就不能耍赖,不能不认账,为什么?因为只要能用自己的公钥来解密这些数据,就说明这些数据一定是用自己的私钥来加密的,而私钥只有自己一个人有,所以就一定是自己用私钥来加密的,所以就是自己签的名。

但即使这样,还是会有风险,例如,接收者拿到的公钥被替换成了另一个人(比如小华)的公钥,接收者这时候被认为是可以接收小华发送的数据的。小华用自己的私钥做了数字签名,然后发布数据给接收者,接收者用小华的公钥解密,这样接收者还是会收到被篡改的数据。问题在于接收者并不能肯定他所用的所谓甲的公钥一定是甲的,解决办法是用数字证书来绑定公钥和公钥所属人。

15.4 数字证书技术

1. 数字证书概述

数字证书(Digital Certificate)是一种权威性的电子文档,它提供了一种在 Internet 上验证身份的方式,其作用类似于司机的驾驶执照或日常生活中的身份证。数字证书是由一个权威机构——证书授权(Certificate Authority,CA)中心发行的,人们在利用互联网交流时,可以用它来识别对方的身份。

数字证书里一般会包含公钥、公钥拥有者名称、CA(签发证书的机构统称 CA)的数字签名、有效期、证书序列号等信息。发布证书的时候,CA 先用私钥对证书文件的摘要信息进行签名,然后将签名和证书文件一起发布,这样能保证证书无法被伪造。验证证书是否合法时,首先用公钥(CA 颁发的证书的公钥是公开的,谁都可以获取到)对签名解密得到摘要信息,另外用同样的摘要算法得到证书文件的另一个摘要信息,对比两个摘要信息是否一致就可以判定该证书是否合法,是否可以信任。当然在数字证书认证的过程中,CA 作为权威的、公正的、可信赖的第三方,其作用是至关重要的。

数字证书的获取和使用方法如下。

(1) 发送方向 CA 申请数字证书,这大多数是要收费的。

(2) CA 把发送者的个人信息、发送者的公钥、数字证书的相关信息等,使用 CA 的私钥加密,再加上 CA 对该数字证书里面的信息的数字签名,生成数字证书,授权给发送方,发送方就有了自己的数字证书。

(3) 发送方将数字签名和数字证书都放到要发送的内容里面,一同发送给接收方。

(4) 接收方接收到内容后,先用 CA 的公钥解开数字证书,就可以拿到发送者真实的公钥了,然后就能证明发送者的身份和接收内容是否被修改过。

例如,小明如果想使用数字证书,他只需要找一家权威的 CA 机构申请颁发数字证书,证书中心用自己的私钥,对小明的公钥和一些相关信息一起加密,生成数字证书。小明拿到数字证书以后,再给小红写信,只要在签名的同时,再附上数字证书就行了。小红收信后,用 CA 的公钥解开数字证书,就可以拿到小明真实的公钥,然后就能证明数字签名是否真的是小明签的。

使用数字证书能够实现以下几点。

(1) 身份认证:在网络中传递信息的双方互相不能见面,利用数字证书可确认双方身份,而不是他人冒充的。

(2) 保密性:通过使用数字证书对信息加密,只有接收方才能阅读加密的信息,从而保证信息不会被他人窃取。

(3) 完整性:利用数字证书可以校验传送的信息在传递的过程中是否被篡改过或丢失。

(4) 不可否认性:利用数字证书进行数字签名,其作用与手写的签名具有同样的法律效力。

每个人都可以制作证书,但需要到权威机构做认证,否则没有可信性。通过浏览器可以判断一个证书是否经过了权威机构认证。以 IE 浏览器为例,选择“工具”→“Internet 选项”菜单项,在弹出的“Internet 选项”对话框中选择“内容”选项卡,然后单击“证书(C)”按钮,就能看到“受信任的根证书颁发机构”列表,浏览器会根据这张表,查看解开数字证书的公钥是否在列表之内。如图 15-8 所示,浏览器已经内置了这些权威证书认证机构的公钥,所以可以利用这些公钥来判断证书是不是该权威机构认证过的。系统或者浏览器只会信任它承认的公司颁发的数字证书,对于其他的数字证书,浏览器会提示它是不安全的数字证书。

图 15-8　IE 浏览器内置的权威证书认证机构的公钥

2. 数字证书实例

【例 15-1】　HTTPS 协议主要用于网页加密。使用 HTTPS 协议的网站首先要去权威的 CA 机构申请一个 CA 证书,然后,客户端(浏览器)向服务器发出加密请求,服务器用自己的私钥加密网页以后,连同本身的数字证书一起发送给客户端。客户端的"证书管理器"有"受信任的根证书颁发机构"列表,客户端会根据这张列表查看解开数字证书的公钥是否在列表之内。如果浏览器发现该证书没有问题,那么页面就直接打开;否则,浏览器会给出该网站的证书存在问题的警告,询问是否继续访问该站点,如图 15-9 所示。

图 15-9　提示网站的安全证书存在问题

如果能使用 https:// 来访问某个网站,就表示此网站部署了 SSL 安装证书(SSL 证书是数字证书的一种,是提供了安全套接层的证书)。大多数网站都会使用 HTTPS 协议,其证书都是可信的。如果打开某网站,发现浏览器跳出警告,一定要小心,这个网站可能是钓鱼网站。例如,用谷歌浏览器打开百度网站,单击"安全锁"按钮,再单击"证书"按钮,可以看到证书的详细消息,如图 15-10 所示,表示这是一个可以信任的网站。

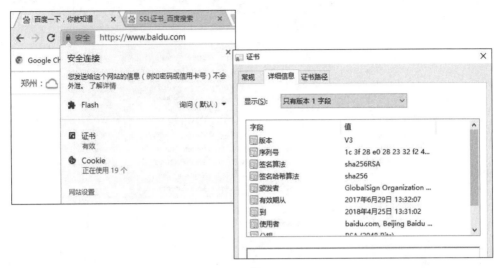

图 15-10　百度网站的安全证书

有了证书,就不用担心打开假冒网站了。例如,通过浏览器访问网上银行,假设浏览器请求被劫持到一个假冒银行网站上了,浏览器收到假冒银行自己制作的证书,浏览器发现这个证书没有被权威机构认证,不可信,就会中断通信,所以不会出现安全问题。

在访问网站的时候有时候需要下载并安装根证书,例如在 12306 网站上购买火车票的时候,12306 网站的主页上有一段很显眼的文字——"为保障您顺畅购票,请下载安装根证书"。根证书是怎么回事呢? 每一张证书都是由上级 CA 证书签发的,上级 CA 证书可能还有上级,最后会找到根证书。所以根证书是一份特殊的数字证书,它是 CA 认证中心给自己颁发的证书,是信任链的起始点,安装根证书意味着对这个 CA 认证中心的信任。下载根证书就表明你对该根证书以下所签发的数字证书都表示信任,数字证书的验证追溯至根证书即为结束,所以用户在使用数字证书之前必须先下载根证书。但大家在下载安装根证书的时候要提高警惕,只下载安装特别受信任的权威网站的根证书。

【例 15-2】　检查软件的数字签名/证书。实际使用中,数字签名常常与数字证书一同出现。软件的数字签名或数字证书是一个很重要的东西,它可以帮助人们识别软件是否可信以及是否被修改过。怎样查看软件的数字签名或者数字证书呢? 这里以腾讯公司的即时通信工具 QQ 为例来说明。首先,需要找到安装后的 QQ 软件的主程序 QQ.exe,例如将 QQ 安装到了 C 盘"C：\Program Files（x86）"目录下,则在"C：\Program Files（x86）\Tencent\QQ\Bin"文件夹下可以找到 QQ.exe 文件。右击该文件,在弹出的快捷菜单中选择"属性"菜单项,打开"属性"对话框后,选择"数字签名"选项卡,再单击签名列表里的第一项,然后单击"详细信息"按钮就可以查看到软件的数字签名,如图 15-11 所示。查看的时候,要认真查看签名者信息,如果与原软件不符,就可能是修改的;单击"查看证书"按钮,可以查看证书。

因为 QQ 软件具有数字签名和数字证书,所以安装 QQ 软件时,系统会告诉你此软件的发行者是腾讯公司,能证明软件的真实身份。但如果下载安装没有被签名过的软件,

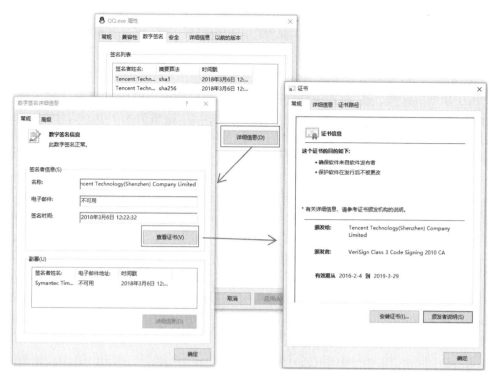

图 15-11　查看 QQ 软件的数字证书

Windows 操作系统就会阻止安装,如图 15-12 所示。

图 15-12　Windows 操作系统阻止安装未识别的软件

【例 15-3】　自己添加数字签名/证书。人们有时候需要给自己的文件添加数字签名和证书,防止别人篡改自己的文件(例如有人在文件中添加木马程序或病毒),维护文件名誉,并有助于防止用户下载受感染的文件或应用程序。

前面说过,数字证书一般需要向比较权威的第三方 CA 机构申请,获得批准后并且每年要缴纳一定的费用才可以使用。当然,自己也可以制作数字证书,只不过自己创建的证书无法在别人的计算机上受信任,只有在第三方根证书颁发网站创建的证书才可以在别人的计算机上受信任。

数字证书可以利用数字证书生成工具来制作,常用的数字证书生成工具有 openssl、makecert、keytool、zxca 等,另外 Microsoft Office 自带了一个数字证书制作工具"VBA 工程的数字证书",使用该工具可以创建.der、.crt、.cer、.p7b、.p12、.pem、pfx 等各种格式的证书。下面以 Microsoft Office 自带的工具"VBA 工程的数字证书"为例介绍数字证书的制作和使用的过程。

（1）生成 VBA 项目的数字证书。

① 生成数字证书。在"开始"菜单中选择 Microsoft Office→"VBA 工程的数字证书"选项，在弹出的窗口中输入证书名称（任意的字符串都可以，这里输入了 lgm），单击"确定"按钮即可生成数字证书，如图 15-13 所示。

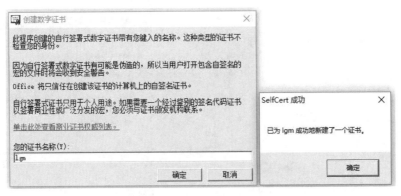

图 15-13 生成数字证书

② 导出数字证书。打开 IE 浏览器中的"Internet 选项"对话框，单击"内容"选项卡，单击"证书（C）"按钮，选择刚才创建的证书，单击"导出（E）…"按钮，如图 15-14 所示。然后进入导出向导，一直单击"下一步"按钮，选择要保存的目录和文件名，最后单击"确定"按钮，完成数字证书的导出，在所选择的保存位置可以看到生成了 lgm.cer 文件（lgm 为输入的文件名），这个文件就是导出的数字证书。

③ 安装数字证书。双击刚才导出的数字证书 lgm.cer 文件，根据提示完成数字证书安装。数字证书安装好后，可通过 IE 浏览器的"工具"→"Internet 选项"→"内容"→"证书"菜单查看。

（2）使用数字证书对 Word 2010 文档进行数字签名。可以利用数字证书对 Word 文件进行数字签名，从而确保它们都是你编写的、没有被他人或病毒篡改过，保护 Word 文件的安全。使用数字证书对文件进行数字签名的步骤如下。

打开要签名的 Word 文件，找到"文件"→"信息"→"保护文档"页面，单击"保护文档"→"添加数字签名"，给该文件加上你的数字签名，随之会弹出一个窗口，要求添加你的数字证书，单击"添加"按钮，从数字证书中选择自己刚刚创建的 lgm 数字证书，然后单击"确定"按钮返回，这样数字证书就加到该文档中了，如图 15-15 所示。填写"签署此文档的目的"，并选择刚才的数字证书进行签名，单击"签名"按钮，完成数字签名，会出现一个提示框，提示"已成功将您的签名与此文档一起保存。如果该文档发生了更改，则您的签名将失效"，表示使用数字证书给该文档签名成功，

其他人打开该文件，单击"文件"→"信息"命令，可以看到是已签名的文件，文件的权限为"此文档已标记为最终状态以防止编辑"，如果此时单击"查看签名"，会打开文件，看到"签名"一栏，在这一栏可以看到你的数字证书，就知道该文件是你编写的，因为有你的数字签名。别

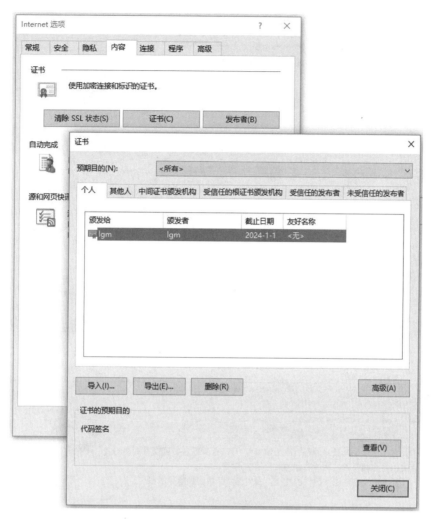

图 15-14　导出该数字证书

人没有办法修改你的文件,因为如果单击"仍然编辑"会删除你的签名,如图 15-16 所示。所以给 Word 文件添加了自己的数字证书或签名能够防篡改,能够很好地保护数字版权。

【例 15-4】　PDF 文档中数字签名的使用。

(1) 创建签名。打开 Adobe Acrobat Professional,选择"高级"→"安全性设置"选项,弹出"安全性设置"对话框,选择左侧"数字身份证"命令,再单击上方的"添加身份证"按钮,然后在"添加数字身份证"向导中选择"创建自签名数字证书"和"选择新建 PKCS♯12 数字身份证文件",输入名称、部门、单位名称、电子邮件地址、国家,选择数字证书文件保存路径和数字证书密码,最后单击"完成"按钮即可。这样就生成了.pfx 格式的证书文件,例如这里生成了 Liuguomei.pfx 文件,一定要保存好此文件,并记住自己输入的密码。数字签名创建完成,如图 15-17 所示。

(2) 使用签名。

① 建立自己的签名外观。扫描一张有自己签名字迹的、大小适中的 JPEG 图片文件,然后打开 Adobe Acrobat Professional 软件,选择"编辑"→"首选项"选项,在打开的"首选项"对话框

图 15-15　给 Word 文件添加数字证书

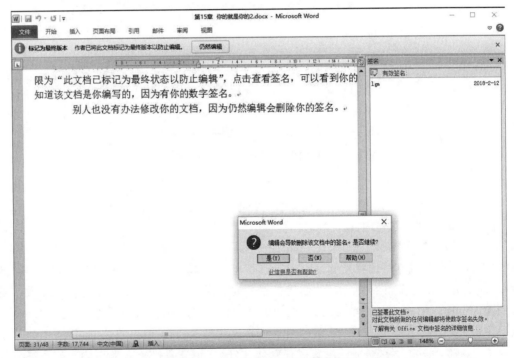

图 15-16　单击"仍然编辑"会删除签名

中选择"安全性"项目。单击"外观"中的"新建"按钮,在弹出的"配置签名外观"对话框的"标题"栏中输入外观名称(例如这里输入 xh),在"配置图形"中选择"导入图形",单击"文件"按钮选择扫描好的签名图片文件,这样就创建了名称为 xh 的签名外观,如图 15-18 所示。

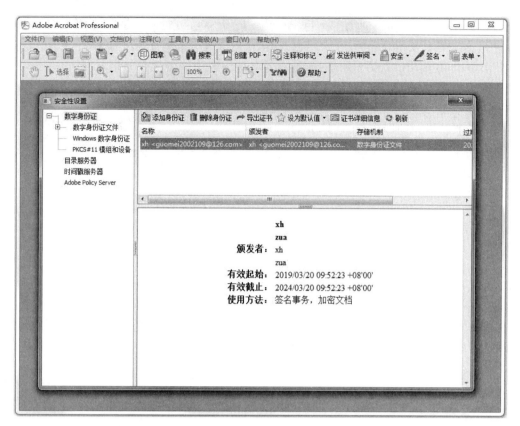

图 15-17　数字签名创建完成

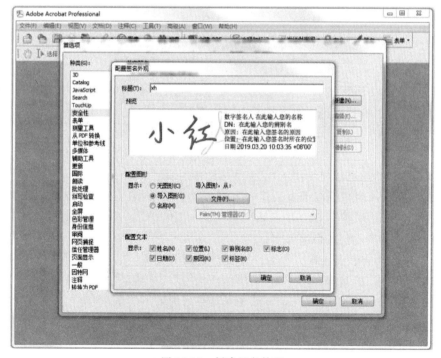

图 15-18　创建签名外观

② 为 PDF 文档签名。通过 Adobe Acrobat Professional 打开要签名的 PDF 文档,单击工具栏上的 "签名按钮",选择"在文档上签名"或者选择"文档"→"数字签名"→"在文档上签名"菜单项,在弹出的对话框中选择"继续签名""创建要签名的新的签名域"。单击"下一步"按钮,在文件中拖动鼠标画出一个区域作为签名的位置,然后在弹出的"应用签名到文档"对话框中输入创建签名时自己设置的密码,选择刚创建的签名外观,单击"签名并保存"按钮,完成签名,如图 15-19 所示。

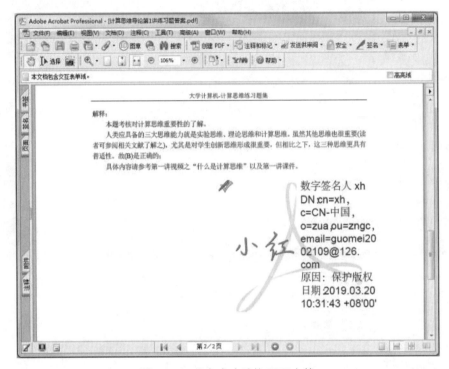

图 15-19　签名成功后的 PDF 文档

（3）发送签名文件及证书。第一次发送已签名的文件给客户,需要同时传送自己的授权证书给客户,自己的授权证书可以按照以下步骤导出。

打开 Adobe Acrobat Professional 软件,选择"高级"→"安全性设置"菜单项,弹出"安全性设置"对话框,在该对话框中选择"数字身份证",再选择刚才自己创建的数字证书,然后选择"导出证书"按钮,就可以将证书导出,如图 15-20 所示。

（4）接受并导入客户授权证书。接收方如果没有安装接收到的授权证书文件,那么打开 PDF 文档时会显示"签名有效性未知""签名者的身份未知"等提示,如图 15-21 所示,也就是说这不是一个受信任的数字签名。

双击 CertExchangexh.fdf 文件运行接收到的证书文件,在弹出的对话框中单击"设置联系信息信任…"按钮,选择"签名并作为可信任根",单击"确定"按钮,即可成功导入授权证书。可以在 Adobe Acrobat Professional 中查看导入的证书信息,查看方法为选择"高级"→"可信任身份"菜单项,可以在弹出的"管理可信任身份"对话框中看到刚才导入的证书信息。导入授权证书以后,再查看接收到的已签名的文件,可以看到签名已有效,如图 15-22 所示。

图 15-20 导出授权证书

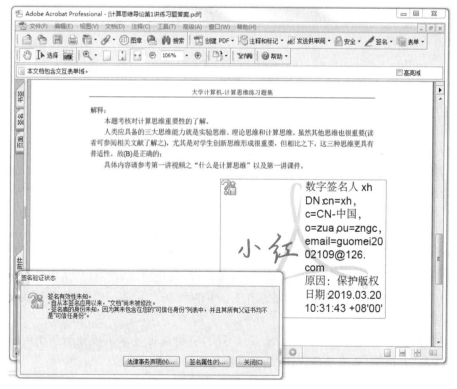

图 15-21 不受信任的数字签名

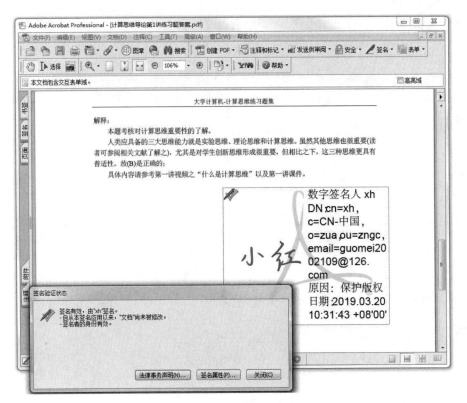

图 15-22　数字签名有效

15.5　身份认证技术

在现实生活中每个人的身份主要是通过各种证件来确认的,如身份证、户口本等。在计算机网络这个虚拟的数字世界中,一切信息包括用户的身份信息都是由一组特定的数据表示,计算机只能识别用户的数字身份,如何保证以数字身份进行操作的访问者就是这个数字身份的合法拥有者,即如何保证操作者的物理身份与数字身份相对应,就成为一个重要的安全问题。身份认证技术的诞生解决了这个问题。

身份认证也称身份验证或身份鉴别,是指在计算机及计算机网络系统中确认操作者身份的过程。通过身份认证可以确定该用户是否具有对某种资源的访问和使用权限,进而使计算机和网络系统的访问策略能够可靠、有效地执行,防止攻击者假冒合法用户获得资源的访问权限,保护授权访问者的合法利益。作为防护网络资产的第一道关口,身份认证有着举足轻重的作用。

根据被认证方赖以证明身份的认证信息不同,身份认证技术可以分为基于秘密信息的身份认证、基于信任物体的身份认证、基于生物特征的身份认证等。

1. 基于秘密信息的身份认证技术

基于秘密信息的身份认证就是根据自己所知道的秘密信息来证明身份。所谓秘密信息,是指用户所拥有的秘密知识,如用户名、口令、密钥等,其中用户名和口令是最常用的方式,用户名和口令方式又分为以下几种形式。

(1) 账号+静态密码。用户的密码是用户自己设定的,在登录时输入正确的密码,计算机就会认为操作者就是合法用户,如图 15-23 所示。这种认证方式的优点是使用简单,应用广泛,容易被客户接受。缺点非常明显,其安全性依赖于口令的保密性,口令一般较短且是静态数据,容易被破解或截获,而且很多人为了防止忘记密码,经常采用生日、电话号码等信息作为密码,这样很容易泄露或者被别人猜到。另外,静态的密码数据在验证过程中可能会被计算机中的木马程序所截获,所以"账号+静态密码"的方式是不安全的身份验证方式。

图 15-23　账号+静态密码

(2) 账号+静态密码+动态验证码。使用这种身份认证方式,用户登录时除了要求用户输入用户名、密码外,还要求用户输入验证码,如图 15-24 所示。验证码通常是以一幅图片的形式显示的,用户按照图片中显示的数字或字母依次输入,服务器端将对用户的输入和验证码进行比较。这种身份验证方式采用了静态密码结合动态验证码的方式,由于验证码是动态生成的,每次都不一样,可以防止被截获,提高了安全性。

图 15-24　账号+静态密码+动态验证码

(3) 手机号+短信验证码。这种验证方式在移动互联网应用较多,手机通过短信形式请求包含 4 或 6 位随机数的动态密码,身份认证系统以短信形式发送随机的 4 或 6 位密码到用户的手机上。用户在登录或者交易认证时输入此动态密码,如图 15-25 所示,从而确保系统身份认证的安全性。这种验证方式采取了双通道的验证方式,即互联网与短信网关。

2. 基于信任物体的身份认证技术

基于信任物体的身份认证是根据你所拥有的东西来证明你的身份的。最常用的是智能卡身份认证。智能卡也叫令牌卡,实质上是 IC 卡的一种。智能卡的组成与一台普通计算机的组成是相同的,包括作为智能部件的微处理器、存储器、输入输出部分和软件资源,智能卡中存有与用户身份相关的数据。智能卡是由专门的厂商通过专门的设备生产,是不可复制的硬件。智能卡认证是通过智能卡硬件的不可复制性来保证用户身份不会被仿冒。智能卡由合法用户随身携带,登录时必须将智能卡插入专用的读卡器读取其中的信息,以验证用户的身份。

图 15-25　手机号＋短信验证码

目前比较流行的两种身份认证硬件产品为 USB Key 和动态口令产品。

(1) USB Key。USB Key 是一种 USB 接口的小巧的硬件设备,如图 15-26 所示。它内置了 CPU、存储器、芯片操作系统,可以存储用户的密钥或数字证书,利用 USB Key 内置的密码算法可以实现对用户身份的认证。USB Key 采用软硬件相结合、一次一密的强双因子认证模式,安全性高,使用 USB Key 作为证书载体,确保证书无法被复制,从而确保证书的唯一性,对用户的密钥提供高强度安全保护。目前大额的资金交易、网上转账、内部人员管理等身份认证都采用了基于 USB Key 的方式,如工商银行的网银、建设银行的网银等,很好地解决了安全性与易用性之间的矛盾。

图 15-26　USB Key

(2) 动态口令产品。动态口令技术是一种让用户的密码按照时间或使用次数不断动态变化、每个密码只使用一次的技术。它采用一种称为动态令牌的专用硬件,内置电源、密码生成芯片和显示屏,如图 15-27 所示。密码生成芯片运行专门的密码算法,根据当前时间或使用次数生成当前密码并显示在显示屏上。认证服务器采用相同的算法计算当前的有效密码。用户使用时,只需要将动态令牌上显示的当前密码输入客户端计算机,即可实现身份的确认。由于每次使用的密码必须由动态令牌来产生,只有合法用户才持有该硬件,所以只要密码验证通过就可以认为该用户的身份是可靠的。而用户每次使用的密码都不相同,即使黑客截获了一次密码,也无法

图 15-27　动态口令产品

利用这个密码来仿冒合法用户的身份,有效地保证了用户身份的安全性。但是如果客户端硬件与服务器端程序的时间或次数不能保持良好的同步,就可能发生合法用户无法登录的问题。

3. 基于生物特征的身份认证技术

基于生物特征的身份认证是指采用每个人独一无二的生物特征来验证用户身份的技术。指纹、声音、虹膜、脸等身体特征具有唯一性、稳定性的特点,例如每个人的这些特征都互不相同、终生不变、不可复制,基于这些特征而产生的身份认证系统使用方便、安全性高,很受欢迎,如图 15-28 所示。

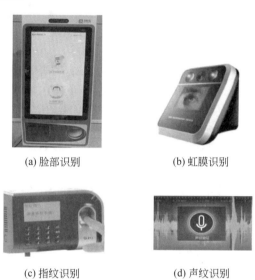

(a) 脸部识别　　　　　　　　(b) 虹膜识别

(c) 指纹识别　　　　　　　　(d) 声纹识别

图 15-28　基于生物特征的身份认证技术

从理论上讲,生物特征认证是最可靠的身份认证方式,因为它直接使用人的物理特征来表示每一个人的数字身份,不同的人具有相同生物特征的可能性可以忽略不计,因此几乎不可能被仿冒。目前,基于生物特征的身份认证技术主要应用在银行、军工、矿井、门禁、考勤、车站等方面。

15.6　数字水印技术

数字水印是一种信息隐藏技术,是指将一些标识信息(即数字水印)直接嵌入多媒体、文档、软件等数字载体中,但不影响原载体的使用价值,也不容易被人觉察或注意到。通过这些隐藏在载体中的信息,可以达到确认内容创建者、购买者、传送隐秘信息或者判断载体是否被篡改等目的。被嵌入的数字水印通常是不可见或不可察觉的,但是通过一些计算操作可以被检测或被提取。数字水印是保护信息安全、实现防伪溯源、版权保护的有效办法,是信息隐藏技术研究领域的重要分支和研究方向。

图 15-29 显示了图像和水印的嵌入与提出效果。数字水印技术有下列特点。

(a) 原始图像

(b) 嵌入水印后的图像

(c) 原水印图像

(d) 提取的水印图像

图 15-29 嵌入水印前后图像对比

（1）透明性。加入水印后，图像不能有视觉质量的下降，与原始图像对比，很难发现两者的差别。

（2）鲁棒性。加入图像中的水印必须能够承受施加于图像的变换操作（如加入噪声、滤波、有损压缩、重采样、数模或模数转换等），不会因变换处理而丢失，水印信息经检验提取后应清晰可辨。

（3）安全性。数字水印应能抵抗各种蓄意的攻击，必须能够唯一地标识原始图像的相关信息，任何第三方都不能伪造他人的水印图像。

数字水印系统包括嵌入器和检测器两大部分。嵌入器至少具有两个输入量：一个是原始数据，它通过适当变换后作为待嵌入水印信号；另一个就是要在其中嵌入水印的载体作品。水印嵌入器输出的含水印作品通常用于传播。检测器的输入至少有一个量，即经过传播之后的作品，当然这取决于水印嵌入器，如果检测器在提取水印时需要原始载体或者原始水印，那么其输入还应该包括原始载体作品或原始水印。另外，在检测器端可以有两个操作：一个是水印检测，用于判断水印存在与否；另一个是水印提取，用于从含水印的载体中提取水印信息，这与检测器的设计和应用场合有关。图 15-30 所示为数字水印系统的基本框架。

随着数字水印技术的发展，数字水印的应用领域也得到了扩展，基本应用领域如下。

（1）数字作品的知识产权保护。由于计算机美术、扫描图像、数字音乐、视频、三维动画等数字作品的复制、修改非常容易，而且可以做到与原作品完全相同，所以原创者不得不采用一些严重损害作品质量的办法来添加版权标志，而这种明显可见的标志很容易被篡改。数字水印技术利用数据隐藏原理使版权标志不可见或不可听，既不损害原作品，又达到了版权保护的目的。目前，用于版权保护的数字水印技术已经进入了实用化阶段，很多数字作品中嵌入了数字水印，以保护版权。

（2）商务交易中的票据防伪。随着高质量图像输入输出设备的发展，特别是精度超过1200dpi 的彩色喷墨、激光打印机和高精度彩色复印机的出现，使货币、支票及其他票据的伪造变得更加容易。另外，在从传统商务向电子商务转化的过程中，会出现大量过渡性的电

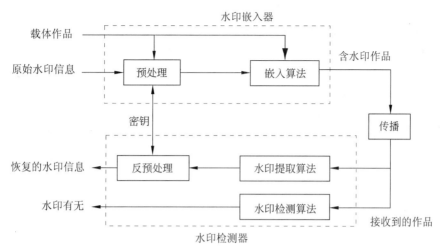

图 15-30　数字水印系统的基本框架

子文件,如各种纸质票据的扫描图像等。即使在网络安全技术成熟以后,各种电子票据也还需要一些非密码的认证方式。数字水印技术可以为各种票据提供不可见的认证标志,从而大大增加了伪造的难度。

（3）证件真伪鉴别。信息隐藏技术可以应用的范围很广,比如可以用于证件真伪鉴别。每个人都会有多个证件,证明个人身份的有身份证、护照、驾驶证、出入证等,证明某种能力的有学历证书、学位证书、资格证书等,受利益驱动证件造假时有发生。通过数字水印技术可以确认证件的真伪,使证件无法仿制和复制,可以有效防止证件"造假""买假""用假"。

（4）声像数据的隐藏标识和篡改提示。数据的标识信息往往比数据本身更具有保密价值,如遥感图像的拍摄日期、经纬度等。没有标识信息的数据有时甚至无法使用,但直接将这些重要信息标记在原始文件上又很危险。数字水印技术提供了一种隐藏标识的方法,标识信息在原始文件上是看不到的,只有通过特殊的阅读程序才可以读取。这种方法已经被国外一些公开的遥感图像数据库所采用。

此外,数据的篡改提示也是一项很重要的工作。现有的信号拼接和镶嵌技术可以做到"移花接木"而不为人知,因此,如何防范对图像、录音、录像数据的篡改是重要的研究课题。基于数字水印的篡改提示是解决这一问题的理想途径,通过隐藏水印的状态可以判断声像信号是否被篡改。

15.7　区块链技术

最近,区块链(Blockchain)的概念异常火爆,互联网巨头公司、各大银行、金融机构都开始了区块链研究工作,那么什么是区块链技术呢? 区块链技术是一种因为比特币而出名的设计模式,区块链是比特币的底层技术。工信部指导发布的《中国区块链技术和应用发展白皮书》这样解释:广义来讲,区块链技术是利用块链式数据结构来验证与存储数据、利用分布式结点共识算法来生成和更新数据、利用密码学的方式保证数据传输和访问的安全、利用由自动化脚本代码组成的智能合约来编程和操作数据的一种全新的分布式基础架构与计算范式。

通俗地讲,区块链就是一种去中心化的分布式账本,任何人都可对这个账本进行核查,但不存在单一的用户可以对它控制。区块链系统中的参与者共同维持账本的更新,它只能按照严格的规则和共识进行修改。例如,如果 A 借给 B 了 100 元钱,这个时候,A 在人群中大喊:"我是 A,我借给了 B 100 元钱!"B 也在人群中大喊:"我是 B,A 借给了我 100 元钱!"此时,路人甲、乙、丙、丁都听到了这些消息,因此所有人都在心中默默记下了"A 借给 B 了 100 元钱"。这个系统中不需要银行,也不需要借贷协议和收据,严格来说,甚至不需要人与人长久的信任关系。假如 B 突然又改口说:"我不欠 A 钱!"这个时候,人民群众就会站出来说:"不对,我的小本本上记录了你某天借了 A 100 元钱!"

从技术角度来讲,区块链是一种去中心化的分布式数据库。区块链的主要作用是储存信息。任何需要保存的信息,都可以写入区块链,也可以从里面读取。另外,任何人都可以架设服务器,加入区块链网络,成为一个结点。区块链的世界里,没有中心结点(去中心化),每个结点都是平等的,都保存着整个数据库。任何人都可以向任何一个结点写入、读取数据,因为所有结点最后都会同步,保证区块链一致。A 借钱给 B 的过程可以形象地用图 15-31 所示。

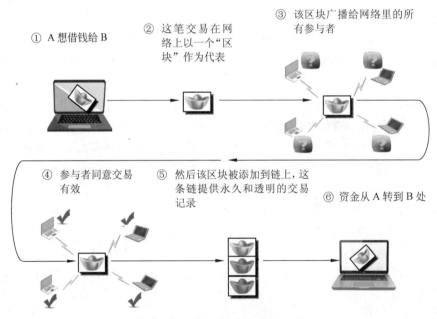

图 15-31　基于区块链的交易过程

区块链由一个个相连的区块组成。区块很像数据库的记录,每次写入数据,就是创建一个区块。每个区块包含两个部分:区块头记录当前区块的元信息,包括区块的生成时间、实际数据(即区块体)的 Hash、上一个区块的 Hash 等;区块体则为记录的实际数据。区块头中的生成时间相当于为该区块盖上一个时间戳,每个新产生的区块严格按照时间顺序推进。Hash 散列是密码学里的经典技术,可以用来验证有没有人篡改数据内容。如果有人修改了一个区块,该区块的 Hash 就变了,为了保证后面的区块还能连接上它,必须同时修改后面所有的区块,否则被改掉的区块就脱离区块链了。Hash 的计算很耗时,同时修改多个区块几乎不可能发生,除非有人掌握了全网51%以上的计算能力。正是通过这种联动机制,区块链保证了自身的可靠性,数据一旦写入,就无法被篡改。网络中参与人数越多,造假的可能性越低。这也体现了集体维护和监督的优越性,使伪造成本最大化。

区块链本质上是解决信任问题、降低信任成本的技术方案,目的就是去中心化、去信用中介。区块链具有多方共识、交易溯源、不可篡改等技术特点,使它在确保信息可信、安全、可追溯等方面具有传统技术不可比拟的优势。区块链作为构造信任的机器,可能会彻底改变整个人类社会价值传递的方式。区块链利用技术建立了新的信任方式,这是可以被量化的,所以说区块链成为了下一个信任的基石。

总结起来,区块链技术主要有以下核心特点。

(1)去中心化。这是区块链的颠覆性特点,不存在任何中心机构和中心服务器,所有交易都发生在每个人的计算机或手机上安装的客户端应用程序中。

(2)开放性。区块链可以理解为一种公共记账的技术方案,系统是完全开放、透明的,账簿对所有人公开,实现数据共享,任何人都可以查账。

(3)不可撤销、不可篡改和加密安全性。区块链采取单向 Hash 算法,每个新产生的区块严格按照时间顺序推进,时间的不可逆性、不可撤销导致任何试图入侵、篡改区块链内数据信息的行为易被追溯,从而导致被其他结点排斥,造假成本极高,从而可以限制相关不法行为。以比特币为例,采用的是工作量证明,只有在控制了全网超过51%的记账结点的情况下,才有可能伪造出一条不存在的记录。当加入区块链的结点足够多的时候,伪造记录的现象基本上不可能出现,从而杜绝了造假的可能。

现在有些区块链技术应用已经落地。百度金融与佰仟租赁、华能信托等在内的合作方联合发行国内首单区块链技术支持的 ABS(Asset-Backed Securitization,资产支持证券化融资模式)项目。此项目为个人消费汽车租赁债权私募 ABS,这也是国内首个以区块链技术作为底层技术支持,实现 ABS"真资产"的项目。在该项目中,区块链主要使用了去中心化存储、非对称密钥、共识算法等技术,具有去中介信任、防篡改、交易可追溯等特性。蚂蚁金服区块链技术助力信美人寿相互保险社,上线了国内保险业首个爱心救助账户。区块链技术让每笔资金流向都公开、透明,每笔资金流转数据都不可篡改,每笔资金的去处和用途都有迹可查。另外,蚂蚁区块链用在了食品安全溯源和商品正品溯源上,目前,产自澳洲新西兰的奶粉和中国的茅台,用户只要用支付宝扫一扫,就可了解是不是正品。

随着区块链概念的快速普及,以及技术的逐步成熟,区块链技术不仅受到了创业企业的青睐,同时也受到了互联网巨头企业以及各地政府的广泛关注,区块链产业当前已经进入快速增长时代,相信不久的将来,区块链技术将会颠覆传统行业,创造更多的价值!

习题 15

一、单项选择题

1. 给 Excel 文件设置保护密码,可以设置的密码种类有(　　)。
   - A. 删除权限密码
   - B. 修改权限密码
   - C. 创建权限密码
   - D. 添加权限密码

2. 下列各项中,不属于信息隐藏技术主要应用的是(　　)。

    A. 数据加密　　　　　　　　　　　　B. 数字作品版权保护

    C. 数据完整性保护和不可抵赖性的确认　D. 数据保密

3. 证书授权中心(CA)的主要职责是(　　)。

    A. 进行用户身份认证

    B. 颁发和管理数字证书

    C. 颁发和管理数字证书,以及进行用户身份认证

    D. 以上答案都不对

4. 以下关于用户名和密码的身份认证的说法中,正确的是(　　)。

    A. 口令以明文的方式在网络上传播也会带来很大的风险

    B. 更为安全的身份认证需要建立在安全的密码系统之上

    C. 一种最常用和最方便的方法,但存在诸多不足

    D. 以上都正确

5. 以下各项中,(　　)不是公钥密码的优点。

    A. 适应网络的开放性要求

    B. 密钥管理问题较为简单

    C. 可方便地实现数字签名和验证

    D. 算法复杂

6. 以下关于对称加密的说法中,正确的是(　　)。

    A. 加密方和解密方可以使用不同的算法

    B. 加密密钥和解密密钥可以是不同的

    C. 加密密钥和解密密钥必须是相同的

    D. 密钥的管理非常简单

7. 以下关于非对称加密的说法中,正确的是(　　)。

    A. 加密方和解密方使用的是不同的算法

    B. 加密密钥和解密密钥可以是不同的

    C. 加密密钥和解密密钥必须是相同的

    D. 加密密钥和解密密钥没有任何关系

8. 在数字签名技术中,发送者用(　　)将摘要加密与原文一起发送给接收者。

    A. Hash 函数　　　B. 信息隐藏技术　　C. 私钥　　　　　D. 密钥

9. 信息接收方在收到加密后的报文,需要使用(　　)来将加密后的报文还原。

    A. 明文　　　　　　B. 密文　　　　　　C. 算法　　　　　D. 密钥

10. 张三从 CA 得到了李四的数字证书,张三可以从该数字证书中得到李四的(　　)。

    A. 私钥　　　　　　B. 数字签名　　　　C. 口令　　　　　D. 公钥

11. 小明不仅怀疑小红发给他的信息在传输过程中遭人篡改,而且怀疑小红的公钥也是被人冒充的,为了打消小明的疑虑,小明和小红决定找一个双方都信任的第三方来签发数字证书,这个第三方就是(　　)。

    A. 国际电信联盟电信标准分部(ITU-T)

    B. 国际标准组织(ISO)

C. 证书权威机构(CA)

D. 国家安全局(NSA)

12. 所谓加密,是指将一个信息经过(　　)及加密函数转换,变成无意义的密文,而接收方将此密文经过解密函数、(　　)还原成明文。

    A. 加密钥匙、解密钥匙　　　　　　　　B. 解密钥匙、解密钥匙

    C. 加密钥匙、加密钥匙　　　　　　　　D. 解密钥匙、加密钥匙

13. 保证数据在存储或传输时不被修改、破坏,或避免数据包的丢失、乱序等,是指(　　)。

    A. 数据完整性　　B. 数据一致性　　C. 数据同步性　　D. 数据源发性

14. 加密有对称密钥加密、非对称密钥加密两种,数字签名采用的是(　　)。

    A. 对称密钥加密　　B. 非对称密钥加密　　C. 都不是　　　　D. 都可以

15. 在身份认证技术中,用户采用字符串作为密码来声明自己的身份的方式属于(　　)类型。

    A. 基于对称密钥密码体制的身份认证技术

    B. 基于非对称密钥密码体制的身份认证技术

    C. 基于用户名和密码的身份认证技术

    D. 以 KDC 的身份认证技术

16. 以下各项中,(　　)不是 CA 认证中心的组成部分。

    A. 证书生成客户端　　　　　　　　　B. 注册服务器

    C. 证书申请受理和审核机构　　　　　D. 认证中心服务器

17. 关于 CA 和数字证书的关系,以下说法不正确的是(　　)。

    A. 数字证书是保证双方之间的通信安全的电子信任关系,它由 CA 签发

    B. 数字证书一般依靠 CA 的对称密钥机制来实现

    C. 在电子交易中,数字证书可以用于表明参与方的身份

    D. 数字证书能以一种不能被假冒的方式证明证书持有人的身份

18. 以下各项中,(　　)通常不作为身份认证依据的生物特征。

    A. 身高　　　　　　B. 指纹　　　　　　C. 虹膜　　　　　　D. 脸部

19. 下列各项中,不是身份认证的是(　　)。

    A. 访问控制　　　　B. 智能卡　　　　　C. 数学证书　　　　D. 口令

20. 用某种方法伪装信息以隐藏它的内容的过程称为(　　)。

    A. 数据格式化　　　B. 数据加工　　　　C. 数据加密　　　　D. 数据解密

21. 若信息在传输过程中被未授权的人篡改,将会影响信息的(　　)。

    A. 保密性　　　　　B. 完整性　　　　　C. 可用性　　　　　D. 可控性

22. 在采用公钥加密技术的网络中,小明给小红发了一份机密文件,为了不让别人知道文件的内容,小明利用(　　)对文件进行加密后传送给小红。

    A. 小明的私钥　　　B. 小明的公钥　　　C. 小红的私钥　　　D. 小红的公钥

23. 甲通过计算机网络给乙发消息,表示同意签订合同。随后甲反悔,不承认发过该条消息。为了防止这种情况发生,应在计算机网络中采用(　　)。

    A. 消息认证技术　　B. 数据加密技术　　C. 防火墙技术　　　D. 数字签名技术

24. 数字签名技术是将(　　)加密与原文一起传送。

A. 摘要   B. 大纲   C. 目录   D. 引言

25. 数字水印属于(   )技术。

    A. 非对称密码   B. 信息隐藏   C. 密钥管理   D. 数字签名

26. 在比特币领域,区块链是(   )。

    A. 拥有比特币的公司   B. 比特币软件

    C. 一条金项链   D. 记录所有比特币交易的时间戳账簿

二、判断题

1. 在非对称密码算法与对称密码算法中,加密和解密使用的都是两个不同的密钥。(   )

2. 信息隐藏的含义包括信息的存在性隐蔽、信息传输信道的隐蔽,以及信息的发送方和接收方隐蔽。(   )

3. 数字签名在电子政务和电子商务中使用广泛。(   )

4. 区块链技术通过链式数据和共识算法,实现了"所有人共记一本账"的理念。(   )

5. 数字签名能够保证信息传输过程中的保密性。(   )

6. 数字证书用来验证公钥持有者的合法身份。(   )

7. 认证机构 CA 是参与交易的各方都信任且独立的第三方机构组织。(   )

8. 数字签名可以保证信息传输过程中的完整性。(   )

9. 数字签名是在所传输的数据后附加上一段和传输数据毫无关系的数字信息。(   )

10. 摘要算法是一个可逆的过程。(   )

第16章

拒绝黑客

随着计算机网络技术的快速发展,计算机网络已经成为人们日常生活中一个不可或缺的部分。人们的生活、工作、学习都与计算机网络息息相关,数据泄露、信息被盗的情况层出不穷,网络安全也随之成为一个重要问题。本章主要介绍黑客的概念,剖析黑客入侵方法,讨论计算机网络安全策略,并介绍一些防止黑客攻击的方法,避免遭受黑客攻击。

16.1　黑客的概念

"黑客"一词是由英语 Hacker 音译而来。一般认为,黑客始于 20 世纪 50 年代,最早出现在美国麻省理工学院,是一群在贝尔实验室里专门钻研高级计算机技术的人。早期在美国的计算机界,黑客是褒义的,指那些专门研究、发现计算机和网络漏洞的计算机爱好者。他们智力超群,精通各种计算机语言和系统,对计算机有着狂热的兴趣和执着的追求,他们不断地研究计算机和网络知识,发现计算机和网络中存在的漏洞,喜欢挑战高难度的网络系统并从中找到漏洞,然后向管理员提出解决和修补漏洞的方法。他们伴随着计算机和网络的发展而产生并成长,为计算机和网络技术的发展做出了贡献。美国排名前三位的网络安全公司,其创始人都是有名的黑客。苹果公司的创始人史蒂夫·乔布斯也是黑客出身。直到后来,黑客群体中出现了利用非法手段获得系统访问权去闯入远程机器系统、破坏重要数据,或者为了自己的私利而制造麻烦的具有恶意行为特征的人,黑客才逐渐演变成入侵者、破坏者的代名词。现在的黑客已经成了利用技术手段进入其权限以外的计算机系统的人,人们对他们已不再是以往的崇拜,更多的是畏惧和批评。

一般来说,黑客可以分为"白帽黑客"(Hacker)和"黑帽黑客"(Craker)两类。"白帽黑客"专注于研究技术,依靠自己掌握的知识发现并修正网络系统上的漏洞,他们希望网络能够更加安全。这群人往往是计算机安全公司的雇员。而"黑帽黑客"则指专门以破坏计算机为目的的人。人们常说的黑客即"黑帽黑客",本文中所说的黑客也特指"黑帽黑客",即用其计算机技术进行网络破坏的人。

计算机病毒一般是由黑客编写的一段破坏计算机功能或者数据的可执行代码,同时这段代码里还会包含一段可以自动复制、自动推荐给别人的代码,计算机病毒有独特的自我复制能力,使它们能够快速蔓延。所以,计算机病毒具有传播性、隐蔽性、感染性、潜伏性、可激发性、破坏性等特点。黑客经常通过编写计算机病毒进行破坏。

在过去这些年,发生了许多大规模和令人震惊的黑客袭击事件。2003年的冲击波病毒,使系统操作异常、不停重启,甚至导致系统崩溃。从2006年年底到2007年年初,短短的两个多月时间,一个名为"熊猫烧香"的病毒不断入侵个人计算机、感染门户网站、击溃数据系统,带来无法估量的损失,该病毒会在极短时间之内感染几千台计算机,严重时可以导致网络瘫痪。中毒计算机上会出现"熊猫烧香"图案(如图16-1所示),同时还会出现蓝屏、频繁重启以及系统硬盘中的数据文件被破坏等现象,损失估计上亿美元。28岁的美国迈阿密人冈萨雷斯在2006年10月—2008年1月,利用黑客技术突破计算机防火墙,侵入5家大公司的计算机系统,盗取大约1.3亿张信用卡和借计卡的账户信息,造成了美国司法部迄今起诉的最大身份信息盗窃案。2015年6月4日,美国政府机构计算机网络遭遇黑客袭击,400万名联邦政府现任雇员和前雇员资料被窃。2013年3月,欧洲反垃圾邮件组织Spamhaus遭遇了史上最强大的网络攻击,黑客在袭击中使用的服务器数量和带宽都达到史上之最,使用服务器近10万台,攻击流量达每秒300GB,欧洲大部分地区的网速因此而减慢。

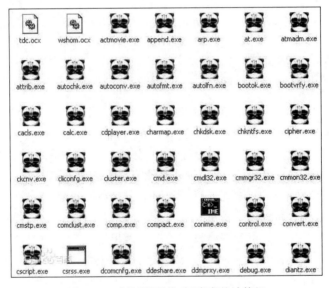

图 16-1　感染"熊猫烧香"病毒的计算机

2017年5月12日20时左右,全球爆发的大规模蠕虫勒索软件感染事件也是比较严重的黑客事件。用户只要开机上网就会被攻击(如图16-2所示),仅仅几个小时内,该勒索软件已经攻击了99个国家的近万台计算机,英国、俄罗斯、整个欧洲以及我国国内多个高校校内网、大型企业内网和政府机构专网中招,受害机器的磁盘文件被加密,须支付高额赎金才能解密恢复文件。勒索金额是5个比特币,折合人民币约为5万元。攻击造成英国医疗系统陷入瘫痪、大量病人无法就医。

勒索病毒是一种新型计算机病毒,主要以邮件、程序木马、网页挂马的形式进行传播。勒索病毒文件一旦进入本地计算机就会自动运行,同时删除勒索软件样本,以躲避查杀和分析。接下来,勒索病毒利用本地的互联网访问权限连接至黑客的C&C服务器,进而上传本机信息并下载加密私钥与公钥,利用私钥和公钥对文件进行加密。除了病毒开发者本人,其他人几乎不可能解密。加密完成后,还会修改壁纸,在桌面等明显位置生成勒索提示文件,

图 16-2 受到勒索软件攻击的计算机

指导用户去缴纳赎金。勒索病毒变种的速度非常快,对常规的杀毒软件都具有免疫性。该病毒性质恶劣、危害极大,一旦感染将给用户带来无法估量的损失。

黑客采用的犯罪手法不一,有些黑客会去网络上收集每个人的人事资料,然后卖给私人的侦探或人事公司;有些黑客则会利用网络散布自己写的病毒,或是不停地对一些特定的对象进行攻击;而许多商业间谍与军事间谍则会通过网络取得一些普通人无法想象的资料,目前黑客已对网络信息安全构成严重的威胁和挑战。黑客入侵他人计算机是违法的,如果情节严重,会构成犯罪。

16.2　怎么防止黑客

应该如何防止网络黑客的攻击以保障计算机的安全呢?下面就来了解一下,黑客是如何入侵以及该如何防止入侵。

1. 黑客常用的入侵方法

黑客常用的入侵方法主要有以下几种。

(1)监听法。网络监听是主机的一种工作模式,在这种模式下,主机可以接收到本网段在同一条物理通道上传输的所有信息,而不管这些信息的发送方和接收方是谁。此时,当黑客登录网络主机并取得超级用户权限后,如果两台主机进行通信的信息没有加密,只要使用Sniffer 等网络监听工具就可以轻而易举地截取包括口令和账号在内的信息资料。虽然网络监听获得的用户账号和口令具有一定的局限性,但监听者往往能够获得其所在网段的所有用户账号及口令。

(2)口令入侵。口令入侵有 3 种方法:一是通过网络监听非法获取用户口令,这类方法有一定的局限性,但危害性极大,监听者往往能够获得其所在网段的所有用户账号和口令,对局域网安全威胁巨大;二是在知道用户的账号后利用一些专门软件强行破解用户口令,这种方法不受网段限制,但黑客要有足够的耐心和时间;三是在获得一个服务器上的用户口令文件后,用暴力破解程序获得用户口令。

（3）网络钓鱼。网络钓鱼是通过发送大量的声称来自银行或其他知名机构的欺骗性垃圾邮件,意图引诱收信人给出敏感信息的一种攻击方式。最典型的网络钓鱼攻击是将收信人引诱到一个精心设计的、与目标组织的网站非常相似的钓鱼网站上,并获取收信人在此网站上输入的个人敏感信息,如信用卡号、银行卡账户、身份证号等内容。诈骗者通常会将自己伪装成网络银行、在线零售商、信用卡公司等可信赖的品牌,骗取用户的私人信息。通常这个攻击过程不会让受害者警觉。

（4）特洛伊木马术。特洛伊木马(Trojan Wooden-Horse)简称木马,源于希腊神话《木马屠城记》。古希腊有大军围攻特洛伊城,久久无法攻下,于是有人献计制造一只高二丈的大木马,假装作战马神,让士兵藏匿于巨大的木马中,大部队假装撤退而将木马摈弃于特洛伊城下。城中得知解围的消息后,遂将木马作为奇异的战利品拖入城内,全城饮酒狂欢。到午夜时分,全城军民尽入梦乡,藏匿于木马中的将士打开秘门,顺绳而下,开启城门并四处纵火,城外伏兵涌入,部队里应外合,焚屠特洛伊城。后世称这只木马为特洛伊木马。如今黑客程序借用其名,有"一经潜入,后患无穷"之意。

完整的木马程序一般由两部分组成:服务器程序和控制器程序。"中了木马"就是指安装了木马的服务器程序,若计算机被安装了木马服务器程序,则拥有控制器程序的人就可以通过网络控制该计算机,为所欲为,这时计算机上的各种文件、程序、账号、密码就无安全可言了。

（5）未修复的漏洞攻击。黑客通过在互联网上扫描,成功获取互联网漏洞,找到攻击"入口",然后通过漏洞对设备进行攻击。这种未修复的漏洞,对于任何平台设备来说都有很大的风险。

（6）计算机病毒攻击。黑客利用互联网传播病毒,对网络或服务器进行攻击,使接入互联网的计算机感染病毒,窃取用户个人资料,导致计算机的性能下降或操作障碍等。例如,蠕虫病毒是一种常见的计算机病毒,它利用网络进行复制和传播,破坏感染蠕虫病毒的计算机上的大部分重要数据。

2. 如何防止计算机被黑客入侵

在了解黑客如何对设备进行入侵之后,将探讨如何防止黑客的入侵。防止黑客入侵的常用方法有以下几种。

（1）开启系统自带的防火墙。开启计算机系统自带的防火墙可以抵挡一部分较为低端的病毒攻击。Windows 10 操作系统的防火墙设置可以按照如下步骤进行。

① 右击"开始"菜单,在弹出的菜单中选择"设置"选项,进入设置界面,如图 16-3 所示。

② 在设置界面中,单击"网络和 Internet"选项,对网络进行一系列设置。单击"Windows 防火墙",进入"Windows Defender 安全中心"界面,如图 16-4 所示,在这里可以打开或者关闭 Windows 防火墙。

（2）安装必要的安全软件。在计算机中安装并使用必要的防黑软件、杀毒软件、安全辅助软件等安全软件,可以保护计算机免遭病毒感染、网络钓鱼和身份盗窃的风险,这样即使

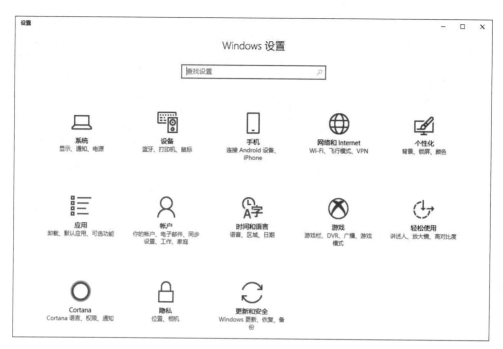

图 16-3　Windows 10 操作系统的设置界面

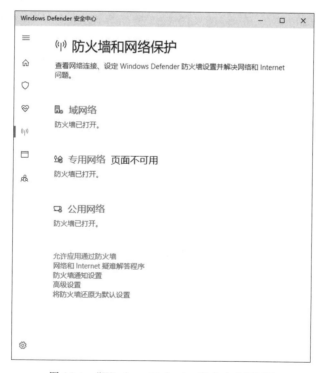

图 16-4　"Windows Defender 安全中心"界面

有黑客进攻,安全软件也能基本保证计算机的安全。

　　杀毒软件是用于消除计算机病毒、特洛伊木马和恶意软件等计算机威胁的一类软件。

通常黑客都会通过一些木马程序来窃取用户的资料，而杀毒软件上往往都带有防黑技术，因此安装杀毒软件能防止黑客的入侵。常见的杀毒软件有 360 杀毒、金山毒霸、瑞星安全助手等。首次安装杀毒软件时一定要对计算机做一次彻底的病毒扫描，养成定期扫描计算机和及时更新病毒库或病毒引擎的习惯。

安全辅助软件可以实时监控系统、防范和查杀流行木马，清理系统中的恶评插件，管理应用软件，修复系统漏洞。安全辅助软件提供 IE 修复、IE 保护、恶意程序检测及清除功能等。同时，还提供系统全面诊断，弹出插件免疫，阻挡色情及其他不良网站，端口过滤，清理系统垃圾、痕迹和注册表，以及系统还原，系统优化等特定辅助功能。安全辅助软件能够兼容绝大多数杀毒软件，可以和杀毒软件一起使用，最大限度地提高计算机的安全性和稳定性。常见的安全辅助软件有 360 安全卫士、金山卫士、瑞星安全助手等。

（3）及时更新操作系统的系统补丁。常用的程序和操作系统内核都会有漏洞，系统刚发布之后，在短时间内不会受到攻击，一旦其中的问题暴露出来，黑客就会蜂拥而至。系统的某些漏洞会让入侵者很容易进入计算机系统，因此用户一定要小心防范。当公司发现了某些有可能影响系统安全的漏洞之后，会在它的官方网站发布系统补丁，这时用户应第一时间下载并安装最新补丁，保证系统中的漏洞在没有被黑客发现之前就已经修补好，提升计算机的安全性能。

Windows 10 操作系统默认是自动更新系统的，即当检测到有可更新的内容时，计算机将自动更新，及时修补漏洞，保证系统的安全。也可以在图 16-3 所示的 Windows 操作系统设置界面中单击"更新和安全"选项，进入图 16-5 所示界面，单击"检查更新"按钮可以手动更新操作系统。

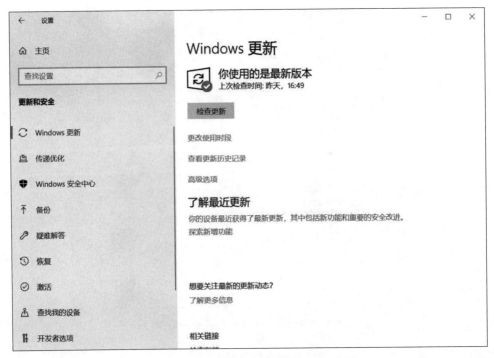

图 16-5　Windows 10 操作系统更新界面

（4）上网时提高警觉。有时候恶意链接、恶意软件、恶意邮件及恶意的网站也会影响计算机的正常使用，甚至带来危险，所以说上网时一定提高警惕，注意安全辅助软件给出的恶意网站提醒，如图 16-6 所示。平时在使用网络的时候，一定不要随便打开一些网站，下载软件的时候，避免危险的恶意软件、间谍软件及广告软件等，只安装受信任的软件。来历不明的邮件不要打开，形迹可疑的邮件附件更不要轻易打开和运行，最好直接删除。对于互联网上的文档与电子邮件，下载后也须不厌其烦地做病毒扫描，发现病毒后，如图 16-7 所示，立即删除。

图 16-6　恶意网站提醒

图 16-7　发现病毒

（5）关闭危险端口。服务是指能提供特定功能的一组程序，这些程序通常可以在本地或通过网络为用户提供一些服务，如 Web 服务、文件服务、数据库服务、打印机服务等。一台计算机通常运行着各种程序，要实现和不同的程序进行通信，就需要对运行的程序进行逻辑编号，这种逻辑编号就是端口。一个服务通常情况下仅对应一个端口。例如，我们常用的FTP 服务的默认端口为 21，而 Web 服务默认的是 80 端口。

默认情况下，Windows 有很多端口是开放的，一些端口常常会被木马病毒用来对计算机系统进行攻击。常见的能够对计算机造成严重威胁的端口（如 23、139、3389）应引起用户的重视，还有一些端口（如 135、139、445）平时不常用，可能会被人忽视，也会给系统留下安全隐患。"永恒之蓝"这种蠕虫病毒就是利用 Windows 上的 SMB 服务（445 端口）漏洞植入的。所以，如果能关闭 135、139、445 这些容易被恶意攻击的端口，就能规避被感染的风险。关闭端口的方法很多，这里介绍采用图形化工具关闭端口的方法。

Windows Worms Doors Cleaner 是微软针对蠕虫病毒而开发的一款图形化防护工具，它的防蠕虫原理是直接关闭常见危险端口和服务，从而达到避免感染的目的。此软件就是一个程序，使用方法非常简单，只需要双击图标即可启动。启动后的界面如图 16-8 所示。

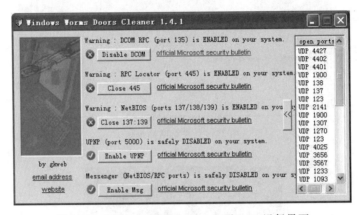

图 16-8　Windows Worms Doors Cleaner 运行界面

主界面有 5 个服务按钮的开关，红色表示危险端口正开启，绿色表示端口关闭。通过单击按钮就可以对相应端口进行关闭和开启操作。单击右侧的按钮可以显示当前计算机已经打开的端口，包括 TCP 和 UDP 端口。端口关闭后会重新启动，计算机中上述网络端口就被关闭了，病毒和黑客再也不能利用这些端口，从而保护了计算机。

（6）将重要的数据进行备份。平时将重要的数据文件进行备份是一个好习惯。备份的方式多种多样，例如可以将文件备份到各种云端、网盘，或是备份到其他计算机或者移动硬盘上。如果数据备份及时，即便系统遭到黑客进攻，也可以在短时间内修复，挽回不必要的损失。很多商务网站会在每天晚上对系统数据进行备份，第二天清晨，无论系统是否受到攻击，都会重新恢复数据，保证每天系统中的数据库都不会出现损坏。

总之，为了预防黑客的攻击，要及时安装并开启防火墙和杀毒软件，养成定期进行系统升级、维护的习惯。

习题 16

一、单项选择题

1. 下列各项中，不属于黑客常见的攻击类型的是（　　）。

    A. 短信窃取　　　　B. 逻辑炸弹　　　　C. 蠕虫　　　　　　D. 特洛伊木马

2. 计算机病毒是（　　）。

    A. 一种芯片

B. 具有远程控制计算机功能的一段程序

C. 一种专门侵蚀硬盘的霉菌

D. 具有破坏计算机功能或毁坏数据的一组程序代码

3. 网页恶意代码通常利用(　　)来实现植入并进行攻击。

　　A. 口令攻击　　　　　　　　　　　B. U 盘工具

　　C. IE 浏览器的漏洞　　　　　　　　D. 拒绝服务攻击

4. 计算机感染恶意代码的现象有(　　)。

　　A. 计算机运行速度明显变慢　　　　B. 无法正常启动操作系统

　　C. 正常的计算机经常无故突然死机　D. 以上情况都有

5. 下列各项中,不能防范电子邮件攻击的是(　　)。

　　A. 采用 Foxmail　　　　　　　　　　B. 采用电子邮件安全加密软件

　　C. 采用 Outlook Express　　　　　　D. 安装入侵检测工具

6. 要安全浏览网页,不应该(　　)。

　　A. 定期清理浏览器缓存和上网历史记录

　　B. 禁止使用 ActiveX 控件和 Java 脚本

　　C. 定期清理浏览器 Cookies

　　D. 在他人计算机上使用自动登录和记住密码功能

7. 系统攻击不能实现(　　)。

　　A. 盗走硬盘　　　　　　　　　　　　B. 口令攻击

　　C. 进入他人计算机系统　　　　　　D. IP 欺骗

8. 信息安全面临的威胁有(　　)。

　　A. 信息间谍　　　B. 网络黑客　　　C. 计算机病毒　　　D. 以上都存在

9. 下列说法中,不正确的是(　　)。

　　A. 后门程序是绕过安全性控制而获取对程序或系统访问权的程序

　　B. 后门程序都是黑客留下来的

　　C. 后门程序能绕过防火墙

　　D. Windows Update 实际上就是一个后门软件

10. 恶意代码传播速度最快、最广的途径是(　　)。

　　A. 安装系统软件　　　　　　　　　B. 通过 U 盘复制来传播文件

　　C. 通过光盘复制来传播文件　　　　D. 通过网络来传播文件

11. 下列关于特洛伊木马程序的说法中,不正确的是(　　)。

　　A. 特洛伊木马程序能与远程计算机建立连接

　　B. 特洛伊木马程序能够通过网络感染用户计算机系统

　　C. 特洛伊木马程序能够通过网络控制用户计算机系统

　　D. 特洛伊木马程序包含控制端程序和服务器端程序

12. 网络钓鱼常用的手段是(　　)。

　　A. 利用假冒网上银行、网上证券网站　B. 利用虚假的电子商务网站

　　C. 利用垃圾邮件　　　　　　　　　　D. 以上都是

13. 防范系统攻击的措施包括(　　)。

A. 定期更新系统　　　　　　　　B. 开启防火墙

C. 系统登录口令设置不能太简单　　D. 以上都需要

14. 黑客在攻击中进行端口扫描可以完成（　　）。

A. 获知目标主机开放了哪些端口　　B. 口令破译

C. 截获网络流量　　　　　　　　D. 以上都可以

15. 预防中木马程序的措施有（　　）。

A. 及时进行操作系统更新和升级

B. 安装防火墙、反病毒软件等安全防护软件

C. 不随便使用来历不明的软件

D. 以上都需要

16. 为了保护个人计算机中的隐私，应该（　　）。

A. 删除来历不明文件

B. 废弃硬盘要进行特殊处理

C. 给计算机设置安全密码，避免让不信任的人使用自己的计算机

D. 以上都需要

17. 第一次出现"黑客"这个词是在（　　）。

A. 贝尔实验室　　　　　　　　　B. 麻省理工 AI 实验室

C. AT&T 实验室　　　　　　　　D. Facebook 人工智能实验室

18. 下列各项中，不能预防计算机病毒感染的方式是（　　）。

A. 及时安装各种补丁程序　　　　B. 安装杀毒软件，并及时更新和升级

C. 定期扫描计算机　　　　　　　D. 经常下载并安装各种软件

19. 为了保障网络安全，防止外部网对内部网的侵犯，多在内部网络与外部网络之间设置（　　）。

A. 密码认证　　　B. 时间戳　　　C. 防火墙　　　D. 数字签名

20. 以下选项中，（　　）不是杀毒软件。

A. 瑞星　　　　　B. IE　　　　　C. 360 杀毒　　　D. 金山毒霸

21. 关于计算机病毒的预防，以下说法错误的是（　　）。

A. 在计算机中安装防病毒软件，定期查杀病毒

B. 不要使用非法复制和解密的软件

C. 在网络上的软件也带有病毒，但不会进行传播和复制

D. 采用硬件防范措施，如安装微机病毒卡

22. 下列网络安全措施中，不正确的是（　　）。

A. 关闭某些不使用的端口

B. 为 Administrator 添加密码或者将其删除

C. 安装系统补丁程序

D. 删除所有的应用程序

23. 恶意软件的防治措施不包括（　　）。

A. 系统安全设置　　　　　　　　B. 良好的计算机使用习惯

C. 随意打开不明网站　　　　　　D. 专业软件清除

24. 计算机病毒的特征不包括（　　　）。

    A. 传染性　　　　　B. 免疫性　　　　　C. 隐蔽性　　　　　D. 破坏性

25. 不会对计算机安全造成危害的是（　　　）。

    A. 木马程序　　　　　　　　　　B. 黑客攻击

    C. 计算机病毒　　　　　　　　　D. 对数据进行加密处理

26. （　　　）不是导致网络安全漏洞的因素。

    A. 没有安装防病毒软件、防火墙等

    B. 关闭 Windows 操作系统的"自动更新"功能

    C. 网速不快，常常掉线

    D. 不关闭不常用的网络端口

27. （　　　）会使网络服务器中充斥大量要求回复的信息，消耗带宽，导致网络或系统停止正常服务。

    A. 拒绝服务　　　B. 文件共享　　　C. 远程过程调用　　　D. 网络监听

二、判断题

1. 系统安全加固可以防范恶意代码攻击。（　　　）

2. 计算机病毒不会影响计算机的运行速度。（　　　）

3. 通常情况下，端口扫描能发现目标主机开放了哪些服务。（　　　）

4. 黑客攻击造成网络瘫痪，这种行为不是违法犯罪行为。（　　　）

5. ARP 欺骗攻击能使攻击者成功假冒某个合法用户与其他合法用户进行网络通信。（　　　）

6. 用户收到了一封可疑的电子邮件，要求用户提供银行账户及密码，这属于口令入侵攻击手段。（　　　）

7. 浏览器缓存和上网历史记录能完整还原用户访问互联网的详细信息，并反映用户的使用习惯、隐私等，因此应当定期清理这些信息以避免他人获得并造成隐私泄密。（　　　）

8. 计算机病毒没有复制能力，可以根除。（　　　）

9. 文件型病毒能感染的文件类型有 .com 文件、.html 文件、.sys 文件、.exe 文件等。（　　　）

第17章

计算机聪明吗

"人工智能"是近几年最热门的词汇之一，人工智能行业是最被看好的行业之一。今天，人工智能融入商业运营、能源供给及工程制造等多个领域，掀起了一场智能风暴，继蒸汽革命、电气革命和信息革命之后，再次将人类和社会的发展推到了高峰。著名未来学家雷·库兹韦尔预言，2030 年，人类将成为混合式机器人，进入进化的新阶段。毫无疑问，人工智能已经带领人类社会进入全新的时代奇点，开始缔造一个全新的时代——智能时代。

本章重点介绍人工智能的概念、人工智能的发展和应用，并探讨人工智能与人类智能的关系，以及人工智能给我们带来的影响。

17.1　人工智能的概念

什么是人工智能？人工智能和人类智能有关系吗？下面，我们围绕这些问题，对人工智能的概念做简单介绍。

1. 人工智能的发展历史

人工智能（Artificial Intelligence，AI），顾名思义就是由人工造出来的智能，它不是近几年才出现的新概念，早在现代数字计算机诞生之前，人们就幻想制造一种可以实现人类思维的机器，可以帮助人们解决问题，甚至比人类有更高的智力。人工智能的发展可分为下面几个阶段。

（1）1940—1950 年。一群来自数学、心理学、工程学、经济学和政治学领域的科学家在一起讨论人工智能的可能性，当时已经研究出了人脑的工作原理是神经元电脉冲工作。

（2）1951—1955 年。1950 年，艾伦·图灵发表了一篇具有里程碑意义的论文《计算机器和智能》（*Computing Machinery and Intelligence*）。该文预见了创造思考机器的可能性，标志着现代机器思维问题研究的开始。

重要事件：曼彻斯特大学的 Christopher Strachey 使用 Ferranti Mark 1 机器编写了一个跳棋程序，Dietrich Prinz 编写了一个国际象棋程序。

（3）1956 年。1956 年 8 月，在美国汉诺斯小镇宁静的达特茅斯学院中，约翰·麦卡锡（达特茅斯学院数学助理教授，后因对人工智能的贡献而获图灵奖）、马文·明斯基（人工智能与认知学专家）、克劳德·香农（信息论的创始人）、纳撒尼尔·罗切斯特（IBM 公司的杰出计算机设计师)、赫伯特·西蒙(诺贝尔经济学奖得主)等科学家聚集在一起,讨论一个主题:用机器来模仿人类学习以及其他方面的智能。

1956 年,达特茅斯会议的 4 位组织者如图 17-1 所示。

(a) 约翰·麦卡锡　　(b) 马文·明斯基　　(c) 纳撒尼尔·罗切斯特　　(d) 克劳德·香农

图 17-1　1956 年达特茅斯会议的四位组织者

会议足足开了两个月的时间,虽然大家没有达成普遍的共识,但是却为会议讨论的内容起了一个名字:人工智能。因此,1956 年就成为人工智能元年。

(4) 1957—1974 年。开展推理研究,提出有效的推理算法,应用于棋类等游戏中。开展自然语言研究,让计算机能够理解人的语言。在日本,早稻田大学于 1967 年启动了 WABOT 项目,并于 1972 年完成了世界上第一个全尺寸智能人形机器人 WABOT-1。

(5) 1975—1980 年。由于当时的计算机技术限制,很多研究迟迟不能得到预期的成果,这时候人工智能处于研究低潮。

(6) 1981—1987 年。20 世纪 80 年代,世界各地的企业采用了一种称为"专家系统"的人工智能程序,知识表达系统成为主流人工智能研究的焦点。在这一时期,日本政府通过其第五代计算机项目积极资助人工智能的研究。1982 年,物理学家 John Hopfield 发明了一种神经网络可以以全新的方式学习和处理信息。

(7) 1988—1993 年。理论和技术没有新的突破,人工智能研究进入第二次低潮。

(8) 1994—2011 年。互联网迅速发展,出现了智能代理技术。这个时期,自然语言理解和翻译、数据挖掘、Web 爬虫等技术出现了较大的发展。

里程碑事件:1997 年,IBM 的"深蓝"计算机击败了当时的世界象棋冠军加里·卡斯帕罗夫(Garry Kasparov)。2005 年,斯坦福大学的机器人在一条没有走过的沙漠小路上自动驾驶 131 英里(1 英里约为 1609.344m)。

(9) 2012 年至今。基于深度学习和大数据技术,人工智能得到迅速发展。

人工智能的发展历程可以用谭铁牛院士在中科院第十九次院士大会上的报告"人工智能:天使还是魔鬼?"中的一张图清楚地表示,如图 17-2 所示。

人工智能的发展历程告诉我们:

① 尊重发展规律是推动科技健康发展的前提;

② 基础研究是科技可持续发展的基石;

③ 应用需求是科技创新的不竭之源;

④ 学科交叉是创新突破的"捷径";

⑤ 宽容失败应是支持创新的应有之义;

⑥ 实事求是设定科学目标。

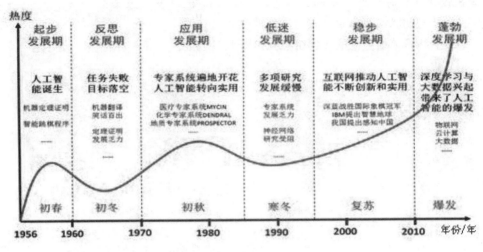

图 17-2　人工智能发展历程

2. 人类智能与人工智能

（1）人类智能。简单地说，人类智能就是智慧与能力，是综合、复杂的精神活动功能，是人运用自己已有的知识和经验来学习新知识、新概念并且把知识和概念转化为解决问题的能力，包括学习能力、理解能力、思维能力、判断推理能力、感知能力等。智能活动往往与记忆力、感知力、思维、判断、联想、意志等有密切的联系，人类的智能表现为能够进行归纳总结和逻辑演绎。人类对视觉和听觉的感知及处理都是条件反射式的，大脑皮层的神经网络对各种情况的处理是下意识的反应。

人类智能是人类最引以为豪的特质，是人类从自然界和动物世界里脱颖而出的利剑和铠甲，如今的人类文明从根本上说都是人类智能所创造的。每个人都拥有智能，这是我们的祖先经历几百万年进化而来的天赋。人类智能到底是怎么形成的？包括人脑在内的人类智能系统到底是怎么工作的？这些问题，截至目前都还没有明确的答案，有待人们进一步研究。

（2）人工智能。一般认为，人工智能是研究如何使计算机具有智能或如何利用计算机实现智能的理论、方法和技术。一直以来，人工智能都是计算机学科的一个重要分支，但是随着近几年人工智能爆发式发展，众多高校设置了本科层次的人工智能专业，人工智能即将成为一个独立的一级学科。

人工智能是一个交叉学科，涉及计算机科学、生物学、心理学、神经科学、数学、社会学和哲学等，如图 17-3 所示。人工智能的研究目的是探寻智能本质，研制出具有类人智能的智能机器。人工智能的主要研究内容是能够模拟、延伸和扩展人类智能的理论、方法、技术及应用系统。人工智能的表现形式如下。

① 会"看"：模式识别、图像识别、符号识别、行为识别等，例如机器视觉系统。

② 会"说"：语音识别、语音合成、自然语言理解等，例如人机对话、机器翻译系统。

③ 会"动"：能自由移动，例如机器人、自动驾驶汽车、无人机等。

④ 会"想"：人机对弈、定理证明、医疗诊断等，例如各种专家系统。

⑤ 会"学"：机器学习、知识表示等。

图 17-3　人工智能涉及多个学科

（3）人类智能与人工智能的关系。在人工智能诞生之前，也就是开始思考能否造出智能机器的时候，人们就开始讨论人类智能与人工智能的关系了。

1950 年，艾伦·图灵在论文《计算机器和智能》中肯定了人造智能的可能性，并给出了一个机器是否具有智能的测试标准——图灵测试。所谓图灵测试，是指测试者与被测试者（一个人和一台机器）隔开的情况下，通过一些装置（如电传打字机）向被测试者随意提问。进行多次测试后，如果有超过 30％的测试者不能确定被测试者是人还是机器，那么这台机器就通过了测试，并被认为具有人类智能，如图 17-4 所示。图灵的人工智能观点强调的是人类与计算机在结果（输出）上等价，不考虑内部过程是否相同。这种观点极大地推动了人工智能的发展。

图 17-4　图灵测试示意图

图灵预言，在 20 世纪末，一定会有计算机通过图灵测试。2014 年 6 月 7 日，在英国皇家学会举办的"2014 图灵测试"大会上，举办方英国雷丁大学发布新闻，宣称俄罗斯人弗拉基米尔·维西罗夫（Vladimir Veselov）创立的人工智能软件尤金·古斯特曼（Eugene Goostman）通过了图灵测试。虽然尤金软件还远不能"思考"，但该软件的创立也是人工智能史乃至计算机史上的一个标志性事件。

随着技术的发展与突破，人工智能的功能不断丰富、能力不断增强，不断渗透到之前被认为是人类智能的专属领域，并且比人做得更好。但这是否意味着人工智能比人类智能更聪明呢？实际上，将人工智能与人类智能进行对比，这本来就是一个错误的想法，因为两者是完全不同的东西，即使有时候它们的功能会重叠。

关于人工智能与人类智能谁更聪明的问题，有人曾经做了一个有趣的类比，如图 17-5

所示：在一百多年前，人们看到天上有鸟在飞，然后大家就想，能不能做一个东西让它飞起来，后来经过空气动力学研究，于是人类有了飞机。但是若问，飞机到底有没有比鸟类飞得更好，这其实很难说。飞机可能比鸟飞得更高、更远，但是没有鸟飞得灵活。不管怎么样，人类的目的已经达到了，已经获得了能够使自己飞起来的工具。

(a) 鸟会飞类比为人类智能行为　　　　　(b) 飞机会飞类比为人工智能行为

图 17-5　一个简单的类比

人工智能是人类智能的产物，是人类智能的扩充。人工智能系统是人类的助手，是人类的伙伴。

17.2　人工智能的研究与应用

1. 人工智能的研究方法

人工智能是计算机科学研究的一个重要方向，并且一直占据计算机科学研究的前沿阵地，诞生了各种各样的理论和方法，下面对几类典型的研究方法做简单介绍。

（1）符号智能。人的智能源于人脑，人工智能的研究自然从模拟人脑开始。符号智能是从人脑的宏观心理层面入手，以智能行为的心理模型为依据，主要通过逻辑推演，运用知识模拟人类的思维过程。符号智能的代表性理念是"物理符号系统假设"，即认为人对客观世界的认知基元是符号，认知过程就是符号处理的过程。而计算机也可以处理符号（这一点已经被图灵证明），所以可以用计算机通过符号推演的方式来模拟人的逻辑思维过程，实现人工智能。因此，符号智能的研究内容包括知识获取、知识组织与管理、知识推理与运用等技术，这些技术构成了知识工程。

基于符号智能研究人工智能的学派称为符号主义（Symbolicism）学派，源于数理逻辑，其代表人物有西蒙（Simon）、厄尔（Newell）和尼尔逊（Nilsson）等。正是符号主义者于 1956 年提出了"人工智能"术语，后来又发展了自动推理、定理证明、机器博弈、专家系统、知识工程等。符号主义学派曾经一枝独秀，为人工智能发展做出了重要贡献，尤其是专家系统的成功开发和应用，对人工智能走向工程应用具有重要意义，但在模拟人的视觉、听觉以及学习等方面遇到了困难。

（2）计算智能。计算智能以数值数据为基础，主要通过数值计算，运用算法进行求解。1994 年，电气和电子工程师协会（IEEE）召开首届计算机智能国际会议，会议包含神经计算、进化计算和模糊计算三个专题。这标志着计算智能作为人工智能的一个新的研究途径正式形成。

神经计算是从人脑生理层面入手，以智能行为的生理模型为依据，采用数值计算的方法，模拟人脑神经网络的工作过程，来研究和实现人工智能。基于神经网络研究人工智能的学派称为连接主义(Connectionism)学派,其代表人物有生理学家麦卡洛克(McCulloch)、数理逻辑学家皮茨(Pitts)、认知心理学家鲁梅尔哈特(Rumelhart)等。由于人脑是由 $10^{11} \sim 10^{12}$ 个神经元组成的神经网络,而且是一个动态的、开放的巨系统,人们至今还未完全掌握其生理结构和工作机理,因此神经计算只是对人脑的近似模拟。神经计算在机器学习、模式识别、联想存储、优化组合、智能控制、智能机器人等领域取得了较大成功,得到广泛应用。

进化计算是以生物进化为基础,模拟人与环境的交互和控制过程中表现出来的行为特性,如反应、自适应、自学习、选优等,来研究和实现人工智能。基于进化计算研究人工智能的学派称为行为主义(Actionism)学派,源于控制论,也称控制论学派,代表人物是研究出六足行走机器人的布鲁克斯(Brooks)。行为主义学派认为智能取决于感知和表现,主张智能行为的"感知—行为"模式。20世纪80年代开始,开展了具有自学习、自适应、自组织特性的智能机器人研制。20世纪90年代开始模拟生物群落的群体智能行为,涌现出了蚁群算法、粒子群算法、免疫算法等,进一步扩充了进化计算的内涵和外延,在解决组合优化、机器学习、网络安全、数据挖掘与知识发现等问题上表现出卓越的性能。

模糊计算是以模糊集理论为基础,运用数学手段,描述和处理人的思维存在的模糊性概念,来研究和实现人工智能。模糊现象是普遍存在的,例如天气很冷、某人脾气很好等,人脑能在信息不完整、不确切的情况下,进行模糊信息处理并做出判断和决策。如何让机器也能进行模糊信息处理呢?1965年,美国的控制论专家扎德(L. A. Zadeh)在传统集合论的基础上提出了模糊集合的概念,基于这一概念,人们发展了模糊逻辑、模糊推理、模糊控制等理论,形成了有别于传统数学的模糊数学。模糊计算在智能模拟、智能控制、图像识别、市场预测等领域得到广泛应用。

(3) 智能代理。智能代理(Intelligent Agent)是一种具有智能的实体,可以是软件、设备、机器人或计算机系统。代理的抽象模型是包含传感器和效应器的系统,传感器可以感知环境,效应器可以作用于环境,并能与其他代理交流信息。20世纪80年代,明斯基(Marvin Minsky)把智能代理的概念引入人工智能领域。90年代以后,互联网迅速发展,智能代理与WWW结合,表现出强大的活力,产生了Web代理。Web代理结合信息检索、搜索引擎、机器学习、数据挖掘、统计等多方面知识用于Web导航。Web代理具有高度智能性和自主学习性,可以根据一定的准则,主动地为用户收集最感兴趣的信息,然后利用代理通信协议把加工过的信息按时推送给用户,并能推测出用户的意图,自主制订、调整和执行工作计划。智能代理技术是人工智能技术的一个应用,可用于智能搜索、数字图书馆、电子商务和远程教育等领域。

(4) 统计学习。统计学习也称为统计机器学习(Statical Machine Learning),是关于计算机基于数据构建概率统计模型并运用模型对数据进行预测与分析的一门学科。统计学习分为监督学习、非监督学习、半监督学习和强化学习等类型。

实现统计学习方法的步骤如下。

① 得到有限的训练数据集合。

② 确定包含所有可能的模型的假设空间,即学习模型的集合。

③ 确定模型选择的准则(什么是最优模型的标准),即学习的策略。

④ 实现求解最优模型的算法(如何获取最优模型),即学习的算法。

⑤ 通过学习方法选择最优模型。

⑥ 利用学习到的最优模型对新数据进行预测和分析。

统计学习经历了由浅层学习(Shallow Learning)到深度学习(Deep Learning)的发展历程。

20 世纪 80 年代末期,用于人工神经网络的反向传播(Back Propagation,BP)算法的发明,给机器学习带来了希望,掀起了基于统计模型的机器学习热潮。人们发现,利用 BP 算法可以让一个人工神经网络模型从大量训练样本中学习统计规律,从而对未知事件做预测。与过去基于人工规则的系统相比,这种基于统计的机器学习方法在很多方面体现出优越性。这个时候的人工神经网络虽然被称作多层感知机(Multi-layer Perceptron),但实际是只含有一层隐层结点的浅层模型。20 世纪 90 年代,各种各样的浅层机器学习模型相继被提出,如支撑向量机(Support Vector Machines,SVM)、Boosting、最大熵等。这些模型的结构基本上可以看成带有一层隐层结点或没有隐层结点。这些模型无论是在理论分析还是应用中都获得了巨大的成功,但由于理论分析的难度大,训练方法又需要很多经验和技巧,进一步发展存在困难。

2006 年,加拿大多伦多大学教授、机器学习领域的泰斗 Geoffrey Hinton(被称为"当代人工智能教父",2018 年获图灵奖)和他的学生 Ruslan Salakhutdinov 在其论文 *Reducing the Dimensionality of Data with Neural Networks* 中提出了深度学习的概念,从而开启了深度学习在学术界和工业界的浪潮。深度学习的本质是通过构建具有很多隐层的机器学习模型和海量的训练数据,来学习更有用的特征,从而最终提升分类或预测的准确性。与传统的浅层学习相比,深度学习不仅强调模型结构的深度(可以有 5 层、6 层,甚至 10 多层的隐层结点),而且明确突出了特征学习的重要性,从而使分类或预测更加容易。

目前,深度学习有三种基本模型,分别是多层感知机(Multi-layer Perceptron,MLP)、卷积神经网络(Convolutional Neural Network)和循环神经网络(Recurrent Neural Network)。图 17-6 所示为多层感知机模型示意图。模型由大量的神经元组成,包含多个隐层的神经网络,每层的神经元接收低层神经元的输入,通过输入与输出的非线性关系,将低层特征组合成更高层的抽象表示,直至完成输出。

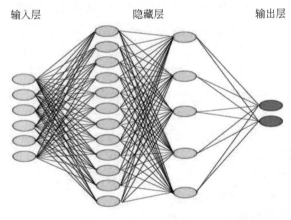

输入层　　　　　　隐藏层　　　　　　输出层

图 17-6　多层感知机模型

深度学习带来了人工智能的爆发式发展。2011 年年底,各大公司开始进行大规模深度学习的设计与部署。语音识别和图像识别误差率大幅度下降,2012 年下降到 16%,2017 年下降到 3%左右。2016 年,Google 子公司 DeepMind 研发的基于深度强化学习网络的

AlphaGo,在与人类顶尖棋手李世石进行的"世纪对决"中赢得比赛,被认为是深度学习具有里程碑意义的事件。

2. 人工智能的应用

人工智能的研究不仅取得了丰硕的理论成果,也构建了许多智能系统,进行了卓有成效的应用。人工智能已经融入人们的日常生活中,例如,火车站可以刷脸进站了,汽车实现了无人驾驶,"无人银行"正式开业了,富士康无人车间投入使用,机器人主持节目,等等,会经常听到人工智能的故事、看到人工智能的应用场景。下面介绍几个领域的人工智能典型应用。

(1) 机器博弈。博弈论是现代数学的一个分支,也是运筹学的一个重要学科。人们比较熟悉的博弈活动有下棋、打牌等。机器博弈就是用计算机编制下棋、打牌等博弈活动的程序,可以对人工智能的研究成果进行应用检验。反过来,机器博弈活动又促进了人工智能的发展。机器博弈是人工智能最早研究的领域,而且一直经久不衰。人工智能中的许多概念和方法都源于博弈。

实现机器博弈的关键是对博弈树的搜索。以下棋为例,当要走某一步时,需要考虑所有可能的走步以及每一种走步可能引起对手的反应,描述这种博弈过程的树结构称为博弈树。博弈树对应一个棋局,树的根结点表示棋局开始,树的分支表示棋的走步,树的叶点表示棋局的结束。一个完整的博弈树包括每一步所有可能的走步,对国际象棋来说可有大约 10^{120} 个结点,对于围棋则大约有 10^{768} 个结点。如此大规模的博弈树的搜索,对计算机的性能提出了很高的要求。

典型的机器博弈程序有以下几种。

① 1959 年,IBM 公司的塞缪尔(A. M. Samuel)编制的具有自学能力的跳棋程序。

② 格林·布莱特编写的、第一个击败人类棋手的国际象棋程序 MacHackVI(1967 年的麻省国际象棋锦标赛)。

③ IBM 公司研制的超级计算机"深蓝"(1997 年挑战卡斯帕罗夫,成为历史上第一台在对抗赛中战胜世界冠军的计算机)。

④ 谷歌人工智能围棋 AlphaGo(2016 年 3 月战胜围棋世界冠军、职业九段棋手李世石,成为第一个击败人类职业围棋选手、第一个战胜围棋世界冠军的人工智能机器人)。

鉴于机器博弈在人工智能领域的重要地位,不仅国际上有很多计算机博弈大赛,中国也举办了很多计算机博弈大赛。从 2006 年开始,中国人工智能学会和中国教育部高等学校计算机类专业教学指导委员会基本上每年都举办"中国大学生计算机博弈大赛",比赛内容有中国象棋、围棋、跳棋、扑克等,比赛形式则既有人与计算机的博弈也有计算机与计算机的博弈。

(2) 专家系统。专家系统(Expert System,ES)是人工智能中最重要、最活跃的应用领域之一,它实现了人工智能从理论研究走向实际应用,从一般推理策略探讨转向运用专门知识的重大突破。专家系统是早期人工智能的一个重要分支,它可以看作是一类具有专门知识和经验的计算机智能程序系统,一般采用人工智能中的知识表示和知识推理技术来模拟通常由领域专家才能解决的复杂问题。

专家系统通常由知识库、综合数据库、推理机、知识获取子系统、解释子系统和人机接口

6 个部分构成,如图 17-7 所示。知识库是专家系统存储知识的地方。综合数据库主要用于存放有关问题求解的假设、初始数据、目标、求解状态、中间结果及最终结果。推理机是专家系统的核心部分,用于模拟专家的思维过程,根据用户所提供的初始数据和问题求解要求,运用知识库中的事实和规则,按照一定的推理方法和控制策略对问题进行推理求解,并将产生的结果输出给用户。知识获取子系统是建造和维护知识库的接口。解释子系统对推理给出必要的解释,并根据用户问题的要求做出相应的回应,最后把结果通过人机接口输出给用户,以增强用户对系统推理的理解和信任。人机接口是用户和专家系统交互的媒介,也是专家或知识工程师不断地充实和完善知识库中的知识的媒介。

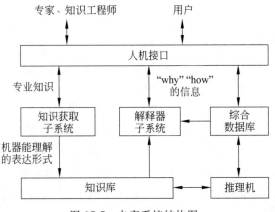

图 17-7　专家系统结构图

20 世纪 60 年代初,出现了运用逻辑学和模拟心理活动的一些通用问题求解程序,它们可以证明定理和进行逻辑推理。但是这些通用方法无法解决复杂的实际问题,很难把实际问题改造成适合计算机解决的形式,并且对于解题所需的巨大的搜索空间也难以处理。1965 年,E. A. 费根鲍姆等人在总结通用问题求解系统的成功与失败经验的基础上,结合化学领域的专门知识,研制了世界上第一个专家系统 DENDRAL,可以推断化学分子结构。之后,专家系统的理论和技术不断发展,开发了数千个专家系统,其中不少系统在功能上已达到甚至超过同领域中人类专家的水平,其应用渗透到几乎各个领域,并在实际应用中产生了巨大的经济效益。

专家系统的发展已经历了三代,正向第四代过渡和发展。

第一代(初创期,20 世纪六七十年代)专家系统以高度专业化、求解专门问题的能力强为特点,例如,1968 年斯坦福大学推出的化学专家系统 DENDRAL,1971 年麻省理工学院推出的数学专家系统 MACSYMA。这些系统在结构的完整性、可移植性,系统的透明性和灵活性等方面存在缺陷,求解问题的能力还需要提高,而且缺乏解释功能。

第二代(成熟期,20 世纪七八十年代)专家系统属于单学科专业型、应用型系统,其体系结构较完整,移植性方面也有所改善,而且在系统的人机接口、解释机制、知识获取技术、不确定推理技术、增强专家系统的知识表示和推理方法的启发性、通用性等方面都有所改进,并得到广泛应用。例如斯坦福大学的血液细菌感染诊断专家 MYCIN,拉特格尔大学推出的青光眼诊断专家 CASNET,斯坦福研究所推出的探矿专家 PROSPECTOR,卡内基梅隆大学推出的语音识别专家 HEARSAY,斯坦福大学开发的用于模拟人类归纳推理、抽象概念的专家 AM,以及用于肺功能测试的专家 PUFF。

第三代(发展期,20 世纪 80 年代以后)专家系统综合采用各种知识表示方法和多种推理机制及控制策略,并开始运用各种知识工程语言、骨架系统及专家系统开发工具和开发环境来研制大型综合专家系统。

专家系统未来的主要发展方向如下:

① 由基于规则的专家系统到基于模型的专家系统;

② 由领域专家工程师提供知识到机器学习和专家知识相结合的专家系统;

③ 由非实时诊断系统到实时诊断系统;

④ 由单机诊断系统到基于物联网的分布式全系统诊断专家系统;

⑤ 由单一推理控制策略专家系统到混合推理、不确定性推理控制策略专家系统。

(3) 数据挖掘与知识发现。数据挖掘又称数据库中的知识发现,是指从大量的、不完全的、有噪声的、模糊的、随机的数据中,提取隐含的、未知的、非平凡的、有潜在应用价值的信息或模式的处理过程。知识发现与数据挖掘在本质上是一样的,在人工智能领域称为知识发现,而在数据库领域习惯称为数据挖掘。数据挖掘是一门交叉学科,数据库、人工智能和数理统计是其技术支柱。目前,数据挖掘在商业、金融、医疗、社会管理等很多领域得到广泛应用,而每一个应用都离不开人工智能,数据挖掘就是人工智能的一个实际应用。

(4) 自然语言理解。自然语言理解包括语音理解(让机器听懂人话)和文字理解(让机器看懂书)两个方面,是语言信息处理的一个分支,是人工智能的核心课题之一。自然语言理解的应用主要表现在机器翻译、自然语言接口和篇章理解等方面。自然语言理解涉及语言学、心理学、逻辑学、声学、数学和计算机科学,虽然从 20 世纪 60 年代初即开始研究,但目前依然是人工智能研究中的热点和难点之一。

为什么自然语言理解是非常困难的一件事呢?一般来说,有下面几个原因。

① 语言是不完全有规律的,规律和意外并存,会出现功能冗余、逻辑不一致等情况。如果不遵循规范,交流非常困难,而规范是非常错综复杂的。

② 语言是可以组合的,语言是把词组成句子,甚至是递归去组织句子,构建出非常复杂的表达。

③ 语言的发明创造本身和比喻密切相关,语言的本质是开放的集合,人们可以去发明创造新的表达,一旦形成了以后大家会经常使用,产生新的语义,这是完全开放的,是无穷无尽的。例如网络中将"潜水"和沉默不语进行联系,使"潜水"一词出现了新的语义。

④ 语言要和世界知识相联系,了解相关的概念和事实。

⑤ 语言的使用是在一个环境里,语言是一种互动,是一个交流的工具。语言终极的理解要结合上下文,结合语境。

自然语言理解,输入是自然语言的语句,输出是语句的语义表征,包括词汇分析、句法分析、语义分析、语用分析几个步骤,如图 17-8 所示。原则上是自下而上的处理,也有自上而下的指导,一般是两者的结合。词汇分析使用词典,句法分析使用句法,语义分析使用世界知识,语用分析使用上下文信息。

近年来,深度学习、强化学习被成功应用到自然语言处理的各个方面,自然语言理解取得了重大进展,语音助手、智能客服、智能音箱、聊天机器人等各种自然语言对话系统

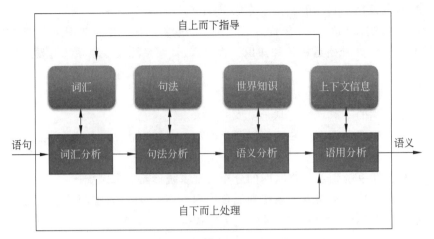

图 17-8　自然语言理解的过程

如雨后春笋般地涌现。人们必须清醒地看到,这些应用通常是在特定领域、特定场景下实现的,目前人们仍不清楚人脑的语言理解机制,所以用计算机完整模拟人的语言理解仍然非常困难。

(5) 模式识别。人可以对环境进行感知和识别。计算机诞生以后,人们就希望计算机也能进行识别,从而代替或扩展人类的部分脑力劳动。计算机模式识别在 20 世纪 60 年代初迅速发展并成为一门新学科。对环境进行感知和识别是人工智能的重要标志。模式是提供模仿用的标本,模式识别就是判断给定事物与哪一个模式相同或相近。这里的事物一般指文字、图形、图像、声音、传感信息等形式的实体对象,并不包括思想、情感、意识等抽象或虚拟对象,对后者的识别属于心理、哲学等学科的研究范畴。模式识别是人工智能的分支学科,是人工智能的技术基础,也是人工智能的重要应用领域。

基于模式识别的应用遍布各行各业。例如,广泛使用的手写输入设备、机器视觉系统、声控系统、车牌识别、人脸识别、包裹自动分拣、医学上的计算机辅助诊断、互联网与数据库中的基于内容检索、导弹的图像制导、雷达目标识别等。

(6) 机器人。机器人是一种可编程的、多功能的操作装置,是高级整合控制理论、电子学、机械工程、人工智能、材料学和仿生学等学科的产物。在工业、医学、农业、建筑业甚至军事等领域中均有重要用途。

机器人的发展经历了三个阶段:第一阶段,机器人只有"手",按固定程序工作,不具有外界信息反馈能力;第二阶段,机器人有了对外界信息的反馈能力,即有了力觉、触觉、视觉等感觉;第三阶段,机器人具有了自主性,有自学习、推理、决策和规划能力,即智能机器人阶段。智能机器人通常具有以下几种机能。

① 感知机能:获取外部环境信息以便进行自我行动。

② 运动机能:相当于有了"手"和"脚",可以自主完成各种动作。

③ 思维机能:可以进行认识、推理、判断等思维活动。

④ 通信机能:理解指令、输出内部状态,可与人或其他机器流畅地交换信息。

智能机器人是一个综合性的技术学科,其研究水平体现了人工智能技术水平和人类科学技术综合水平。

中国的机器人专家从应用环境出发,将机器人分为两大类,即工业机器人和特种机器人。工业机器人就是面向工业领域的多关节机械手或多自由度机器人。而特种机器人则是除工业机器人之外的、用于非制造业并服务于人类的各种先进机器人,包括服务机器人、水下机器人、娱乐机器人、军用机器人、农业机器人、机器人化机器等。在军用机器人家族中,无人机是科研活动最活跃、技术进步最大、研究及采购经费投入最多、实战经验最丰富的领域。多年来,世界无人机的发展基本上是以美国为主线向前推进的,无论是从技术水平还是从无人机的种类和数量来看,美国均居世界之首位。

为了培养机器人技术后备人才以及促进机器人技术发展,世界上举办了各种机器人比赛活动,影响比较大的有每两年举办一次的机器人世界杯(Robot World Cup,RoboCup)和每年举办一次的国际奥林匹克机器人大赛(World Robot Olympiad,WRO)。

机器人的发展可分为横向和纵向两个方面。横向上,应用面越来越宽。由工业应用扩展到更多领域的非工业应用,如做手术、采摘水果、剪枝、巷道掘进、侦查、排雷等,除此之外还有空间机器人、潜海机器人。机器人的应用无限制,只要能想到的,就可以去创造实现。纵向上,机器人的性能、外形、个头等种类会越来越多,例如,可以进入人体的微型机器人已成为一个新的发展方向,可以小到像一个米粒。机器人智能化不断加强,机器人越来越聪明。

17.3　人工智能的未来

1. 人工智能的发展现状与社会影响

人工智能的发展道路起伏曲折,但无论是基础理论创新、关键技术突破方面,还是规模产业应用方面,都是硕果累累,使人们每一天都享受着这门学科带来的便利。

(1)专用人工智能取得突破性进展。从可应用性来看,人工智能大体可分为专用人工智能和通用人工智能。专用人工智能是指面向特定领域的人工智能技术,由于任务单一、需求明确、应用边界清晰、领域知识丰富、建模相对简单,因此形成了人工智能领域的单点突破,在局部智能水平的单项测试中可以超越人类智能。人工智能的近期进展主要集中在专用人工智能领域,统计学习是专用人工智能走向实用的理论基础。深度学习、强化学习、对抗学习等统计机器学习理论在计算机视觉、语音识别、自然语言理解、人机博弈等方面取得成功应用。

例如 AlphaGo 在围棋比赛中战胜人类冠军,人工智能程序在大规模图像识别和人脸识别中达到了超越人类的水平,语音识别系统 5.1% 的错误率比肩专业速记员,人工智能系统诊断皮肤癌达到专业医生水平,等等。

(2)通用人工智能尚处于起步阶段。人的大脑是一个通用的智能系统,能举一反三、融会贯通,可处理视觉、听觉、判断、推理、学习、思考、规划、设计等各类问题,可谓"一脑万用"。真正意义上完备的人工智能系统应该是一个通用的人工智能系统。虽然包括图像识别、语音识别、自动驾驶等在内的专用人工智能领域已取得突破性进展,但是通用人工智能系统的研究与应用仍然任重而道远,人工智能总体发展水平仍处于起步阶段。

美国国防高级研究计划局(Defense Advanced Research Projects Agency,DARPA)把

人工智能的发展分为3个阶段：规则智能、统计智能和自主智能，并认为当前国际主流人工智能水平仍然处于第二阶段，核心技术依赖于深度学习、强化学习、对抗学习等统计机器学习，人工智能系统在信息感知（Perceiving）、机器学习（Learning）等智能水平维度进步显著，但是在概念抽象（Abstracting）和推理决策（Reasoning）等方面能力还很薄弱。

总体上看，目前的人工智能系统可谓有智能没智慧、有智商没情商、会计算不会"算计"、有专才无通才。因此，人工智能依旧存在明显的局限性，依然还有很多"不能"，与人类智能还相差甚远。

（3）IT巨头抢滩布局人工智能产业生态，人工智能创新创业如火如荼。全球科技产业界充分认识到人工智能技术引领新一轮产业变革的重大意义，纷纷调整发展战略，全力抢占人工智能相关产业的制高点。比如，在2017年的年度开发者大会上，谷歌公司明确提出发展战略从"Mobile First"（移动优先）转向"AI First"（AI优先）。微软公司2017财年年报首次将人工智能作为公司发展愿景。谷歌、IBM、英伟达、英特尔、苹果、华为、中国科学院、阿里巴巴集团等积极布局人工智能领域的计算芯片。

人工智能商业生态竞争进入白热化，例如智能驾驶汽车领域的参与者既有通用、福特、奔驰、丰田等传统龙头汽车企业，又有互联网造车者如谷歌、特斯拉、优步、苹果、百度公司等新贵。

人工智能领域处于创新创业的前沿，麦肯锡全球研究院发布报告称，2016年全球人工智能研发投入超300亿美元并呈高速增长态势。全球知名风投调研机构CB Insights报告显示，2017年全球新成立人工智能创业公司1100家，人工智能领域共获得投资152亿美元，同比增长141%。

（4）"智能＋"成为人工智能应用的创新范式。"智能＋X"应用范式日趋成熟，例如"智能＋制造""智能＋医疗""智能＋安防"等，人工智能向各行各业快速渗透、融合进而重塑整个社会发展，这是人工智能驱动第四次技术革命的最主要表现方式。

（5）世界各国纷纷把人工智能上升为国家战略，竞争日趋激烈。人工智能正在成为新一轮产业变革的引擎，必将深刻影响国际产业竞争格局和一个国家的国际竞争力。世界主要发达国家纷纷把发展人工智能作为提升国际竞争力、维护国家安全的重大战略，加紧积极谋划政策，围绕核心技术、顶尖人才、标准规范等强化部署，力图在新一轮国际科技竞争中掌握主导权。无论是德国的"工业4.0"、美国的"工业互联网"、日本的"超智能社会"，还是我国的"中国制造2025"等重大国家战略，人工智能都是其中的关键核心技术。

中国国务院2017年7月印发了《新一代人工智能发展规划》（国发〔2017〕35号），开启了我国人工智能快速创新发展的新征程。2018年7月，清华大学中国科技政策中心发布的《中国人工智能发展报告2018》指出，中国在论文总量和被引论文数量、人工智能专利数量上都排在世界第一。在人工智能领域，中国已经占据了重要地位。

2017年9月1日，普京开学日演讲中提出，"未来谁率先掌握人工智能，谁就能称霸世界"。

2018年4月5日，欧盟委员会计划2018—2020年在人工智能领域投资240亿美元。

2018年5月10日，美国白宫组织人工智能研讨会，成立人工智能专门委员会，确保美国在人工智能领域的领先地位。2019年2月，美国总统特朗普甚至签署行政命令《美国人工智能倡议》（American AI Initiative），要求联邦政府机构向人工智能的研究、推广和训练领域投入更多资源和资金。

（6）人工智能的社会影响。如今，人们对人工智能的关注度越来越高。人工智能成为名副其实的"网红"，如果以"人工智能"为主题进行百度搜索，可以得到约 32 900 000 个相关结果，如图 17-9 所示。

图 17-9　通过百度搜索"人工智能"

人工智能的社会影响是多元的，既有拉动经济、服务民生、造福社会的正面效应，又可能出现安全失控、法律失准、道德失范、伦理失常、隐私失密等社会问题，以及利用人工智能热点进行投机炒作从而存在的泡沫风险。

人工智能作为新一轮科技革命和产业变革的核心力量，可以促进社会生产力的整体跃升，推动传统产业升级换代，驱动"无人经济"快速发展，在智能交通、智能家居、智能医疗等民生领域发挥积极、正面的影响。

也要看到，人工智能引发的法律、伦理等问题日益凸显，对当下的社会秩序及公共管理体制带来了前所未有的新挑战。例如，2016 年欧盟委员会法律事务委员会提交一项将最先进的自动化机器人身份定位为"电子人"（Electronic Persons）的动议；2017 年沙特阿拉伯授予机器人"索菲亚"（Sophia）公民身份，这些显然冲击了传统的民事主体制度。那么，是否应该赋予人工智能系统法律主体资格？另外在人工智能新时代，个人信息和隐私保护、人工智能创作内容的知识产权、人工智能歧视和偏见、无人驾驶系统的交通法规、脑机接口和人机共生的科技伦理等问题都需要从法律法规、道德伦理、社会管理等多个角度提供解决方案。

由于人工智能与人类智能密切关联且应用前景广阔、专业性很强，容易造成人们的误解，也引发了不少炒作行为。例如，有些人错误地认为人工智能就是机器学习（深度学习），人工智能与人类智能是零和博弈，人工智能系统的智能水平即将全面超越人类水平，30 年内机器人将统治世界，人类将成为人工智能的奴隶等，这些错误认识会给人工智能的发展带来不利影响。还有不少人对人工智能预期过高，以为通用人工智能很快就能实现，只要给机器人发指令就可以干任何事。另外，有意炒作并通过对人工智能的概念进行包装来牟取不当利益的现象时有发生。因此，必须向社会大众普及人工智能知识，使人们科学、客观地认识和了解人工智能。

2. 人工智能的发展趋势与展望

经过几十年的发展,人工智能突破了算法、算力和算料(数据)等"三算"方面的制约因素,拓展了互联网、物联网等应用领域,开始进入蓬勃发展的黄金时期。从技术维度来看,当前人工智能处于从"不能用"到"可以用"的技术拐点,但是距离"很好用"还有数据、能耗、泛化、可解释性、可靠性、安全性等诸多瓶颈,创新发展空间巨大,从专用人工智能到通用人工智能,从机器智能到人机混合智能,从"人工+智能"到自主智能,后深度学习的新理论体系正在酝酿;从产业和社会发展维度来看,人工智能通过对经济和社会各领域的渗透和融合实现生产力和生产关系的变革,带动人类社会迈向新的文明,人类命运共同体将形成保障人工智能技术安全、可控、可靠发展的理性机制。总体而言,人工智能的春天刚刚开始,创新空间巨大,应用前景广阔。

(1)从专用人工智能到通用人工智能。如何实现从专用人工智能(也称弱人工智能,具备单一领域智能)向通用人工智能(也称强人工智能,具备多领域智能)的跨越式发展,既是下一代人工智能发展的必然趋势,也是国际研究与应用领域的挑战问题。2016年10月,美国国家科学技术委员会发布了《国家人工智能研究与发展战略计划》,提出在美国的人工智能中长期发展策略中要着重研究通用人工智能。DeepMind创始人戴密斯·哈萨比斯(Demis Hassabis)提出朝着"创造解决世界上一切问题的通用人工智能"这一目标前进。微软在2017年7月成立了通用人工智能实验室,100多位感知、学习、推理、自然语言理解等方面的科学家参与其中。

(2)从人工智能到人机混合智能。人工智能的一个重要研究方向就是借鉴脑科学和认知科学的研究成果,研究从智能产生机理和本质出发的新型智能计算模型与方法,实现具有脑神经信息处理机制和类人智能行为与智能水平的智能系统。在美国、欧盟、日本等国家和地区纷纷启动的脑计划中,类脑智能已成为核心目标之一。英国工程与自然科学研究理事会EPSRC发布并启动了类脑智能研究计划。人机混合智能旨在将人的作用或认知模型引入人工智能系统中,提升人工智能系统的性能,使人工智能成为人类智能的自然延伸和拓展,通过人机协同更加高效地解决复杂问题。人机混合智能得到了我国新一代人工智能规划、美国脑计划、Facebook、特斯拉汽车创始人埃隆·马斯克等的高度关注。

(3)从"人工+智能"到自主智能。当前人工智能的研究集中在深度学习方面,但是深度学习的局限是需要大量人工干预:人工设计深度神经网络模型、人工设定应用场景、人工采集和标注大量训练数据(非常费时费力)、用户需要人工适配智能系统等。因此已有科研人员开始关注减少人工干预的自主智能方法,提高机器智能对环境的自主学习能力。例如AlphaGo不依赖输入(不依赖人类知识),可以"无师自通",通过自我对弈强化学习,实现围棋、国际象棋、日本将棋的"通用棋类人工智能"。在人工智能系统的自动化设计方面,2017年谷歌提出的自动化学习系统(AutoML)试图通过自动创建机器学习系统降低人工智能的人员成本。

(4)人工智能将加速与其他学科和领域的交叉渗透。人工智能本身是一门综合性的前沿学科和高度交叉的复合型学科,研究范围广泛而又异常复杂,其发展需要与计算机科学、数学、认知科学、神经科学和社会科学等学科深度融合。随着超分辨率光学成像、光遗传学调控、透明脑、体细胞克隆等技术的突破,脑与认知科学的发展开启了新时代,能够大规模、更精细地解析智力的神经环路基础和机制,人工智能将进入生物启发的智能阶段,依赖于生物学、脑科学、生命科学和心理学等学科的发现,将机理变为可计算的模型,同时人工智能也会促进脑科学、认知科学、生命科学甚至化学、物理、材料等传统科学的发展。例如,2018年美国麻省理工学院启动的"智能探究计划"(MIT Intelligence Quest)就联合了五大学院进行协同攻关。

(5)人工智能产业将蓬勃发展。随着人工智能技术的进一步成熟以及政府和产业界投入的日益增长,人工智能应用的云端化将不断加速,全球人工智能产业的规模在未来十年将进入高速增长期。例如,2016年9月,埃森哲公司(Accenture)发布报告指出,人工智能技术的应用将为经济发展注入新动力,能够在现有基础上将劳动生产率提高40%;到2035年,美、日、英、德、法等12个发达国家(现占全球经济总量的一半)平均年经济增长率可以翻一番。2018年,麦肯锡发布研究报告称,到2030年人工智能新增经济规模将达到13万亿美元。

(6)人工智能将推动人类进入普惠型智能社会。"人工智能+X"的创新模式将随着技术和产业的发展日趋成熟,对生产力和产业结构产生革命性影响,并推动人类进入普惠型智能社会。2017年,国际数据公司IDC在《信息流引领人工智能新时代》白皮书中指出,未来五年人工智能将提升各行业运转效率,其中教育业提升82%,零售业提升71%,制造业提升64%,金融业提升58%。我国经济社会转型升级对人工智能有重大需求,在消费场景和行业应用的需求牵引下,需要打破人工智能的感知瓶颈、交互瓶颈和决策瓶颈,促进人工智能技术与社会各行各业的融合,建设若干标杆性的应用场景创新,实现低成本、高效益、广范围的普惠型智能社会。

(7)人工智能领域的国际竞争将日趋激烈。法国总统在2018年5月宣布《法国人工智能战略》,目的是迎接人工智能发展的新时代,使法国成为人工智能强国;2018年6月,日本发布《未来投资战略》,重点推动物联网建设和人工智能的应用。世界军事强国已逐步形成以加速发展智能化武器装备为核心的竞争态势,例如美国特朗普政府发布的首份《国防战略》报告提出,通过人工智能等技术创新保持军事优势,确保美国打赢未来战争;俄罗斯2017年提出军工拥抱"智能化",使导弹和无人机等"传统"兵器威力倍增。

(8)人工智能的社会学将提上议程。水能载舟,亦能覆舟。任何高科技也都是一把双刃剑。随着人工智能的深入发展和应用的不断普及,其社会影响日益明显。人工智能应用得当、把握有度、管理规范,就能有效控制负面风险。为了确保人工智能的健康可持续发展并确保人工智能的发展成果造福于民,需要从社会学的角度系统、全面地研究人工智能对人类社会的影响,深入分析人工智能对未来经济社会发展的可能影响,制定完善的人工智能法律法规,规避可能风险,确保人工智能的正面效应。2017年9月,联合国犯罪和司法研究所(UNICRI)决定在海牙成立第一个联合国人工智能和机器人中心,规范人工智能的发展。2018年4月,欧洲25个国家签署了《人工智能合作宣言》,从国家战略合作层面来推动人工智能发展,确保欧洲人工智能研发的竞争力,共同面对人工智能在社会、经济、伦理及法律等方面的机遇和挑战。

习题 17

一、简答题

1. 人工智能就是机器人吗？人工智能会超过人类智能吗？

2. 有人说"大数据是生产资料，人工智能是生产工具，将来就是'大数据＋人工智能'的时代"，如何理解这个说法？

3. 简述应该如何迎接人工智能时代的到来。

二、选择题

1. 被誉为"人工智能之父"的是( )。

    A. 明斯基   B. 图灵   C. 麦卡锡   D. 冯·诺依曼

2. 下列各项中，不属于人工智能研究内容的是( )。

    A. 机器感知   B. 机器学习   C. 自动化   D. 机器思维

3. 要想让机器具有智能，首先要让机器有知识。因此，在人工智能中有一个分支学科，主要研究计算机如何获取知识和技能，实现自我完善，这门分支学科称为( )。

    A. 专家系统   B. 机器学习   C. 神经网络   D. 模式识别

4. 以下推理中，不正确的是( )。

    A. 如果下雨，则地上是湿的；没有下雨，所以地上不湿

    B. 如果 x 是金属，则 x 能导电；铜是金属，所以铜能导电

    C. 如果下雨，则地上湿；地下不湿，所以没有下雨

    D. 小贝喜欢可爱的东西；哈士奇犬可爱；所以小贝喜欢哈士奇犬

5. 甲、乙、丙三位同学中的某一位不小心打碎了花瓶。老师询问他们时，甲说"是乙干的"，乙说"不是我干的"，丙说"不是我干的"。如果老师知道他们中的两人说了假话，一人说了真话，那么打碎花瓶的是( )。

    A. 甲   B. 乙   C. 丙   D. 不能确定

第18章

实验与实训

18.1 计算机命令的认识与应用

1. 任务目标

（1）认识各种计算机命令的形式，体验人机交互。

（2）理解计算机命令的抽象化、符号化。

（3）掌握一些常用命令，使用计算机解决简单问题。

2. 说明

人们使用计算机，让计算机按照人们的要求去做事情、去求解问题，其前提是要向计算机发送命令，并且命令是计算机能"接受"的。人们向计算机发送命令需要借助一定的输入设备。人们向计算机发送命令的形式多种多样，但是进入计算机内部都必须变成相应的二进制编码表示的计算机指令。

在完成下面每一个操作的过程中，一定要明白命令是怎么发送的、命令形式是什么、命令怎么进入计算机，以及计算机的响应是什么。

3. 实操内容

（1）在进入学校的计算中心后，想使用计算机做作业，可是计算机还没有打开，请向计算机发送命令启动计算机。

（2）计算机启动以后，桌面上有一个 Visual C++ 软件图标，这就是编程要用的软件。请你向它发送命令，打开一个程序编写窗口。

（3）在 Visual C++ 窗口中编辑并运行下面的程序。

```
#include<stdio.h>
void main()
{
    int a,b,sum;              /* 定义整型变量 a、b、sum */
    a=-3;                     /* 执行赋值指令，把-3存于 a 中 */
    b=5;                      /* 执行赋值指令，把 5 存于 b 中 */
    sum=a+b;                  /* 执行加法指令，求 a 与 b 的和，并存于 sum 中 */
```

```
    printf("a=%x\n",a);              /* 把 a 的值输出到显示器 */
    printf("b=%x\n",b);              /* 把 b 的值输出到显示器 */
    printf("sum=%d\n",sum);          /* 把 sum 的值输出到显示器 */
}
```

每一行代码中都包含了向计算机发送的命令,这些命令都是高级语言的语句。这些形式的命令怎么发送给计算机、计算机又是怎么正确理解的? 可以从第 6 章计算机程序设计中找到答案。

(4) 在计算机中找到"运行"命令(Windows 7 操作系统的"运行"命令在"附件"中,如图 18-1 所示),打开"运行"对话框,如图 18-2 所示。

图 18-1　Windows 7 操作系统的"运行"命令　　　　图 18-2　"运行"对话框

在"运行"对话框中输入字符命令 CMD 可以打开 cmd.exe 程序窗口。在 cmd.exe 的窗口中输入命令"dir",计算机可以向我们展示当前文件夹中存放的内容,如图 18-3 所示。

(5) 若室友非常喜欢玩游戏,每天玩到凌晨 2 点。他觉得这样严重影响了室友的休息和学习。于是决定设置自己的计算机每天晚上 10:30 自动关机。请你帮他设置一下。

(6) 用笔和纸列算式计算出 1+2 等于多少吗? 根据自己计算过程抽象出一个计算模型,与冯·诺依曼计算机类比,指出自己计算模型中是否有运算器、控制器、存储器、输入设备和输出设备。

4. 思考与讨论

实操内容部分向计算机发送的命令中,命令形式可分几类? 它们各是怎么变成二进制数的? 我们知道所有的外部信息进入计算机都要经过输入设备,分析实操内容(1)~(5)中向计算机发送命令使用的输入设备是什么。

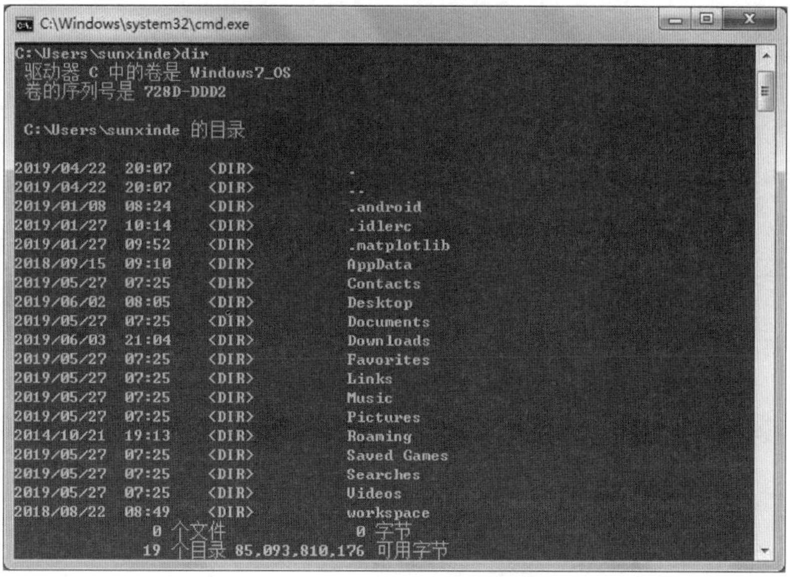

图 18-3　cmd.exe 窗口

18.2　计算机数据的认识与处理

1. 任务目标

（1）理解外部信息变成计算机数据的过程。

（2）掌握一些数据处理方法。

（3）认识计算机数据的形式。

2. 说明

计算机数据都是以二进制数的形式存在于计算机中。要把各种形式的信息变成计算机数据，需要进行数据采集。数据存在计算机中的什么地方，怎么存放才比较合理，这些属于数据组织与管理的内容。为了获取数据的内容、发挥数据的价值、让数据易被理解和接受，常常要对数据进行处理与计算。

本节的实操内容部分，步骤（1）～（3）涉及数据的采集，可以看到字符、图像、声音都变成了数字；步骤（4）涉及文件系统数据的管理，为找到需要的数据提供了一种有效方法；步骤（5）涉及结构化数据的管理，可以体验到数据库管理数据的高效和功能强大；步骤（6）～（8）涉及数据安全管理。当计算机技术和应用发展到高级阶段以后，计算机可以通过数据共享、数据传递的方式获取数据，而当数据广泛地传递、交流发生以后，数据安全成了一个新问题。

3. 实操内容

（1）查看字符在计算机内的存储形式。

在 Visual C++ 中运行下面的程序，分别输入不同英文字母，查看其在计算机内的存储形式，认识字符的符号化过程。

```
#include<stdio.h>
void main()
{
    char c,str[10];
    int i=0;
    c=getchar();
    printf("%c在计算机内的存储形式为:",c);
    while(c! =0)
    {
        str[i]=c%2;
            c=c/2;
        i++;
    }
    while(i)
        printf("%d",str[--i]);
    putchar('\n');
}
```

（2）运行下面的 Python 程序,查看自己所拍摄的图片在计算机内的存储形式,了解数据的采集与符号化过程。

```
import matplotlib.pyplot as plt
import matplotlib.image as mpimg
import numpy as np
lena =mpimg.imread('会飞的猪.png')          #读取图像文件
print(lena[0])                              #显示图像数据
plt.imshow(lena)                            #显示图片
plt.axis('off')
plt.show()
```

（3）运行下面的 Python 程序,查看自己所说的话、唱的歌在计算机内的存储形式,了解数据的采集与符号化过程。

```
import wave
import numpy as np
import pylab as plt
f =wave.open("Rec0001.wav","rb")            #打开一个 wav 文件
params =f.getparams()                       #读取格式信息
nchannels, sampwidth, framerate, nframes =params[:4]
#读取声音数据
str_data =f.readframes(nframes)
f.close()
wave_data =np.fromstring(str_data,dtype =np.short)
wave_data.shape =-1,2
wave_data =wave_data.T
print(wave_data)                            #查看数据
#用图形显示数据
```

```
time=np.arange(0,nframes)/framerate
plt.plot(time,wave_data[0])
plt.xlabel("time")
plt.show()
```

（4）根据图 18-4 所示内容，画出以 C：为根的树状目录结构图，并指出文件 sfv.c 的路径和类型。

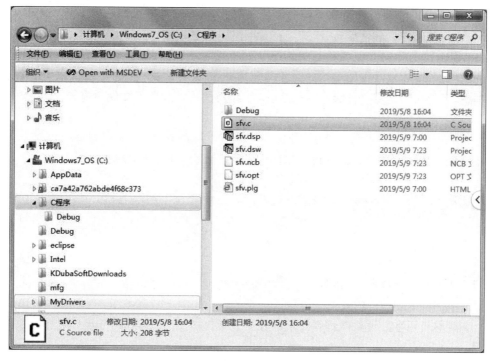

图 18-4　Windows 资源管理器中的目录结构

（5）某班级成绩汇总如表 18-1 所示。

表 18-1　某班级成绩汇总表

学号	姓名	英语	高等数学	大学语文	总分	平均分
9101	张明	89	87	90		
9102	王三	85	75	79		
9103	杨柳	68	90	87		
9104	白雪	73	67	72		
9105	朱珠	96	77	88		
9106	郝好	95	86	93		
9107	瑶瑶	56	90	67		
9108	邢酷	79	45	89		
9109	贾昊	84	63	72		
9110	文闻	66	88	79		

要求分别使用关系数据库(如 Access 2010)和电子表格软件进行数据处理。分别计算出每位同学的总分、平均分,并查询出"大学语文"在 90 分以上的同学姓名。分析两种方法的异同。

(6) 从互联网上搜索并下载一款杀毒软件,安装以后尝试用它查杀病毒、清理垃圾、卸载不用的软件。试比较采用这种工具软件卸载计算机上的软件与采用操作系统的"卸载程序"卸载计算机上的软件有何不同。

(7) 从互联网上搜索并下载一款数据恢复软件,安装以后尝试用它恢复从 Windows"回收站"中清除的文件。

(8) 以自己所学的专业名称为关键字从网上搜索 6 篇文献,其中 3 篇使用搜索引擎搜索并下载,另外 3 篇从学校图书馆的文献数据库中搜索并下载。把这 6 篇文献资料打包压缩并加密,了解压缩前后文件大小有何变化,压缩操作是否改变了文件的内容。

4. 思考与讨论

所有的计算机应用都是计算机数据的计算与处理,这种说法对吗?

18.3 文字编辑与排版处理

1. 任务目标

(1) 认识字符型数据的处理。
(2) 掌握字处理软件的使用。
(3) 能够应用字处理软件进行简单的文字处理。

2. 说明

字处理软件有很多,比较流行的有微软公司的 Word 和金山公司的 WPS,可以选择这两个软件的任意一个完成本节的实操内容。相信通过这些内容的训练,大家使用字处理软件的能力会有明显提升。

3. 实操内容

1) 文档编排
(1) 文档的新建与保存。

新建一个空白文档,输入下面一篇短文,然后将文档以个人姓名命名,保存在 D 盘根目录下以个人学号命名的文件夹中,保存的文件类型为"Word 文档"。

常回家看看

"找点时间,找点空闲,领着孩子常回家看看……"当年,陈红的一首脍炙人口的歌曲传唱大江南北,也勾起了多少年轻人对父母无限的关爱和思念。今天从收音机里听到这首歌,仍让人十分的动情,勾起我归乡的期盼。

世界上最无私的爱是母爱,最博大的天空是父母的心胸,父母对儿女的关爱是世上任何一种文字都难以形容的。记得小时候,年少不更事,过着"衣来伸手,饭来张口"的生活,完全认识不到父母对自己的呵护是那样的专注、那样的倾心。到了自己为人父、为人夫,把同样的一份爱传承给自己的儿女,才懂得做父母的心境。

十岁那年,我上小学三年级,十月是我的生日。那时的条件十分艰苦,能穿上一件新衣、吃上一顿猪肉都是很奢侈的事。于是我十分盼望自己的生日能早一天到来,缘由便是与父母约好在那天穿上一身新衣服、吃一次红烧肉。

从八月桂花香浓的时候开始,掰着手指数到九月重阳菊花黄,好不容易到了十月。十月的天气已经寒意渐浓,自己用笔在书上勾画着,还有十天就要过生日了。我问父亲:"什么时候给我做新衣服,就要过生日了。"父亲用那双带着淡淡忧郁的眼睛看着我,眉头紧皱,半晌不说话。我又问母亲,母亲也叹了口气:"孩子,还早呢! 放心吧,妈一定为你做一身新衣服。"我揪着的心放下了,蹦蹦跳跳地上学去了……

第二天父亲便离开了家,我问妈妈:"爸爸上哪儿去了?"妈妈说:"爸爸到别人家帮工去了。"我仍未放在心上,到了过生日的前一天晚上,父亲才回到家中,拎回来5斤猪肉还有我的一身新衣服,那晚我心里美极了,为自己的新衣服、为明天能吃上的红烧肉。

过了许多年,我才从母亲的口中知道,父亲是去100多里外的沙矿上替别人挑沙,挣回来20块钱为我过生日,一霎间,我什么都明白了。

从此,一有空闲我就回到父母的身边去看看。不为别的,只为能时常陪伴他们,让他们感受儿子的孝心,享受亲情的关爱与满足。

(2) 编辑文档。

① 将文章标题设置为三号、加粗、方正舒体字、蓝色、居中。

② 将文章正文设置为四号、华文行楷字体、浅绿色。

③ 将文章段落设置为两端对齐,左缩进两个字符,单倍行距,首行缩进两个字符,并设置首字下沉。

④ 自己绘制或从剪贴画中选择一幅与该文档意境相符的图片,并把它放在文中合适的位置,设置图片的环绕方式为"嵌入式"。

⑤ 为整篇文档加入"拒绝复制"字样的文字水印。

(3) 页面设置。

① 在页眉中输入"诗人传记",并设置为小五号、楷体、加粗、居中的格式。

② 页面纸张设置为 A4(21cm×29.7cm),上下页边距分别设置为 2.4cm,左右页边距分别设置为 3.2cm,左侧装订,装订线位置为 1cm。

2) 文档中的非字符元素编辑

(1) 表格编辑。

① 在文档中创建表格并进行编辑,如图 18-5 所示。

② 设置单元格对齐方式为中部居中,字体为幼圆五号,将表格的外框线设置为 3 磅的斜纹线条,表格底色为茶色。

③ 为表格添加一个标题"公司员工上半年工资表",字体为宋体,字号为小五,居中对齐。

④ 计算公司上半年每个员工的工资总和以及每个月员工平均工资。

(2) 绘制如图 18-6 所示的选课流程图。

(3) 利用公式编辑器编辑以下公式。

姓名	工资（单位：元）						合计
	一月	二月	三月	四月	五月	六月	
李丽	2300	2300	2400	2450	2600	2600	
李晓刚	2100	2100	2100	2350	2350	2350	
李刚	3200	3200	3200	3400	3400	3500	
张明亮	2300	2300	2300	2500	2500	2500	
赵伟	3300	3300	3300	3600	3600	3600	
平均值							

图 18-5　公司员工上半年工资表

① $\displaystyle\sum_{i=0}^{n}\sqrt{a_i+b_i}$ ；

② $\displaystyle\int\frac{\mathrm{d}u}{u\sqrt{u^2-a^2}}=\frac{1}{a}\operatorname{arcsec}\frac{u}{a}+c$ ；

③ $\operatorname{sgn}(t)=\begin{cases}1, & t>0 \\ -1, & t<0\end{cases}$ ；

④ $\displaystyle\int_{-\infty}^{+\infty}f(t)\cdot\delta(t-t_0)\mathrm{d}t=f(t_0)$ 。

3）制作毕业生推荐表

参照图 18-7 和图 18-8 所示的《毕业生推荐表》，制作自己的毕业生推荐表，基本要求如下。

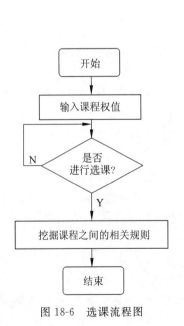

图 18-6　选课流程图　　　　图 18-7　毕业生推荐表封面

（1）封面中，"毕业生推荐表"设置为艺术字。

（2）尽量使用能展现母校和个人风采的图片。

（3）表中应填入自己的真实情况。

（4）页面设置为 A4 纸、纵向打印，打印效果力求美观。

自荐书

尊敬的领导：

您好！

我是一名刚毕业于××学校××专业的学生，在投身社会之际，为了找到符合自己专业和兴趣的工作，更好地发挥自己的才能，实现自己的人生价值，也为了贵单位的发展壮大，谨向您作自我推荐。

作为一名××专业的学生，我热爱自己的专业，并为其投入了巨大的热情和精力。在校期间，我学习刻苦，在德、智、体、美各个方面取得了优异成绩。我一直相信："机遇会给予每一个人，只有充分准备的人才不会和它擦肩而过。"在掌握专业知识的同时，我利用寒暑假进行社会实践活动，深入社会，努力提高自己的综合素质。在求知之余我不忘对自己人品的塑造，多次参加业余党校学习，以提高思想道德素质。曾任团总支书记，并得到领导和老师们的好评。

通过几年的学习，我已具备了扎实的××专业知识，在××方面有自己的专长，这恰好是您单位急需的。我正处于人生中精力充沛的时期，我渴望在更广阔的天地里展露自己的才能，我不满足于现有水平，殷切希望在实践中得到锻炼和提高。因此，我希望能够加入你们的行列，接受挑战。

此致

敬礼

自荐人：

(a) 推荐表内容（1）

毕业生基本情况	姓名		性别		照片
	年龄		民族		
	籍贯		政治面貌		
	本人成分		健康状况		
	专业			学制	
	家庭住址			联系电话	
特长爱好					
专业技能					
求职意向					
个人简历					
获奖情况					
任职情况（学校、社会团体）					

(b) 推荐表内容（2）

	课程	成绩	课程	成绩
学业成绩				
			教务部门审查情况 盖章 年 月 日	

(c) 推荐表内容（3）

在校表现	该生在校期间尊敬师长，团结同学，有远大的理想，能以特有的奋斗精神一直付诸行动，在努力学习的同时练就所长，不断完善自我，并具有较高的思想品质，是一位品学兼优的毕业生。 盖章 年 月 日	
学校意见	同意推荐 盖章 年 月 日	
用人单位意见	接收单位意见： 盖章 年 月 日	管理部门意见： 盖章 年 月 日
备注	本表必须如实填写，如有虚假成分，由此产生的后果由学生自负。	

(d) 推荐表内容（4）

图 18-8 毕业生推荐表内容

4）学习制作图文混排文档

图18-9中的文字摘自"凤凰网评论"。请自建文档，输入文字，制作图18-9所示的图文混排效果。

携起手来 共护蓝天

青山就是美丽，蓝天也是幸福。又是一年世界环境日，今年世界环境日主题聚焦大气污染防治，中文口号是"打赢蓝天保卫战，我是行动者"。

有一首老歌叫《幸福在哪里》，"幸福在哪里……它在辛勤的工作中，它在艰苦的劳动里。"缺衣少食的年代里，能解决温饱就是幸福；改革开放的浪潮中，能创业致富就是幸福。如今，蓝天白云、繁星闪烁，也成了一种幸福。

没有碧空万里，怎见美丽中国。曾几何时，"心肺之患"带来集体焦虑，"雾霾锁城"敲响生态警钟。大气污染治理，由于问题复杂、涉及面广，发达国家大多耗时经年方见成效。背负着发展重任，能否打赢蓝天保卫战，中国给出了肯定的答案。

打赢蓝天保卫战，源自我们的决心。党中央把污染防治作为决胜全面建成小康社会三大攻坚战之一，其中坚决打赢蓝天保卫战是重中之重。出台"大气十条"以及《打赢蓝天保卫战三年行动计划》，北方地区完成散煤治理480余万户，煤炭等大宗物资运输加

快向铁路运输转移，铁路货运量同比增加9.1%；河北省打响去产能和退城搬迁等"六大攻坚战"，山东省开展大气污染重点整治专项行动，河南开展扬尘污染防治专项督导任务……在大气污染防治上，对症抽丝追根溯源，步步为营构筑防线，大刀阔斧解决问题，从中央到地方，蓝天保卫战打得非常坚决。

打赢蓝天保卫战，源自我们的信心。"心肺之患"并非不治之症，对症下药、标本兼治，就能出现好转。随着我们对大气污染成因有了更科学的认识、采取更有效的举措，随着环境保护相关法律法规、制度、体制机制的日益健全完善，随着全社会的不懈努力，"朋友圈"里晒的蓝天越来越多，百姓切实的获得感越来越强，这些成绩更加坚定了我们必胜的信心。打赢蓝天保卫战，源自我们的恒心。冰冻三尺非一日之寒，打赢蓝天保卫战不可能一劳永逸、一蹴而就。当前，我国生态环境质量持续好转，但成效并不稳固，大气污染防治仍然存在诸多亟待解决的问题，这既是一场攻坚战，也是一场持久战。打赢蓝天保卫战必须久久为功、持续发力，既要有坚定的决心和信心，又要有历史的耐心和恒心。

同呼吸，共奋斗。蓝天保卫战为了人民，也依靠人民，需要全社会的共同参与，政府、企业、社会组织、个人，一个都不能少，只有大家齐心协力，共同采取行动，拧成一股绳，才能让蓝天成为我们生活的常态，才能让群众望得见山、看得见水、记得住乡愁，才能让自然生态美景永驻人间。

让我们携起手，共同保卫蓝天！

图18-9 图文混排效果

4. 思考与讨论

（1）在文档排版时，比较常见的要求是左右两边都要对齐，但是经常发现文档右边难以对齐，特别是英文文档。同学们之间可以交流一下经验，研究出解决方法。

（2）如果想使文档目录的页码与正文的页码不同，应该怎么办？如果想使文档相邻两页的页眉有所不同，又该怎么办呢？

18.4　电子表格的应用

1. 任务目标

（1）认识结构化数据处理。

（2）掌握电子表格软件的使用。

（3）能够应用电子表格软件进行结构化数据处理。

2. 说明

实际中会遇到很多结构化的数据，如学习成绩单、报名表、购物单、财务账表、公司营销账表、人事信息表等，这些数据的处理要求，除了像文字处理一样需要编辑、排版、打印之外，还需要进行计算、查询、表格关联、表格拆分与重组、图表等操作，所以需要使用专门的软件来完成这类工作。如果数据量大、要求较高，则可使用数据库软件；如果数据不是很多，要求也不是很高，通常使用办公软件的电子表格即可。

本节的实操内容要求使用电子表格来完成，可以选择使用微软公司的 Excel，也可选择使用金山公司的 WPS。数据库软件的数据处理功能虽然很强，但操作比较复杂，需要专门的学习才能掌握。

3. 实操内容

1）使用电子表格软件进行班级成绩管理和分析处理

（1）制作学生基本信息表。

① 新建一个工作簿，在工作表 Sheet1 中建立图 18-10 所示的学生基本信息表，然后输入本班同学的信息数据。

图 18-10　学生基本信息表

② 调整表头和标题，效果如图 18-11 所示。

③ 至少输入 20 个学生的信息。要求"学号""性别""籍贯""住址"等分别使用不同的自

图 18-11 班级学生基本信息表表头与标题设置效果

动填充方法完成,其中"住址"字段填入宿舍号。

④ 把当前工作簿保存到 D:盘上以班级命名的文件夹中,工作簿以自己的姓名作为文件名,文件类型为"Excel 工作簿"。

(2)统计班级成绩。

① 打开保存于 D:盘的工作簿,在工作表 Sheet2 中建立图 18-12 所示的英语成绩单。

图 18-12 英语成绩单

② 将工作表 Sheet1 中的"学号"和"姓名"数据引入工作表 Sheet2 中,要求当改动工作表 Sheet1 中的某个姓名时,工作表 Sheet2 中相应的姓名能自动地改动。输入学生"卷面成绩"。

③ 在"学号"和"卷面成绩"之间插入一列"平时成绩",并输入平时成绩数据。在"卷面成绩"后增加一列"英语成绩"。

④ 要求使用公式填充方法计算英语成绩,公式为"英语成绩＝平时成绩＊30％＋卷面成绩＊70％"。

⑤ 采用复制工作表的方法,分别在工作表 Sheet3、Sheet4、Sheet5 中建立"×班高等数学成绩单""×班计算机基础成绩单""×班思想品德修养成绩单"。

⑥ 插入一个新工作表 Sheet6,表头为"成绩汇总表",包括"姓名""学号""数学""英语""计算机""思修"等字段。把需要的数据从 Sheet2～Sheet5 中引入 Sheet6。要求当改动表 Sheet2～Sheet5 中的某个学生成绩时,表 Sheet6 中的数据能自动地做相应改动。

⑦ 把工作表 Sheet1～Sheet6 分别更名为"班级学生基本信息""英语成绩""高等数学成绩""计算机基础成绩""思想品德修养成绩""成绩汇总表"。

⑧ 保存所完成的工作。

(3)班级成绩分析处理。

打开保存在 D:盘的工作簿,把"成绩汇总表"设为当前工作表。

① 给"成绩汇总表"增加"总分""平均分"两列。使用求和公式求"总分",使用函数 AVERAGE()求"平均分",结果保留 1 位小数。

② 按学号升序进行快速排序。

③ 在表格最右边增加"名次"一列，按照总分进行排名（名次能根据分数变化动态调整）。

④ 把平均 90 分以上的分数用红色底纹表示以示醒目。

⑤ 在表格最右侧增加"简评"一列。给总分高于 360 分的同学以"很棒"的简评；给总分低于 240 分的同学以"别泄气"的简评；给其余同学以"再加把劲"的简评。（简评用函数实现，不能手工依次输入各个学生的评价）

⑥ 在表格的下方统计各科的平均分、优秀率、及格率。

最后的成绩汇总表如图 18-13 所示。

学号	姓名	思修	数学	英语	计算机	总分	平均分	名次	简评
08601	滕飞	78	100	77	79	334	83.5	5	再加把劲
08602	梁佳豪	90	98	92	90	370	92.5	1	很棒
08603	王豪	87	76	56	82	301	75.3	12	再加把劲
08604	牧财财	66	89	76	85	316	79.0	6	再加把劲
08605	陈楠楠	76	55	89	89	309	77.3	9	再加把劲
08606	叶飞	100	97	87	79	363	90.8	2	很棒
08607	董畅	93	45	76	90	304	76.0	11	再加把劲
08608	高亮	67	64	99	82	312	78.0	7	再加把劲
08609	洪武	57	88	34	85	264	66.0	14	再加把劲
08610	朱棣	77	45	71	85	278	69.5	13	再加把劲
08611	范显	66	78	87	79	310	77.5	8	再加把劲
08612	梁都	79	78	89	90	336	84.0	4	再加把劲
08613	许玉	91	90	98	82	361	90.3	3	很棒
08614	殷墟	47	85	91	85	308	77.0	10	再加把劲
各科平均分		76.7143	77.7143	79.8571	84.714				
各科优秀率		28.6%	28.6%	28.6%	21.4%				
各科及格率		85.7%	78.6%	85.7%	100.0%				

图 18-13　分析处理后的成绩汇总表

⑦ 插入一个新的工作表 Sheet7，根据成绩汇总表中的数据统计出平均分为不及格（低于 60 分）、中等（60～79 分）、良好（80～89 分）、优秀（90 分以上）的人数占总人数的百分比，并记录在 Sheet7 中。

⑧ 根据表 Sheet7 的数据绘制图表，以饼图形式显示各成绩段人数的百分比，如图 18-14所示。

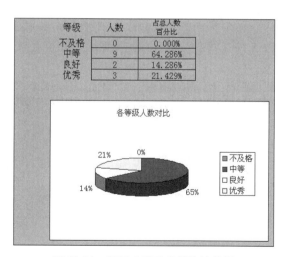

等级	人数	占总人数百分比
不及格	0	0.000%
中等	9	64.286%
良好	2	14.286%
优秀	3	21.429%

各等级人数对比

21% 0%

14%

65%

■ 不及格
■ 中等
□ 良好
□ 优秀

图 18-14　用图表显示成绩统计结果

2）应用电子表格软件处理超市销售数据

某超市日销售报表如图 18-15 所示。

超市日销售报表							
序号	产品编号	产品名称	产品类别	销售数量	销售单价	日销售额	销售日期
20005	SH005	xx洗衣液	生活用品	5	35	175	3月5日
20012	SH012	xx香皂	生活用品	3	7	21	3月5日
20007	SH007	xx纸巾	生活用品	12	2	24	3月5日
30033	XX033	xx薯片	休闲零食	8	12	96	3月5日
30056	XX056	xx糖果	休闲零食	15	4	60	3月5日
20054	YL054	xx牛奶	饮料	5	60	300	3月5日
20058	YL058	xx矿泉水	饮料	30	3	90	3月5日
40021	XY024	xx笔记本	学习用品	2	5	10	3月5日
40015	XY015	xx圆珠笔	学习用品	4	2	8	3月5日
20032	SH032	xx晾衣架	生活用品	2	20	40	3月5日
30017	XX017	xx火腿肠	休闲零食	8	3	24	3月5日
30008	XX008	xx方便面	休闲零食	24	5	120	3月5日
20066	YL066	xx红茶	饮料	12	3	36	3月5日
20076	YL076	xx绿茶	饮料	9	3	27	3月5日
10010	TW010	xx盐	调味品	3	2	6	3月5日
10035	TW035	xx鸡精	调味品	2	5	10	3月5日
20046	SH046	xx垃圾袋	生活用品	4	6	24	3月5日
20064	YL064	xx酸奶	饮料	7	6	42	3月5日

图 18-15　超市日销售报表

（1）根据上面的数据，按照“日销售额”进行排序。找出日销售额最高和最低的产品。

（2）筛选出所有的“生活用品”，查看生活用品的销售情况，并打印报表。

（3）分别按“产品类别”对“销售数量”和“日销售额”进行汇总，了解各类产品的销售情况。

（4）使用柱形图表对比分析各类产品的日销售额。

4. 思考与讨论

（1）在使用电子表格时，单元格中出现了“＃＃＃＃＃＃＃＃”和“＃NUM!”，这是怎么回事？

（2）如果想让一个工作簿中两张工作表的数据建立联系，可以怎么做？

（3）怎么向工作表导入外部数据？都有哪些类型的数据可以导入？

18.5　演示文稿设计与制作

1. 任务目标

（1）认识数据演示处理。

（2）掌握演示文稿制作软件的使用。

（3）能够围绕主题设计、制作实用的演示文稿。

2. 说明

在很多场合，人们需要把自己的数据和想法以易于理解和接受的形式呈现给公众，计算机软件在这方面可以发挥重要作用。演示文稿制作软件就是这方面的"专家",由其制作的图、文、声、像并茂的电子报告广泛用于学术交流、工作汇报、教学、新产品展示等多种场所。功能强大、深受大家喜欢的演示文稿制作软件有微软公司的 PowerPoint 和金山公司的 WPS。

本节的实操内容可以选择这两个软件中的任意一个来完成。在完成每个实操任务时,一定要把演示文稿当成一个作品进行设计,不仅要美观,更要简洁明了、主题鲜明、层次感强。

3. 实操内容

1)个人大学规划展示

每个人怀着不一样的心情步入大学,每个人对今后的大学生活和毕业后的去向有着不一样的憧憬。要求用演示文稿展示自己的大学规划,要求主题突出、页面美观。规划内容应真实、合理、可信,且具有可行性。

2)贺卡制作

本贺卡共包括 3 张幻灯片。每一张幻灯片的制作要求如下。

(1)第 1 张幻灯片效果如图 18-16 所示。要求插入一张图片作为幻灯片的背景,再在该幻灯片上插入艺术字:"虽然疏于联系,但是我们的友谊不曾忘记,轻声问候一声,你好吗…",字体设置为幼圆,字号为 28。

图 18-16　第 1 张幻灯片

(2)第 2 张幻灯片效果如图 18-17 所示。要求选择幻灯片的样式为"诗情画意.pot";标题"节日快乐"的字号为 60、字体为隶书并加粗,再给标题文字加上阴影。

内容为"相识的日子,相知的岁月,共享友谊的温馨。一张小小的贺卡载满思念与祝福,传递你我之间的情感,祝节日快乐!"并将文本框填充颜色设定为浅绿色。

(3)第 3 张幻灯片效果如图 18-18 所示。要求插入一张背景图片,插入一个"结束"动作按钮,单击该按钮即可结束放映。

(4)演示文稿综合设置。通过幻灯片母版为每张幻灯片插入日期(自动更新)以及幻灯片编号,在页脚输入"友谊地久天长"。所有幻灯片切换效果为水平百叶窗、持续时间 2 秒。保存文稿,命名为"贺卡.pptx"。

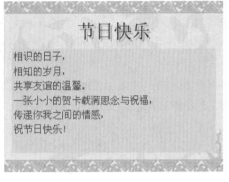

图 18-17　第 2 张幻灯片

图 18-18　第 3 张幻灯片

3）制作"学校宣传片"演示文稿

演示文稿的内容及要求如下。

（1）演示文稿第 1 页（封面）的内容要求如下。

① 添加标题"××学校"，文字分散对齐、宋体、48 磅字、加粗，加阴影效果。

② 加副标题"制作日期"，文字居中、宋体、32 磅字，加粗。

③ 插入相应的网址，并链接到相应的主页。

④ 插入学校校徽。

（2）演示文稿第 2 页的内容为"学校简介"。

（3）演示文稿第 3 页的内容为"院系设置"，要求如下。

① 为每一个院系设置项目符号，颜色为"红色"。

② 插入一张校园的风景图片。

（4）添加新的演示文稿幻灯片，介绍各个院系的详细情况，每一页都要插入能返回到第三页的动作按钮。

（5）设置演示文稿背景为"白色大理石"的纹理填充效果。

（6）为演示文稿添加背景音乐。背景音乐应能循环播放直至演示结束。

4）制作"个人宣传片"演示文稿

制作一个关于本人的演示文稿。要求中心明确、突出个性、展现亮点，幻灯片应该图文并茂、内容丰富、感染力强。操作参考步骤如下。

（1）为演示文稿设计合适的幻灯片母版内容。

（2）把每张幻灯片的背景、文字等设置为恰当格式。

（3）定义每张幻灯片在播放时出现的切换效果，加上切换声音。

（4）插入符合幻灯片主题的旁白或背景音乐。

（5）对幻灯片进行排练计时，然后使用排练计时进行放映。

（6）将演示文稿打包。

5）制作和演示正弦波

用 PowerPoint 制作一个正弦波演示课件，要求演示效果良好。操作参考步骤如下。

（1）启动 PowerPoint 应用程序，创建一个新演示文稿。

（2）在"绘图"工具栏中选择插入一个椭圆形，在幻灯片中绘制一个小椭圆表示运动点。

（3）分别设置该椭圆的"形状高度"和"形状宽度"为 0.2cm，分别设置其填充颜色和线条色为"红色"。

（4）将运动点放置于幻灯片的合适位置，选中该点，选择"动画"→"添加动画"选项，打开"添加动画"选项卡，然后选择"其他动作路径"选项，打开"添加动作路径"对话框。

（5）在对话框中选择"正弦波"选项，单击"确定"按钮，在幻灯片中添加一个正弦波运动图形。调整正弦波的幅度和长度；放大幻灯片的显示比例，按 PrintScreen 键进行截屏。

（6）按 Ctrl＋V 组合键将截屏图片粘贴到幻灯片中。裁剪图片，只保留路径（正弦波）部分。调整路径图片大小及位置，使图片上的正弦波路径与运动点的实际正弦波路径重合，再设置路径图片"置于底层"。

（7）在"动画窗格"中打开动画对象的下拉菜单，选择"计时"选项，打开"正弦波"对话框的"计时"选项卡，为运动点选择一个合适的动画速度和重复效果。

（8）按 F5 键观看正弦波演示效果。

4. 思考与讨论

（1）如果想在每一张幻灯片中都放置一张自己设计的个性化的图片作为标识（Logo），应该怎么实现？

（2）现在制作一个下周进行大学生创新项目申请答辩的演示文稿，希望答辩时不再修改幻灯片而直接显示当天的日期，能做到吗？

18.6　数据传递

1. 任务目标

（1）认识数据传递的意义和数据传递形式。
（2）理解数据传递的过程。
（3）掌握一些数据安全、有效传递的方法。

2. 说明

人们在管理、使用数据的过程中，经常要进行数据的传递。在计算机内部，计算机的各个部件之间以字或数据块的形式进行数据传递，人们称之为通信，是计算机实现各种功能的基础。计算机之间，或者计算机与其他设备之间，也经常传递数据，人们更多的时候称之为传递文件，可以借助移动存储设备传递，也可以借助计算机网络传递。当云计算机技术成功应用以后，数据传递又有了新的形式，即通过云空间传递。

本节的实操内容多是基于互联网进行数据传递。完成每个实操内容时，希望每位同学弄清楚数据的传递流程，同时也希望思考一下做这件事的意义。

3. 实操内容

（1）打开一款常用的应用软件，例如 Word，建立一个文档，保存为一个文件。请查看默认的文件保存位置，如果想把文件保存到自己的 U 盘，应怎么办？

（2）打开一个网站，发现一个很漂亮的网页。试问你看到的漂亮网页对应的数据在哪儿？现在要把它保存到自己的资料收藏文件夹中，应怎么操作？

（3）为了充分利用硬盘的存储空间，也为了提高硬盘数据的安全性，一般情况下硬盘的主分区（C:盘）只安装系统文件。试把 C:盘的一个文件转移到数据文件盘（E:盘），把安装在 C:盘的一个程序转移到程序文件盘（D:盘）。

（4）现在通过电子邮箱、QQ、微信等工具传递文件和共享文件已经非常普遍。要求每一个同学通过自己的电子邮箱、QQ、微信分别给老师发一条消息，消息内容为问候语、个人信息及通信地址。如果班级还没有 QQ 群和微信群，班长负责建一个，以便大家进行信息交流和文件传递。

网上传递文件难免有泄密的风险。每个人给班长建议一个保密通信的方案，供班长优选。如果我们把文件加了密，我们应怎么把密钥（密码）告诉文件的接收者呢？

（5）由于现在上网十分方便，网络几乎无处不在，所以把文件放在"云"上是比较安全和方便的方式。选择一个提供云存储服务的云服务商，申请一个自己的云盘。申请好自己的云盘后，不要忘记有了好文件第一个分享给老师哦。

（6）自己看书看不懂，老师课堂时间也有限，怎么办？可以到网上课堂体验一下，比如学堂在线、好大学在线、网易云课堂、超星学习通等都是比较有名的网上课堂学习平台。你可以试试登录 https://edu.51cto.com/sd/1d294（该网址是 51CTO 学院网络学习平台的一篇关于 C 语言学习的视频）进行学习。要求每个同学使用"大学计算机基础"课程账号登录网上课堂，自主学习。

（7）请为自己的计算机设置一道"防火墙"。推荐下载并安装"瑞星个人防火墙"，设置各项参数并观察防火墙的作用。

4. 思考与讨论

（1）删除一个文件时，文件是怎么移动的？剪切一个文件时，文件是怎么移动的？复制一个文件时，文件是怎么移动的？

（2）分析某个同学在网上课堂学习过程中都发生了哪些数据传递？

18.7　数据可视化与美化

1. 任务目标

（1）认识数据可视化。
（2）了解数据可视化和美化的应用。
（3）掌握一些数据美化的方法。

2. 说明

计算机内部的数据都是二进制数，并且是不可见的。计算机系统中的输出设备及其软件的主要功能就是把这些数据变成人们可见、易于接受的形式，有时为了提高数据内容的表现力还需要对数据进行美化加工。比如，把密密麻麻、枯燥无味的数字以图表的形式显示，去除图片中的视觉缺憾,提高静态图像的动感,甚至创作一个包含文字、声音、图像等元素的作品来展示。掌握这些工具的使用,不仅是很有意思的事情,也是应该具有的基本能力之一。

实际上,人们日常使用的应用软件一般都有数据可视化和美化的功能,比如前面操作过的办公软件,文档排版、数据格式化、数据图表化、插入幻灯片动画等都是为了提高数据的呈现效果而进行的美化工作。本节的实操内容涉及比较专业的数据可视化与美化技术,但效果是普通办公软件所不能比的,希望同学们能认真操作,体验一下。

3. 实操内容

(1)在 Python 中运行以下程序,体验数据可视化。

① 把数据表示成三维螺旋线:

```python
import matplotlib as mpl
from mpl_toolkits.mplot3d import Axes3D
import numpy as np
import matplotlib.pyplot as plt
mpl.rcParams['legend.fontsize'] =10
fig =plt.figure()
ax =fig.gca(projection='3d')
theta =np.linspace(-4 * np.pi, 4 * np.pi, 100)
z =np.linspace(-2, 2, 100)
r =z ** 2 +1
print(r)                                          #查看原数据
x =r * np.sin(theta)
y =r * np.cos(theta)
ax.plot(x, y, z, label='parametric curve')
ax.legend()
plt.show()                                        #三维图形表示
```

② 把数据呈现为锥形图:

```python
from mpl_toolkits.mplot3d import Axes3D
import matplotlib.pyplot as plt
from matplotlib import cm
from matplotlib.ticker import LinearLocator, FormatStrFormatter
import numpy as np
fig =plt.figure()
ax =fig.gca(projection='3d')
#构造函数
X =np.arange(-5, 5, 0.25)
Y =np.arange(-5, 5, 0.25)
X, Y =np.meshgrid(X, Y)
R =np.sqrt(X ** 2 +Y ** 2)
Z =np.sin(R)
print(Z)                                          #查看原始数据
```

```
surf =ax.plot_surface(X, Y, Z, cmap=cm.coolwarm,linewidth=0, antialiased=False)
ax.set_zlim(-1.01, 1.01)
ax.zaxis.set_major_locator(LinearLocator(10))
ax.zaxis.set_major_formatter(FormatStrFormatter('%.02f'))
fig.colorbar(surf, shrink=0.5, aspect=5)
plt.show()                                              #数据呈现为三维图形
```

（2）修图。有时拍摄的图片不够理想，而又不能重新拍摄，这时可以借助计算机软件对图片进行美化。虽然可以进行修图操作的软件有很多，但修图功能最强的还是 Photoshop。

Photoshop 简称 PS，是由 Adobe Systems 开发和发行的图像处理软件。Photoshop 功能强大，可在平面设计、广告摄影、影像创意、视觉创意、网页制作、后期修饰、界面设计等方面发挥强大的作用。

下载并安装新版 Photoshop 软件，自己动手收集素材，完成两个任务：

① 对所拍摄的图片进行修饰；

② 把多张照片合成在一起，制作一张海报。

（3）漫步在校园，是不是经常被美景陶醉？每次走进图书馆，是不是都感触良多？每每想起我们的社会幸福和谐、我们的国家日益强大，自己是不是都会被感动？拿起"美篇"这支"神笔"吧，去创作一个承载心情的作品，发布到微信朋友圈，与大家分享你的好心情。

4. 思考与讨论

（1）计算机数据都是二进制数，为什么有的呈现为文字，有的呈现为美丽的图片，而有的却呈现为动听的歌曲？对于同一张照片，当存储为不同类型的文件时，会有什么不同？

（2）文档、图片都可以修饰、美化，音乐、语音能不能美化呢？

参 考 文 献

[1] Petzold C.编码的奥秘[M].伍卫国,等译.北京:机械工业出版社,2000.

[2] 白中英,戴志涛.计算机组成原理[M].北京:科学出版社,2013.

[3] 龚娟,王欢燕,朱彬彬,等.计算机网络基础[M].3版.北京:人民邮电出版社,2017.

[4] 胡明,王红梅.计算机科学概论[M].2版.北京:清华大学出版社,2011.

[5] 黄思曾.计算机科学导论教程[M].北京:清华大学出版社,2007.

[6] 姜正涛.秘密信息、信物与身份认证技术[J].保密科学技术,2018(05):22-27.

[7] 刘金平,等.基于模糊粗糙集属性约简与GMM-LDA最优聚类簇特征学习的自适应网络入侵检测[J].控制与决策,2019,34(2):243-251.

[8] 刘鹏.云计算[M].3版.北京:电子工业出版社,2015.

[9] 吕乃基.大数据与认识论[J].中国软科学,2014(9):34-35.

[10] 吕云翔.计算机科学概论[M].北京:人民邮电出版社,2015.

[11] 孟祥旭,李学庆,杨承磊,等.人机交互基础教程[M].3版.北京:清华大学出版社,2016.

[12] 孙新德.计算机应用基础实用教程[M].2版.北京:清华大学出版社,2014.

[13] 谭铁牛.人工智能:天使还是魔鬼.中国科学院第十九次院士大会主题报告,2018.

[14] 谭铁牛.人工智能的创新发展与社会影响[OL].十三届全国人大常委会专题讲座第七讲,2018.
http://www.npc.gov.cn/npc/xinwen/2018-10/29/content_2065419.htm.

[15] 王金红,许倩.云计算环境下的数据安全[J].金融科技时代,2018(8):50-52.

[16] 王克迪.数据、大数据及其本质[J].学习时报,2015-09-14.

[17] 王仁武.Python与数据科学[M].上海:华东师范大学出版社,2016.

[18] 王万良.人工智能及其应用[M].3版.北京:高等教育出版社,2016.

[19] 王中华,汪文彬.软件工程的哲学思考[J].软件工程师,2015,18(1):58-60.

[20] 维克托·迈尔-舍恩伯格,肯尼思·库克耶.大数据时代:生活、工作与思维的大变革[M].盛扬燕,周涛,译.杭州:浙江人民出版社,2013.

[21] 肖飞.云存储及应用特点探讨[J].互联网天地,2019(4):57-60.

[22] 徐军.Excel在经济管理中的应用[M].北京:清华大学出版社,2011.

[23] 严争,疏凤芳.计算机网络基础教程[M].4版.北京:电子工业出版社,2016.

[24] 余来文,林晓伟,刘梦菲,等.智能时代:人工智能、超级计算与网络安全[M].北京:化学工业出版社,2018.

[25] 袁方,王兵,李继民.计算机导论[M].3版.北京:清华大学出版社,2014.

[26] 战德臣.大学计算机——理解和运用计算思维[M].北京:人民邮电出版社,2018.

[27] 张起贵,梁凤梅.物联网技术与应用[M].北京:电子工业出版社,2015.

[28] 张玉宏.品味大数据[M].北京:北京大学出版社,2016.

[29] 赵志茹,张尼奇,王宏斌.计算机网络基础教程[M].北京:水利水电出版社,2018.

[30] 郑伟,等.专家系统研究现状及其发展趋势[J].电子世界,2013(4):87-88.

[31] 朱巍."互联网+"时代,如何保护传统领域著作权?[N].中国知识产权报,2016-2-26.

图书资源支持

感谢您一直以来对清华版图书的支持和爱护。为了配合本书的使用，本书提供配套的资源，有需求的读者请扫描下方的"书圈"微信公众号二维码，在图书专区下载，也可以拨打电话或发送电子邮件咨询。

如果您在使用本书的过程中遇到了什么问题，或者有相关图书出版计划，也请您发邮件告诉我们，以便我们更好地为您服务。

我们的联系方式：

地　　址：北京市海淀区双清路学研大厦 A 座 701

邮　　编：100084

电　　话：010-83470236　010-83470237

资源下载：http://www.tup.com.cn

客服邮箱：tupjsj@vip.163.com

QQ：2301891038（请写明您的单位和姓名）

资源下载、样书申请

书　圈

扫一扫，获取最新目录

课 程 直 播

用微信扫一扫右边的二维码，即可关注清华大学出版社公众号"书圈"。